智能制造高技能人才培养规划丛书

FANUC工业机器人实操与应用技巧

工控帮教研组 编著

電子工業出版社
Publishing House of Electronics Industry
北京•BEIJING

内 容 简 介

本书以 FANUC 工业机器人为研究对象，针对 FANUC 工业机器人的认识与操作过程进行详细讲解。

本书共 9 章，由浅入深地讲解了 FANUC 工业机器人的安全知识、型号及用途、示教器、坐标系、I/O、程序、指令、维护与保养、部分报警代码等内容。学完本书，读者即可独立应对 FANUC 工业机器人的日常管理、程序备份与加载等操作。

本书非常适合 FANUC 工业机器人的管理人员、设计人员、调试人员、操作人员及爱好者学习与参考。

图书在版编目（CIP）数据

FANUC 工业机器人实操与应用技巧/工控帮教研组编著. —北京：电子工业出版社，2020.6
（智能制造高技能人才培养规划丛书）
ISBN 978-7-121-38963-4

Ⅰ. ①F…　Ⅱ. ①工…　Ⅲ. ①工业机器人—程序设计　Ⅳ. ①TP242.2

中国版本图书馆 CIP 数据核字（2020）第 068704 号

责任编辑：张　楠
印　　刷：北京捷迅佳彩印刷有限公司
装　　订：北京捷迅佳彩印刷有限公司
出版发行：电子工业出版社
　　　　　北京市海淀区万寿路 173 信箱　邮编：100036
开　　本：787×1092　1/16　印张：15.75　字数：393 千字
版　　次：2020 年 6 月第 1 版
印　　次：2025 年 2 月第 12 次印刷
定　　价：65.00 元

凡所购买电子工业出版社图书有缺损问题，请向购买书店调换。若书店售缺，请与本社发行部联系，联系及邮购电话：（010）88254888，88258888。

质量投诉请发邮件至 zlts@phei.com.cn，盗版侵权举报请发邮件至 dbqq@phei.com.cn。

本书咨询联系方式：（010）88254579。

本书编委会

主　编：余德泉

副主编：孙永仓　梁　柱

前言
PREFACE

随着德国工业4.0的提出，中国制造业向智能制造方向转型已是大势所趋。工业机器人是智能制造业最具代表性的装备。根据IFR（国际机器人联合会）发布的最新报告，2016年全球工业机器人销量继续保持高速增长。2017年全球工业机器人销量约33万台，同比增长14%。其中，中国工业机器人销量9万台，同比增长31%。IFR预测，未来十年，全球工业机器人销量年平均增长率将保持在12%左右。

当前，机器人替代人工生产已经成为未来制造业的必然，工业机器人作为“制造业皇冠顶端的明珠”，将大力推动工业自动化、数字化、智能化的早日实现，为智能制造奠定基础。然而，智能制造发展并不是一蹴而就的，而是从“自动信息化”“互联化”到“智能化”层层递进、演变发展的。智能制造产业链涵盖智能装备（机器人、数控机床、服务机器人、其他自动化装备）、工业互联网（机器视觉、传感器、RFID、工业以太网）、工业软件（ERP/MES/DCS等）、3D打印及将上述环节有机结合起来的自动化系统集成和生产线集成等。

根据智能制造产业链的发展顺序，智能制造首先需要实现自动化，然后实现信息化，再实现互联网化，最后才能真正实现智能化。工业机器人是实现智能制造前期最重要的工作之一，是联系自动化和信息化的重要载体。智能装备和产品是智能制造的实现端。围绕汽车、机械、电子、危险品制造、国防军工、化工、轻工等应用需求，工业机器人将成为智能制造中智能装备的普及代表。

由此可见，智能装备应用技术的普及和发展是我国智能制造推进的重要内容，工业机器人应用技术是一个复杂的系统工程。工业机器人不是买来就能使用的，还需要对其进行规划集成，把机器人本体与控制软件、应用软件、周边的电气设备等结合起来，组成一个完整的工作站方可进行工作。通过在数字工厂中工业机器人的推广应用，不断提高工业机器人作业的智能水平，使其不仅能替代人的体力劳动，而且能替代一部分脑力劳动。因此，以工业机器人应用为主线构造智能制造与数字车间关键技术的运用和推广显得尤为重要，这些技术包括机器人与自动化生产线布局设计、机器人与自动化上下料技术、机器人与自动化精准定位技术、机器人与自动化装配技术、机器人与自动化作业规划及示教技术、机器人与自动化生产线协同工作技术及机器人与自动化车间集成技术，通过建造机器人自动化生产线，利用机器手臂、自动化控制设备或流水线自动化推动企业技术改造向机器化、自动化、集成化、生态化、智能化方向发展，从而实现数字车间制造过程中物质流、信息流、能量流和资金流的智能化。

近年来，虽然多种因素推动着我国工业机器人在自动化工厂的广泛使用，但是一个越来越大的问题清晰地摆在我们面前，那就是工业机器人的使用和集成技术人才严重匮乏，甚至阻碍这个行业的快速发展。哈尔滨工业大学机器人研究所所长、长江学者孙立宁教授指出：按照目前中国机器人安装数量的增长速度，对工业机器人人才的需求早已处于干涸状态。目前，国内仅有少数本科院校开设工业机器人的相关专业，学校普遍没有完善的工业机器人相关课程体系及实训工作站。因此，学校老师和学员都无法得到科学培养，从而不能快速满足产业发展的需要。

工控帮教研组结合自身多年的工业机器人集成应用技术和教学经验，以及对机器人集成应用企业的深度了解，在细致分析机器人集成企业的职业岗位群和岗位能力矩阵的基础上，整合机器人相关企业的应用工程师和机器人职业教育方面的专家学者，编写“智能制造高技能人才培养规划丛书”。按照智能制造产业链和发展顺序，“智能制造高技能人才培养规划丛书”分为专业基础教材、专业核心教材和专业拓展教材。

专业基础教材涉及的内容包括触摸屏编程技术、运动控制技术、电气控制与 PLC 技术、液压与气动技术、金属材料与机械基础、EPLAN 电气制图、电工与电子技术等。

专业核心教材涉及的内容包括工业机器人技术基础、工业机器人现场编程技术、工业机器人离线编程技术、工业组态与现场总线技术、工业机器人与 PLC 系统集成、基于 SolidWorks 的工业机器人夹具和方案设计、工业机器人维修与维护、工业机器人典型应用实训、西门子 S7-200 SMART PLC 编程技术等。

专业拓展教材涉及的内容包括焊接机器人与焊接工艺、机器视觉技术、传感器技术、智能制造与自动化生产线技术、生产自动化管理技术（MES 系统）等。

本书内容力求源于企业、源于真实、源于实际，然而因编著者水平有限，错漏之处在所难免，欢迎读者关注微信公众号 GKYXT1508 进行交流，谢谢！

工控帮教研组

目 录

CONTENTS

第 1 章

安全知识

学习目标

- 机器人操作的安全知识
- 生产运行的安全知识
- 机器人通电与关机的安全知识
- 机器人启动的安全知识

1.1　机器人操作的安全知识

- 请不要戴着手套操作示教盘和操作盘。
- 在操作机器人时要采用较慢的速度，以增加对机器人的控制机会。
- 在按下示教盘上的点动键之前要考虑到机器人的运动趋势。
- 要预先考虑好机器人的运动轨迹，并确认该线路不受干扰。
- 机器人的周围区域无油、水及杂质等。

1.2　生产运行的安全知识

- 在开机运行前，必须知道机器人将要执行的全部任务。
- 必须知道所有控制机器人的开关、传感器、信号的位置和状态。
- 必须知道机器人控制器和外围控制设备上的紧急停止按钮的位置，可在紧急情况下使用这些按钮。
- 永远不要认为机器人没有移动、保持静止，其程序就已经执行完毕，因为这时机器人很有可能在等待让它继续移动的输入信号。
- 不要在燃烧的环境、有可能爆炸的环境、有无线电干扰的环境、水中或其他液体中、用于运送人或动物，以及其他不利于机器人运动的场合使用机器人。
- 机器人的所有者、操作者必须对自己的安全负责。在使用机器人时必须使用安全设备，遵守安全条例。
- 机器人程序的设计者、机器人系统的调试者/安装者，必须熟悉机器人的编程方式、系统应用及安装方式。
- 机器人和其他设备存在很大不同，即其可以以很快的速度移动很长的距离。

1.3 机器人通电与关机的安全知识

1. 通电

- 在接通电源前，检查机器人、控制器等，并检查所有的安全设备是否能够正常工作。
- 将操作盘上的断路器置于 ON。
- 将操作盘上的电源开关置于 ON。

2. 关机

- 通过操作盘上的暂停按钮停止机器人的操作。
- 将操作盘上的电源开关置于 OFF。
- 将操作盘上的断路器置于 OFF。

注意：如果有外部设备和机器人相连，如打印机、软盘驱动器、视觉系统等，在关电前，需要先将这些外部设备关掉，以免损坏。

1.4 机器人启动的安全知识

1. 初始化启动

当利用初始化启动方式启动设备时，所有的已有程序都会被删除，所有的设置将重置为标准值。在初始化启动完成后，机器人就恢复为出厂设置模式。

2. 冷启动

冷启动是在停电处理无效时采用的一种开机方式。在程序的执行状态为“结束”，输出信号全部断开时，可通过冷启动操作机器人。即使在停电处理有效时，也可以执行冷启动。

3. 热启动

当电源恢复后，可以使用热启动执行正常的开机。当设备启动后，程序开始运行，输出信号恢复到之前电源关闭前的状态。一旦热启动完成，就可以操作机器人。

一般使用冷启动或热启动的方式开机（具体使用何种启动方式取决于热启动是否能够顺利执行）。在维修状况下，将使用初始化启动方式。一般情况下，不会使用初始化启动方式。

本章练习

❶ 哪些场合不可以使用机器人？

❷ 在操作机器人之前，需要注意哪些事项？

❸ 三种启动方式（初始化启动、冷启动、热启动）存在哪些区别？

第 2 章

认识 FANUC 工业机器人

学习目标

- FANUC 工业机器人的型号及用途
- FANUC 工业机器人的主要参数
- FANUC 工业机器人的附加轴及系统软件
- FANUC 工业机器人的控制柜组成及功能
- FANUC 工业机器人的教学平台

2.1　FANUC 工业机器人的型号及用途

2.1.1　FANUC 工业机器人的型号

工业机器人是工业领域的多自由度（关节）机器人，是可自动执行各种作业的机械装置，能够依靠伺服电机和控制系统实现各种作业，可由用户对其编程。

编码器和伺服电机的示意图如图 2-1 所示。

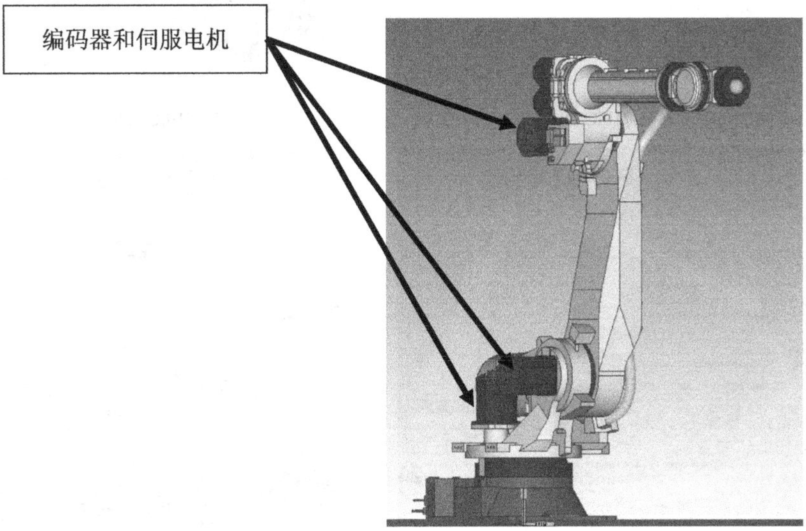

图 2-1

> **注意**：有多少个轴就有多少个伺服电机，如 6 轴机器人有 6 个伺服电机，各轴表示为 J1、J2、J3、J4、J5、J6。

对 FANUC 工业机器人（以下简称机器人）的部分产品型号说明如图 2-2 所示。

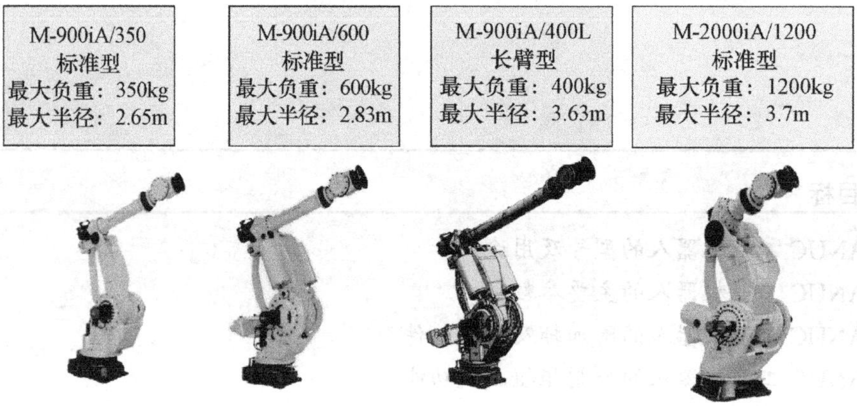

图 2-2

FANUC 工业机器人的部分产品如图 2-3 所示。

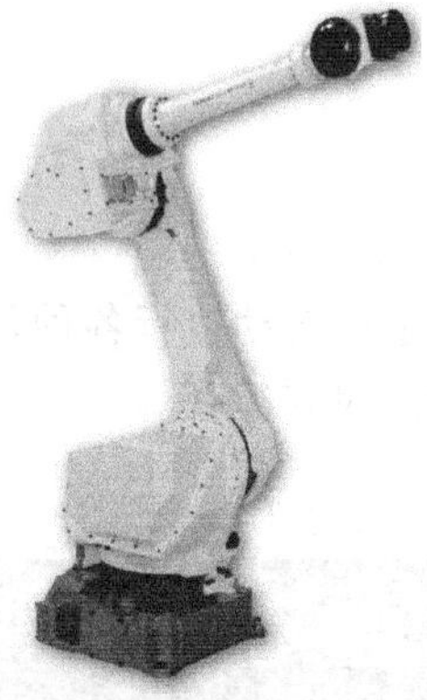

（a）M-710iC/50 & M-710iC/70

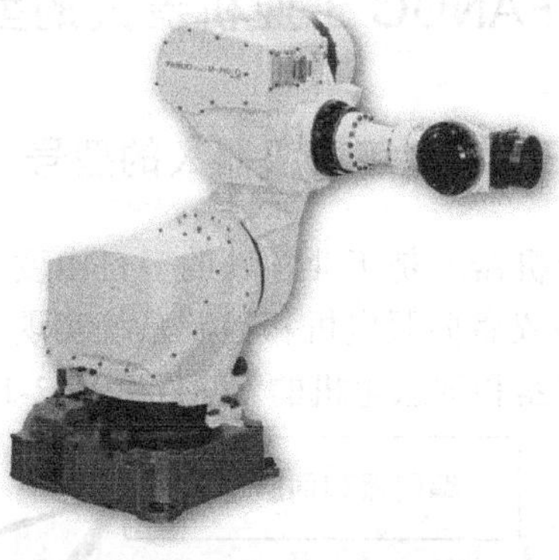

（b）M-710iC/50S

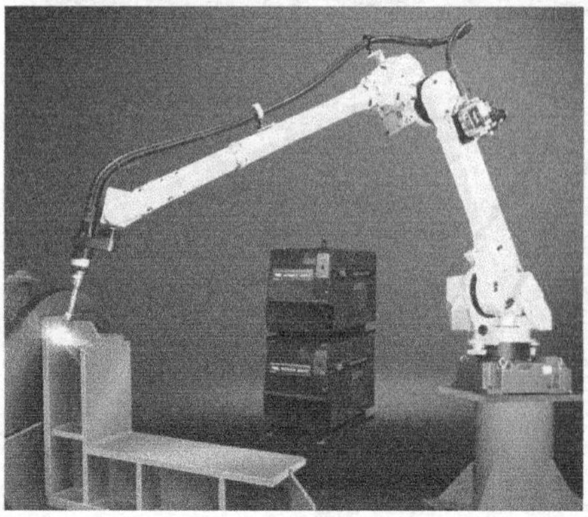

（c）M-710iC/20L

（d）M-710iC/T

图 2-3

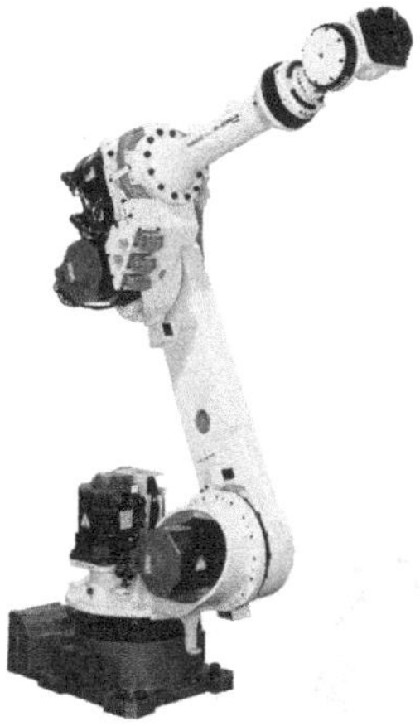

（e）R-1000iA/80F/100F

（f）M-410iB/160/300

（g）M-410iB/140H

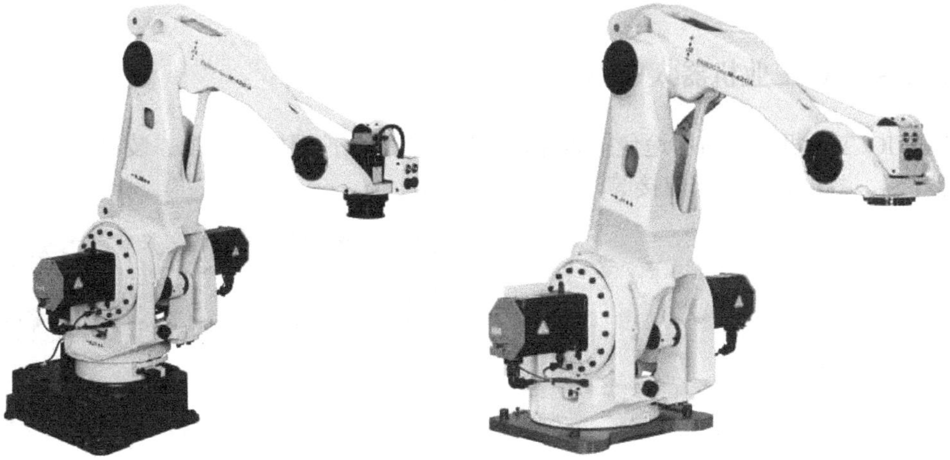

（h）M-420iA/421iA

（i）P-250iB

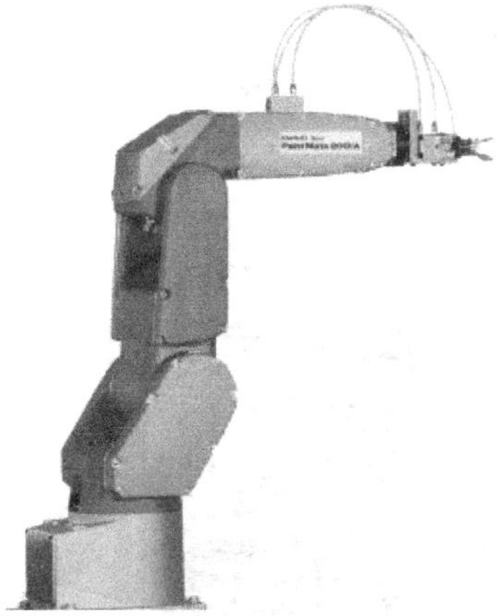

（j）Paint Mate 200iA

图 2-3（续）

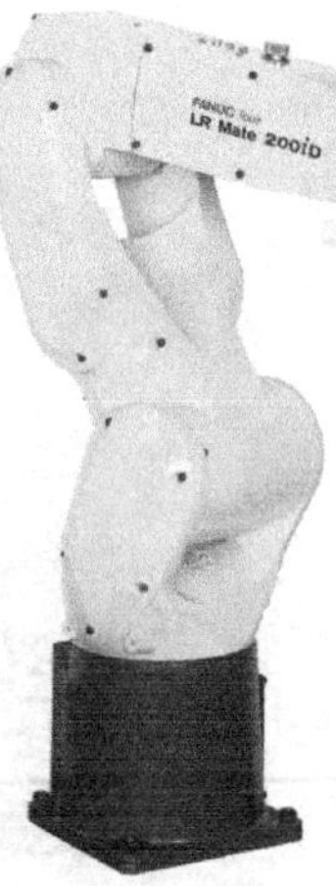

（k）LR Mate 200iD

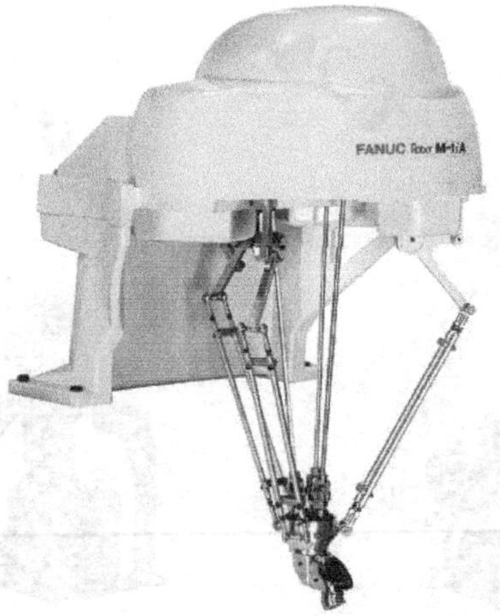

（l）M-1iA

图 2-3（续）

2.1.2 FANUC 工业机器人的用途

FANUC 工业机器人的用途包括码垛、搬运、组装、拧螺栓、装配、装箱、零件喷涂、机床上下料、打磨、抛光、焊接等，如图 2-4 所示。

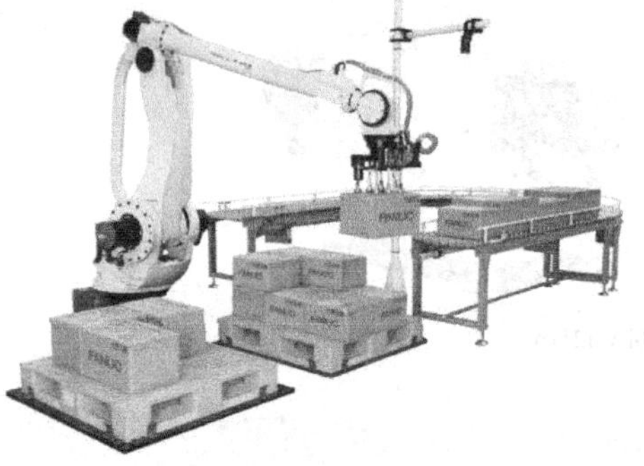

（a）码垛

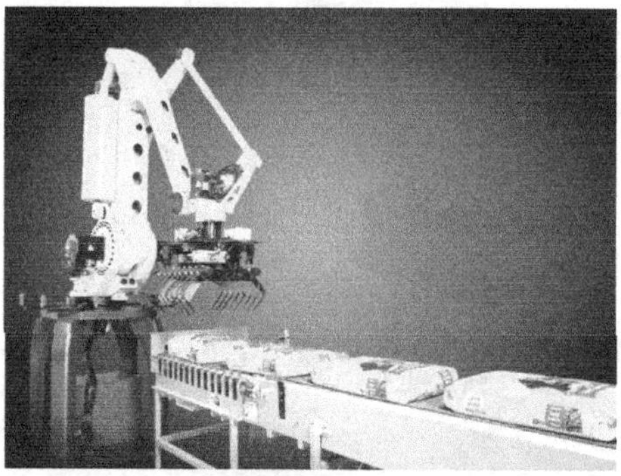

（b）搬运

（c）组装

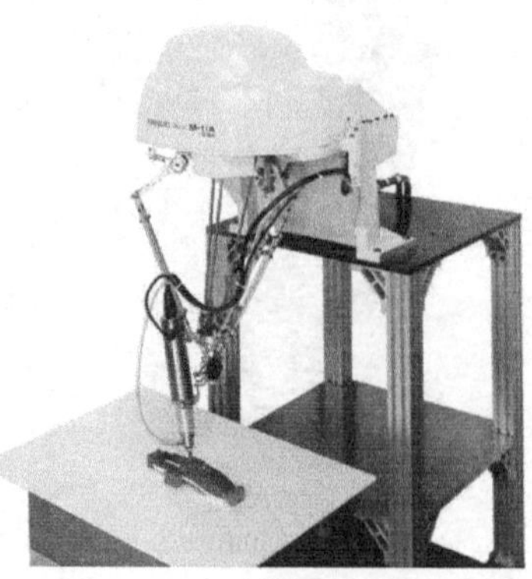

（d）拧螺栓

图 2-4

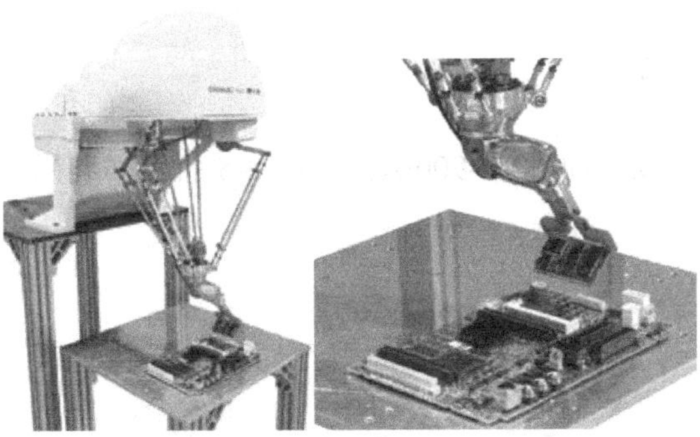

（e）装配

（f）装箱

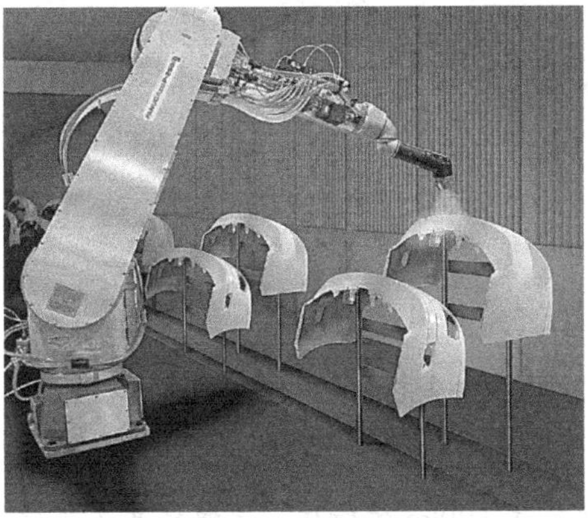

（g）零件喷涂

（h）机床上下料

（i）打磨、抛光

（j）焊接

图 2-4（续）

2.2 FANUC 工业机器人的主要参数

FANUC 工业机器人的主要参数包括最大负重、动作范围、与控制柜的连接方式等。下面以 M-900iA 和 LR Mate 200iD 型号的机器人为例对其参数进行说明。

2.2.1 M-900iA 型号机器人的参数说明

M-900iA 型号的 FANUC 工业机器人（以下简称 M-900iA）如图 2-5 所示，利用其搬运车身的示意图如图 2-6 所示。

图 2-5

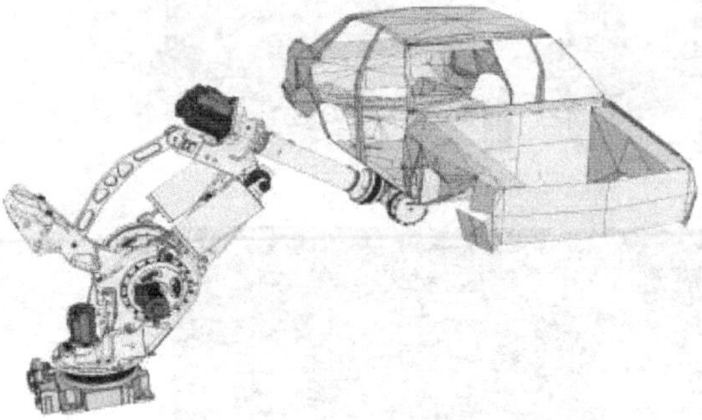

图 2-6

1. 最大负重

M-900iA 是一款可搬运重物的机器人，可搬运重达 260kg～600kg 的物体。根据用途，有三种类型的 M-900iA 机器人可供选择：

- M-900iA/600：多关节型机器人，可搬运重达 600kg 的物体，大幅提高了机械手的负载容量，可以操控以往不能处理的建材等大尺寸物体。
- M-900iA/350：这是一款可搬运重达 350kg 物体的机器人。它不需要 J2/J3 的平衡调节机构，大大扩展了前后和上下方向的动作范围。在标准配置下，可以进行地面设置和倒挂设置。
- M-900iA/260L：这是一款长臂型机器人，可搬运重达 260kg 的物体，最大半径为 3.1m。此款机器人适用于远距离搬运体积大的工件。

M-900iA 的机械手具有与 IP67 相似的耐环境性，采用 R-J3iC 控制装置进行控制，即使在恶劣环境下也可放心使用。

2. 动作范围

M-900iA/600 的动作范围如图 2-7 所示。

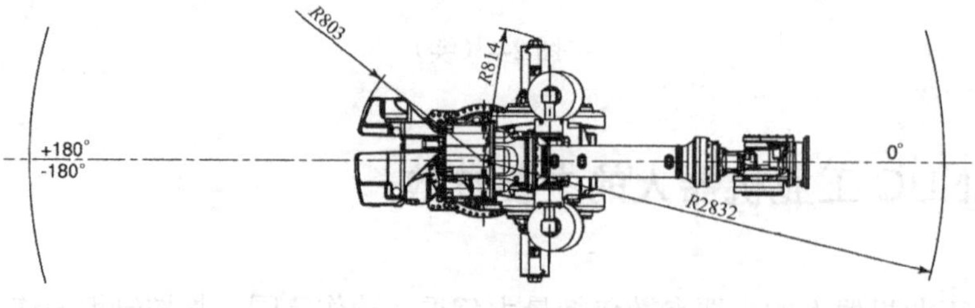

图 2-7

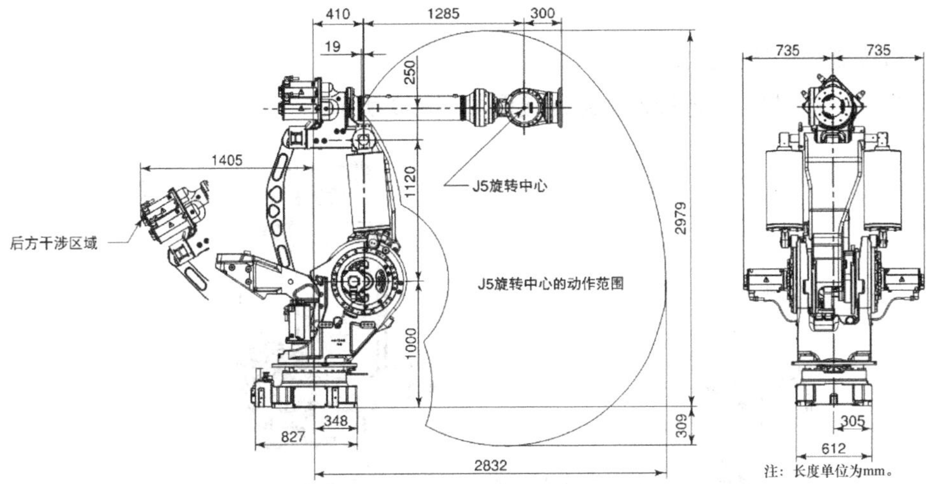

图 2-7（续）

M-900iA/350、M-900iA/260L 的动作范围如图 2-8 所示。

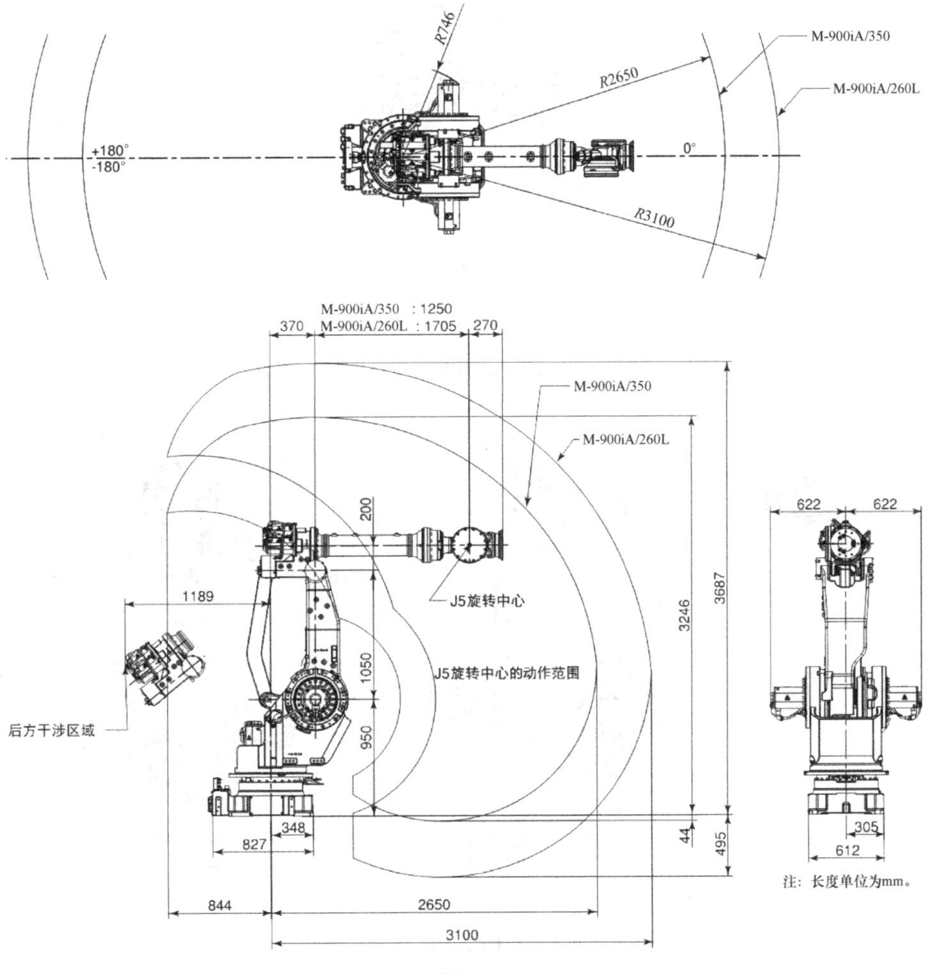

图 2-8

3. 与控制柜的连接方式

M-900iA 与控制柜的连接及电缆连接图如图 2-9 所示。

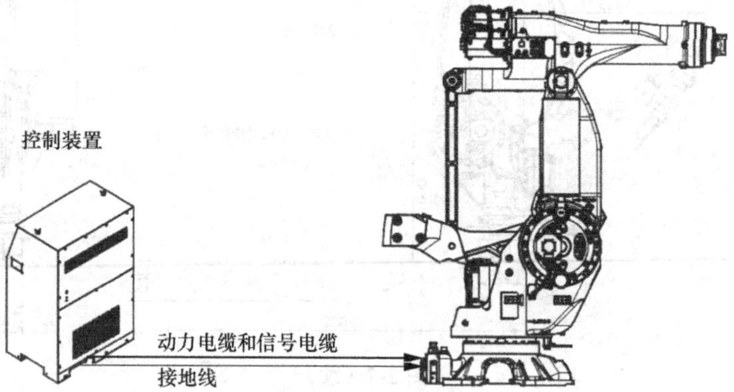

（a）M-900iA 与控制柜的连接

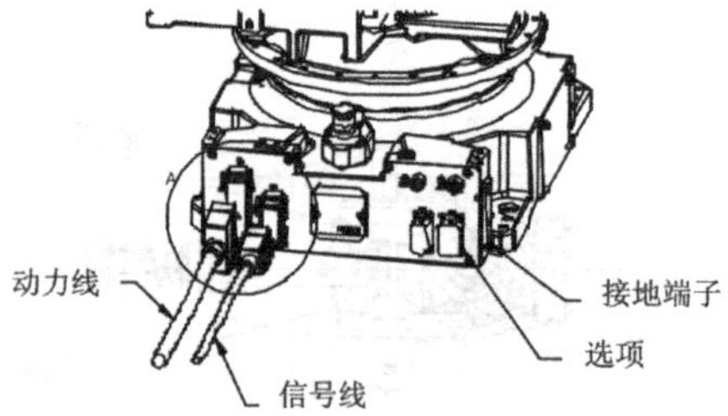

（b）电缆连接图

图 2-9

M-900iA 的构成（侧面、背面）如图 2-10 所示。

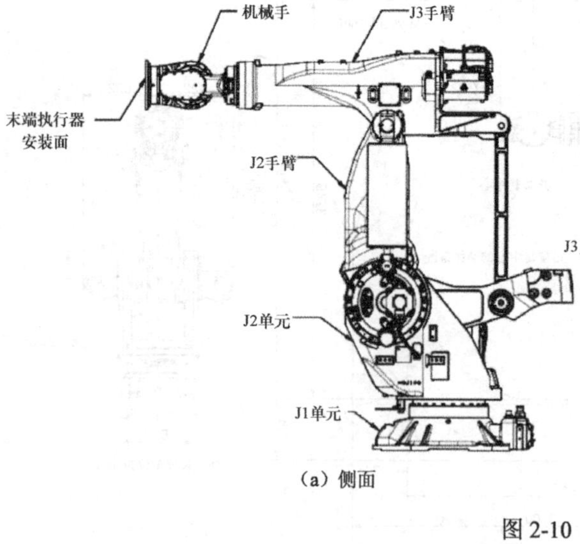

（a）侧面

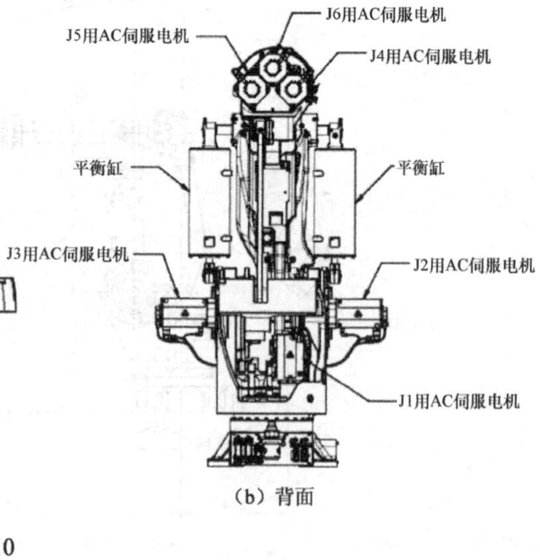

（b）背面

图 2-10

M-900iA 的主要参数如表 2-1 所示。

表 2-1

主要参数		M-900iA/600	M-900iA/350	M-900iA/260L
控制轴数		6 轴（J1、J2、J3、J4、J5、J6）		
最大半径		2.83m	2.65m	3.10m
安装方式		地面安装	地面安装、倾斜角安装	
动作范围（最高转速）	J1	80°/s（1.40rad/s）	100°/s（1.75rad/s）	100°/s（1.75rad/s）
	J2	80°/s（1.40rad/s）	95°/s（1.66rad/s）	105°/s（1.83rad/s）
	J3	80°/s（1.40rad/s）	95°/s（1.66rad/s）	95°/s（1.66rad/s）
	J4	100°/s（1.75rad/s）	105°/s（1.83rad/s）	120°/s（2.09rad/s）
	J5	100°/s（1.75rad/s）	105°/s（1.83rad/s）	120°/s（2.09rad/s）
	J6	160°/s（2.79rad/s）	170°/s（2.97rad/s）	160°/s（2.79rad/s）
最大负重		600kg	350kg	260kg
机械手允许负载力矩	J4	3381N·m	1960N·m	1666N·m
	J5	3381N·m	1960N·m	1666N·m
	J6	1725N·m	891.8N·m	715.4N·m
机械手允许负载惯量	J4	510kg·m^2	235.2kg·m^2	188 2kg·m^2
	J5	510kg·m^2	235.2kg·m^2	188.2kg·m^2
	J6	320kg·m^2	156.8kg·m^2	117.6kg·m^2
驱动方式		基于 AC 伺服电机的电气驱动		
重复定位精度		±0.3mm		
质量		2800kg	1720kg	1800kg
安装条件		环境温度：0℃～45℃ 环境湿度：通常在 75%RH 以下（无结露现象） 短期在 95%RH 以下（一个月之内） 振动加速度：4.9m/s^2 以下		
说明 1：允许负载力矩/惯量随负载变动。 说明 2：机器人的质量不含控制装置的质量。				

2.2.2　LR Mate 200iD 型号机器人的参数说明

LR Mate 200iD 型号的 FANUC 工业机器人（以下简称 LR Mate 200iD）如图 2-11 所示。可利用其进行机床上下料，如图 2-12 所示。

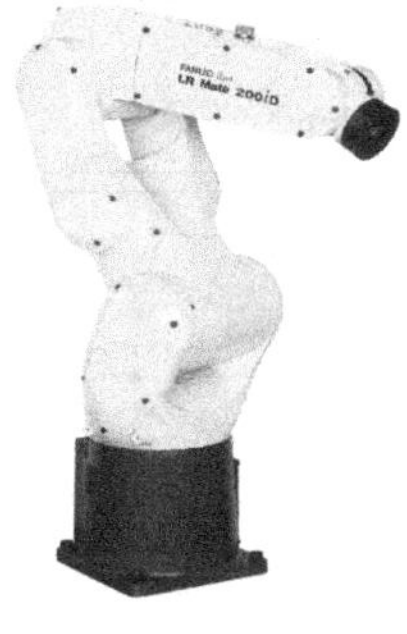

图 2-11

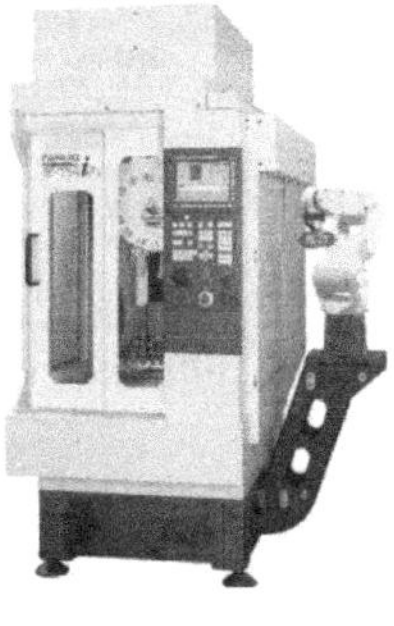

图 2-12

1．特点

LR Mate 200iD 是一款大小和人的手臂相近的迷你机器人，对其说明如下。

- 它的手臂很“苗条”，即使被安装在狭窄的空间，也可以把机器人手臂与周围设备发生碰撞的可能性控制在最低限度。
- 可以从标准型（半径可达 717mm）、短臂型（半径可达 550mm）、长臂型（半径可达 911mm）、洁净型、防水型、5 轴高速型等机型中进行选择。
- 具有同级别机器人中最轻的机构部分，能够将其安装在机械内部或进行吊顶安装。
- 采用尖端的伺服控制技术，即使执行高速运动也不会产生晃动。
- 具有负载大的特点，可以轻松搬运多个工件。
- 因为传感器电缆、附加轴电缆、电磁阀、空气导管和 I/O 电缆都内置在手臂中，所以导管和电缆不会缠在手臂上，使用起来非常方便。
- 高性能的控制装置有两种机型可供选择：一种是标准型，采用密封结构，即使处于漂浮着粉尘或油雾的环境，也可放心使用；另一种是紧凑型，可在清洁的环境中使用。
- 具有各种智能化功能。例如，能够连接多台机器人进行协调作业的 ROBOT LINK 功能；能够根据工件的外形调整抓取位置和角度的 SOFTFLOAT 功能；能够灵敏地检测出机器人和周围设备的碰撞，从而把损伤控制在最低限度的碰撞检测功能。

2．动作范围

LR Mate 200iD 型号 FANUC 工业机器人的动作范围如图 2-13 所示。

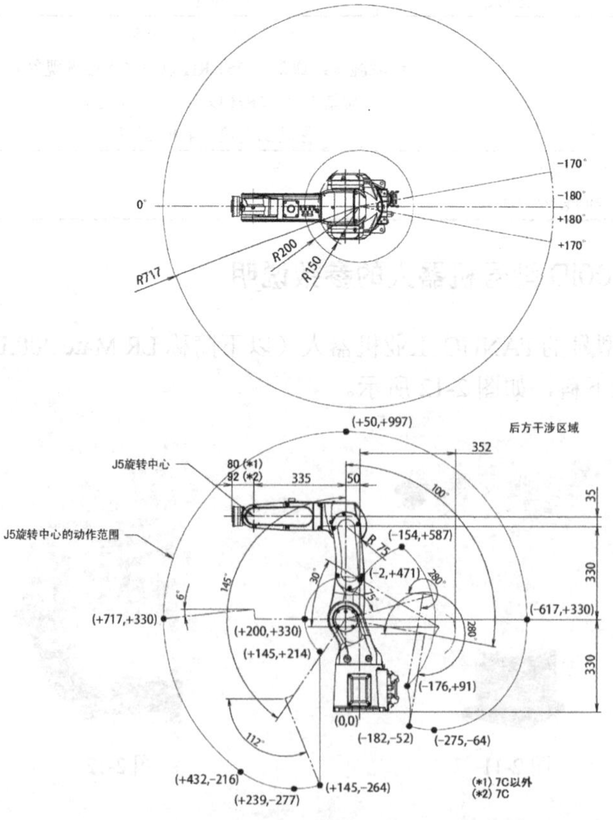

（a）LR Mate 200iD/7C、LR Mate 200iD/7H、LR Mate 200iD/7WP 的动作范围

图 2-13

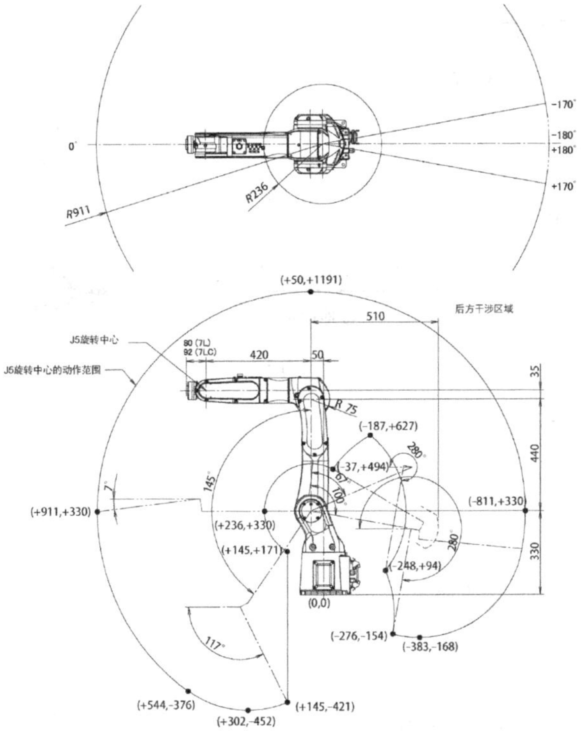

（b）LR Mate 200iD/7L、LR Mate 200iD/7LC 的动作范围

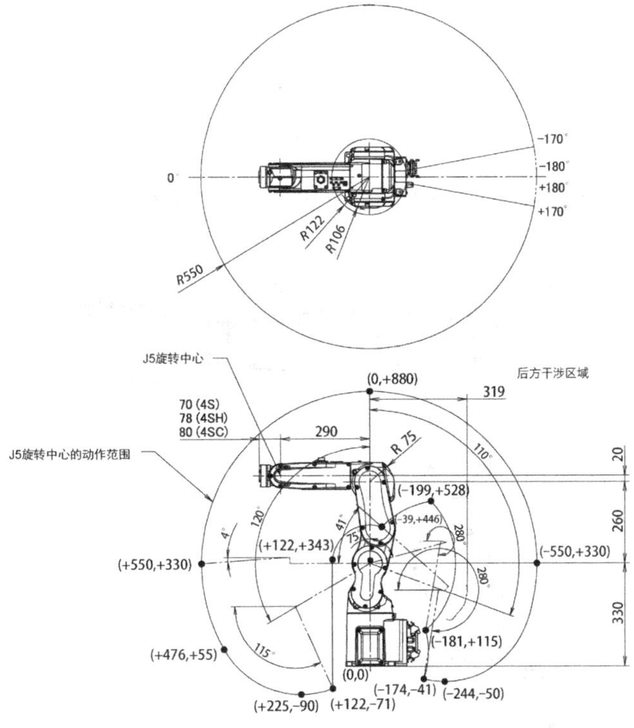

（c）LR Mate 200iD/4S、LR Mate 200iD/4SH、LR Mate 200iD/4SC 的动作范围

图 2-13（续）

3. 与控制柜的连接方式

与控制柜的连接如图 2-14 所示。

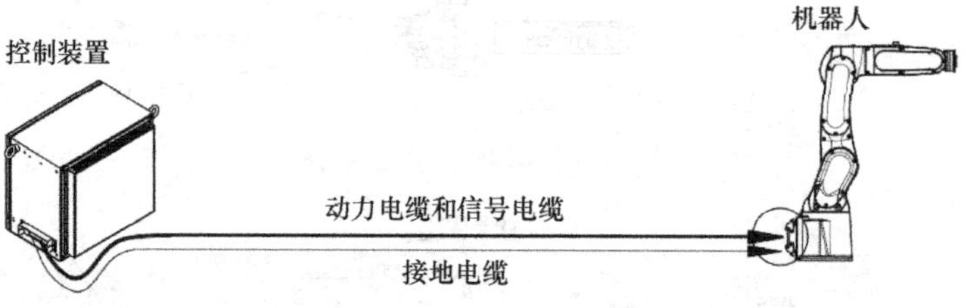

图 2-14

配线板如图 2-15 所示。

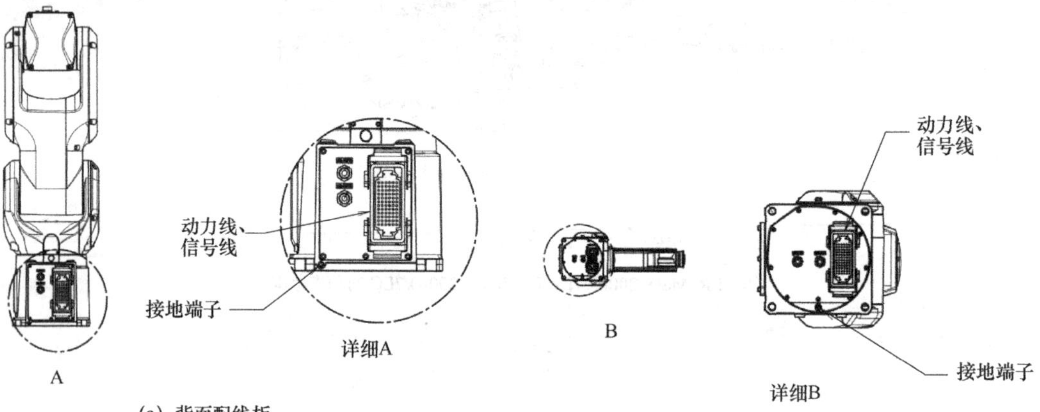

(a) 背面配线板　(b) 底面配线板

图 2-15

LR Mate 200iD 型号 FANUC 工业机器人的构成如图 2-16 所示。

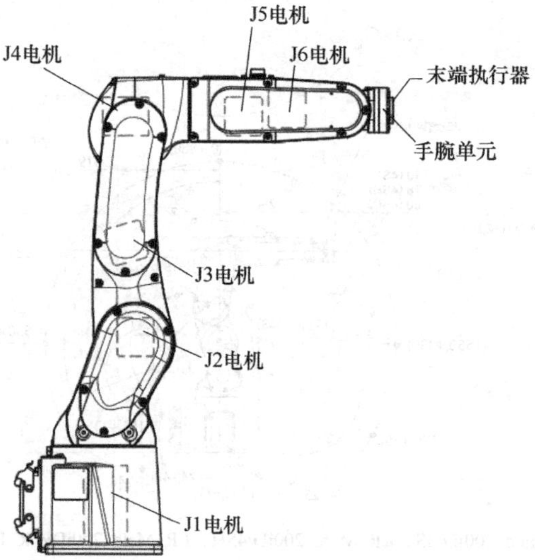

图 2-16

LR Mate 200iD 型号 FANUC 工业机器人的主要参数如表 2-2 所示。

表 2-2

主要参数		LR Mate 200iD、LR Mate 200iD/7C、LR Mate 200iD/7WP	LR Mate 200iD/7H	LR Mate 200iD/7L、LR Mate 200iD/7LC	LR Mate 200iD/4S、LR Mate 200iD/4SC	LR Mate 200iD/4SH
控制轴数		6 轴	5 轴	6 轴	6 轴	5 轴
最大半径		717mm		911mm	550mm	
安装方式		地面安装、吊顶安装、倾斜角安装				
动作范围（最高转速）	J1	450°/s（7.85rad/s）		370°/s（6.46rad/s）	460°/s（8.03rad/s）	
	J2	245°/s（6.63rad/s）		310°/s（5.41rad/s）	460°/s（8.03rad/s）	
	J3	520°/s（9.08rad/s）		410°/s（7.16rad/s）	520°/s（9.08rad/s）	
	J4	550°/s（9.60rad/s）		545°/s（9.51rad/s）	550°/s（9.60rad/s）	
	J5	545°/s（9.51rad/s）	1500°/s（26.18rad/s）	545°/s（9.51rad/s）	560°/s（9.77rad/s）	900°/s（15.71rad/s）
	J6	1000°/s（17.45rad/s）		1000°/s（17.45rad/s）	900°/s（15.71rad/s）	
机械手允许负载力矩	J4	16.6N·m			8.86N·m	
	J5	16.6N·m	4.0N·m	16.6N·m	8.86N·m	4.0N·m
	J6	9.4N·m		9.4N·m	4.90N·m	
机械手允许负载惯量	J4	0.47kg·m^2			0.20kg·m^2	
	J5	0.47kg·m^2	0.046kg·m^2	0.47kg·m^2	0.20kg·m^2	0.046kg·m^2
	J6	0.15kg·m^2		0.15kg·m^2	0.067kg·m^2	
重复定位精度		±0.02mm		±0.03mm	±0.02mm	
质量		25kg	24kg	27kg	20kg	19kg
安装条件		环境温度：0℃～45℃ 环境湿度：通常在 75%RH 以下（无结露现象） 短期在 95%RH 以下（1 个月之内） 振动加速度：4.9m/s^2 以下				

说明 1：在短距离移动时有可能达不到各轴的最高转速。
说明 2：在进行倾斜角安装时（除了 LR Mate 200iD/4S、LR Mate 200iD/4SC、LR Mate 200iD/4SH），J1、J2 的动作范围根据负载的质量会有附加限制。
说明 3：机器人的质量不包括控制装置的质量。

其他型号机器人的参数可进入 FANUC 工业机器人的官网进行查询。

2.3 FANUC 工业机器人的附加轴及系统软件

机器人除了标准轴，还可以添加附加轴，如变位机、滑动导轨等。机器人的控制装置最多支持控制 56 个轴（需要安装选项伺服卡），分多个组控制。

附加轴有两类：

- 内部附加轴：机器人走直线或进行圆弧运动时，可应用内部附加轴。
- 外部附加轴：与机器人的运动无关。

FANUC 工业机器人的系统软件有 HandlingTool（搬运）、ArcTool（弧焊）、SpotTool（点焊）、SealingTool（布胶）、PaintTool（油漆）、LaserTool（激光焊接和切割）。

FANUC 工业机器人的弧焊系统软件界面如图 2-17 所示。需要说明的是，ArcTool 表示弧焊系统；V9.00P/01 表示软件版本为 9.0。

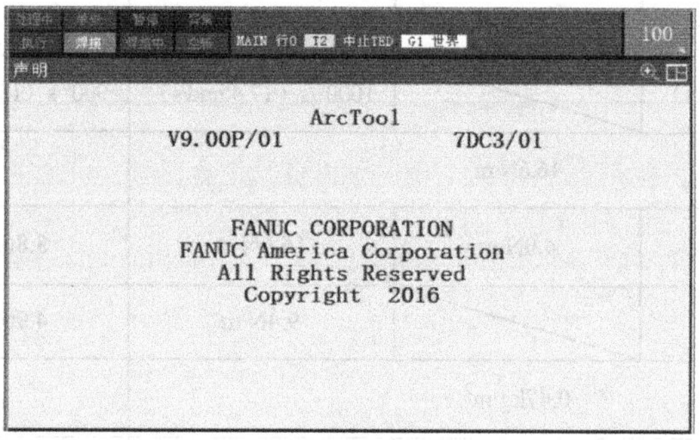

图 2-17

2.4 FANUC 工业机器人的控制柜组成及功能

这里以常用的控制柜型号 R-30iB 为例进行说明。依据柜体的尺寸，控制柜可以分为 A 柜与 B 柜：A 柜为紧凑型；B 柜较大，内部可以扩展模块。

R-30iB A 柜的外形如图 2-18 所示。R-30iB B 柜的外形如图 2-19 所示。

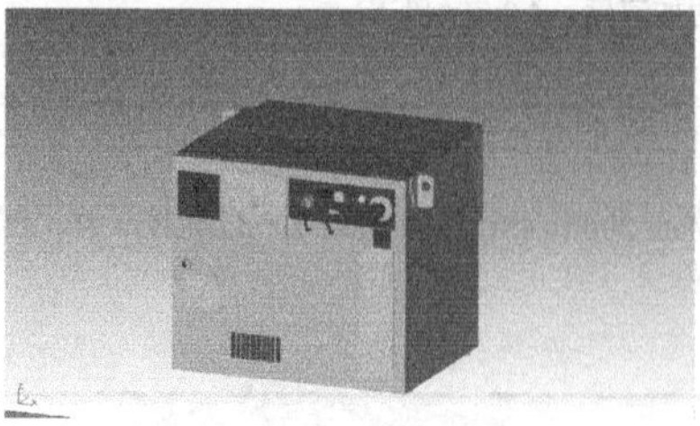

图 2-18

图 2-19

R-30iB A 柜的内部结构如图 2-20 所示。

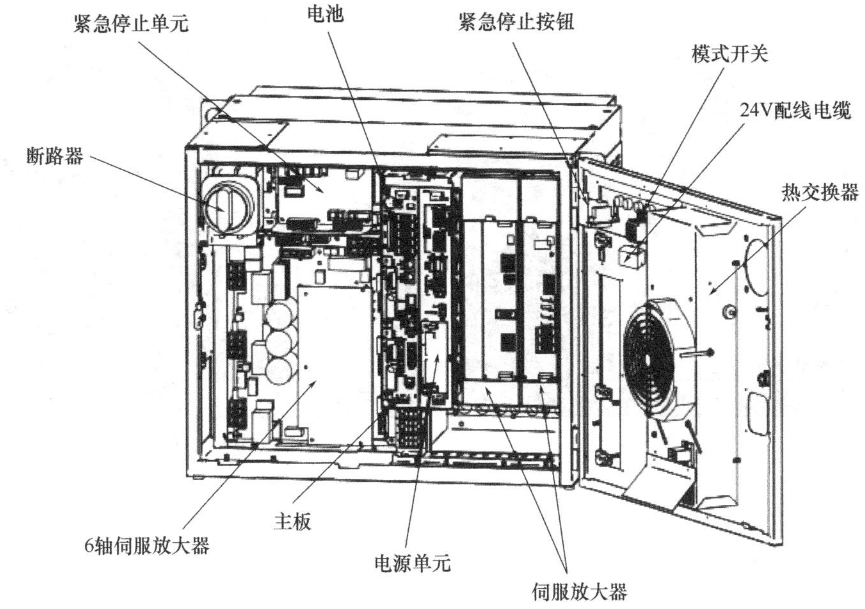

(a) 前面

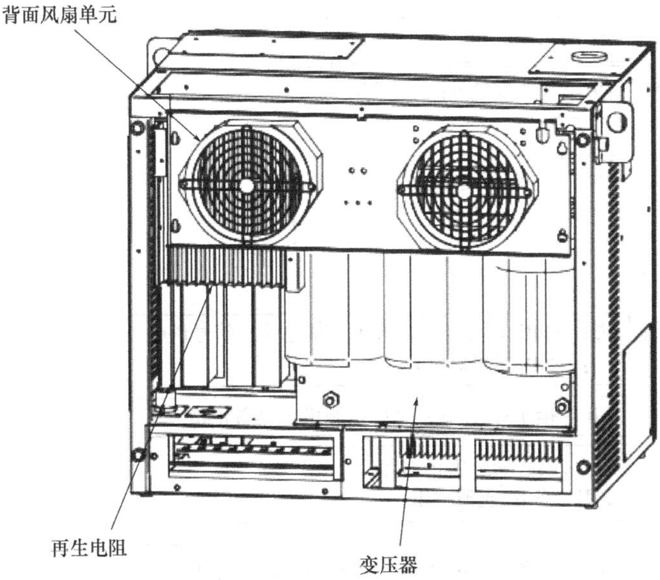

(b) 背面

图 2-20

R-30iB B 柜的内部结构如图 2-21 所示。

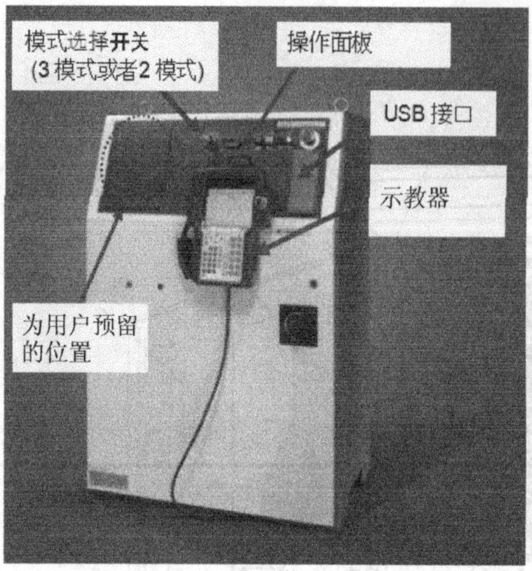

(a) 外部

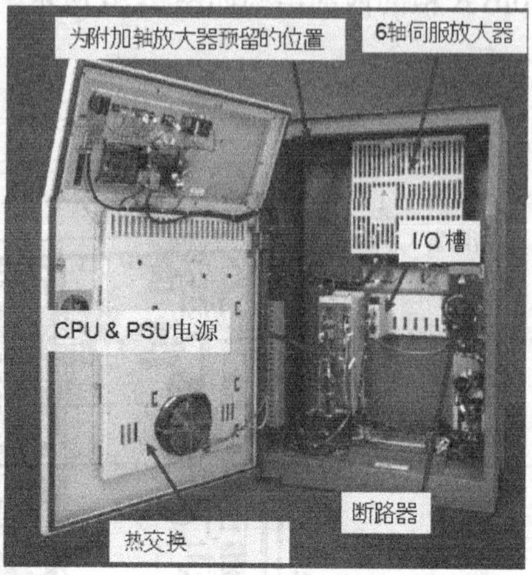

(b) 内部

图 2-21

2.4.1 PSU 电源

对 PSU 电源的各部件说明如图 2-22 所示。

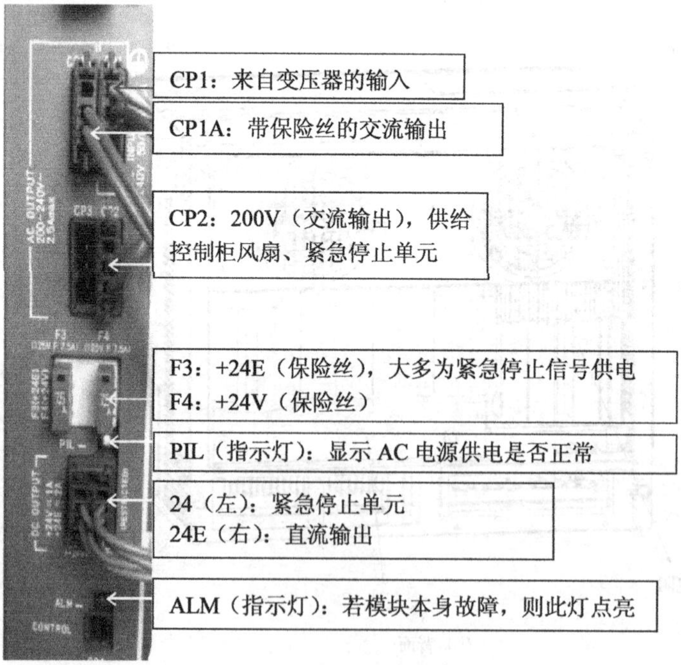

图 2-22

2.4.2 主板

对主板接口的说明如图 2-23 所示。

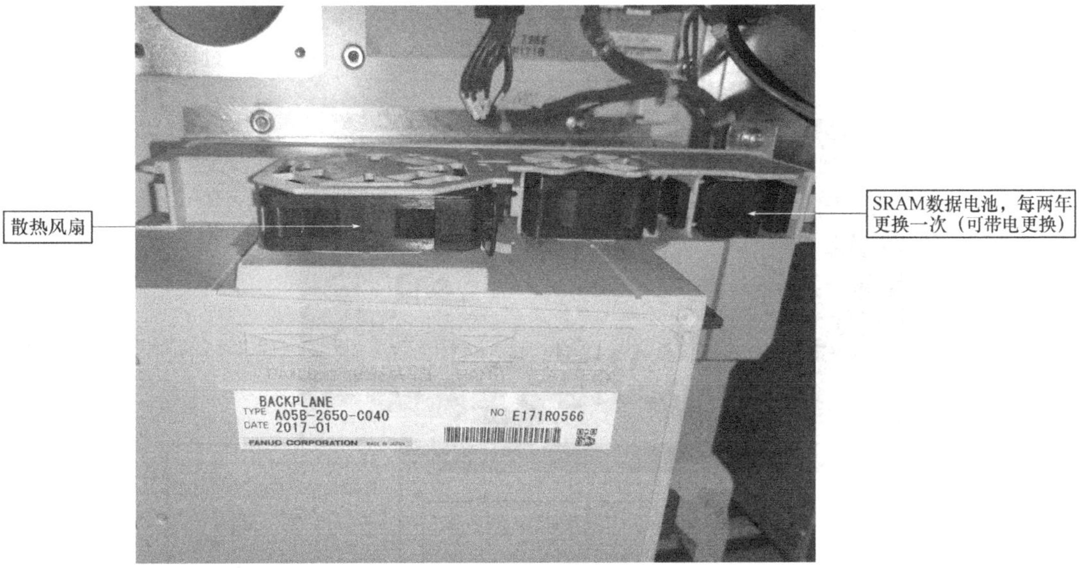

（a）上部

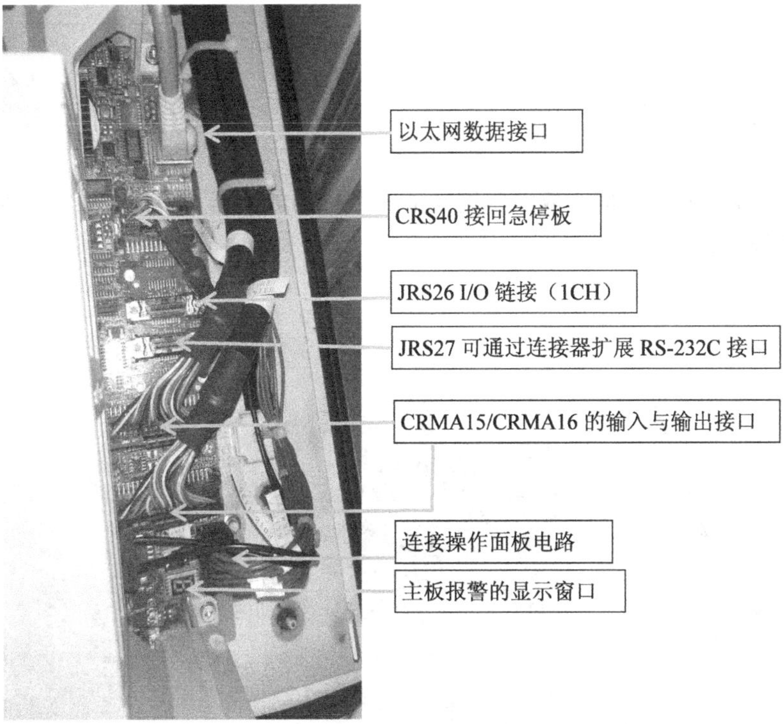

（b）下部

图 2-23

主板的内部结构如图 2-24 所示。

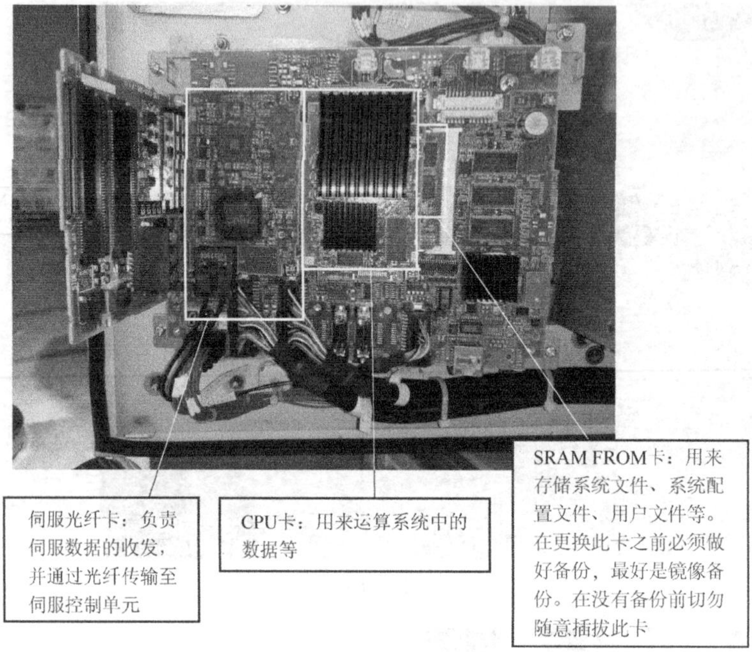

伺服光纤卡：负责伺服数据的收发，并通过光纤传输至伺服控制单元
CPU卡：用来运算系统中的数据等
SRAM FROM卡：用来存储系统文件、系统配置文件、用户文件等。在更换此卡之前必须做好备份，最好是镜像备份。在没有备份前切勿随意插拔此卡

图 2-24

2.4.3 伺服放大器

FANUC 工业机器人的伺服放大器集成了 6 个轴的放大器，集成度较高。对伺服放大器的简要说明如图 2-25 所示。

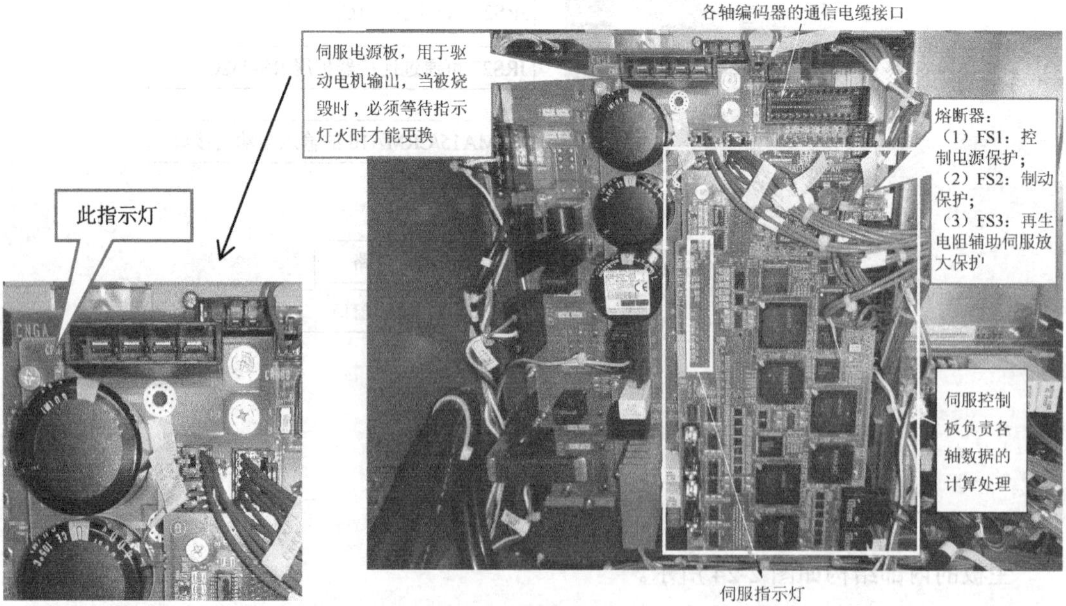

各轴编码器的通信电缆接口
伺服电源板，用于驱动电机输出，当被烧毁时，必须等待指示灯灭时才能更换
此指示灯
熔断器：
（1）FS1：控制电源保护；
（2）FS2：制动保护；
（3）FS3：再生电阻辅助伺服放大保护
伺服控制板负责各轴数据的计算处理
伺服指示灯

图 2-25

对伺服指示灯的说明如表 2-3 所示。

表 2-3

状　态	颜　色	说　明
SVALM	红色	当 6 轴伺服放大器检测到报警时，点亮
SVALM	红色	当紧急停止信号被输入到 6 轴伺服放大器时，点亮
DRDY	绿色	当 6 轴伺服放大器能够驱动伺服电机时，点亮
OPEN	绿色	当 6 轴伺服放大器和主板之间的通信正常进行时，点亮
P5V	绿色	当+5V 电压被从 6 轴伺服放大器内部的电源电路正常输出时，点亮
P3.3V	绿色	当+3.3V 电压被从 6 轴伺服放大器内部的电源电路正常输出时，点亮

伺服放大器的电源部分如图 2-26 所示。

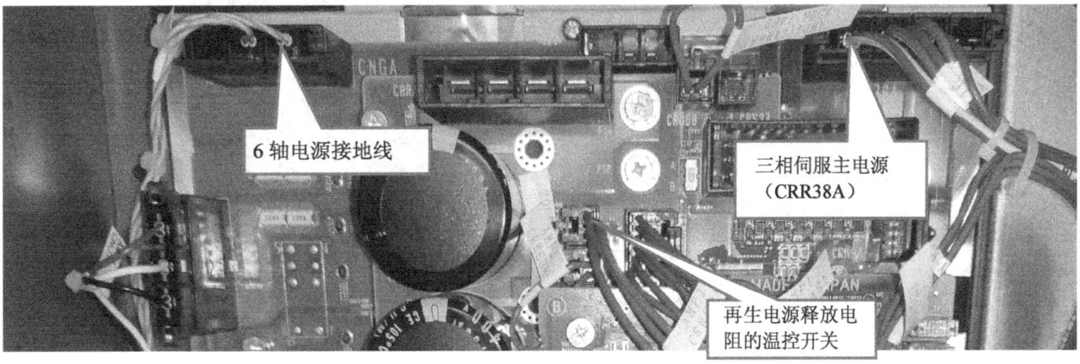

图 2-26

伺服放大器左侧管脚的连接部分如图 2-27 所示。

图 2-27

在伺服放大器上，各个轴的 UVW 相如图 2-28 所示。

图 2-28

2.4.4 紧急停止单元

紧急停止单元的示意图如图 2-29 所示。

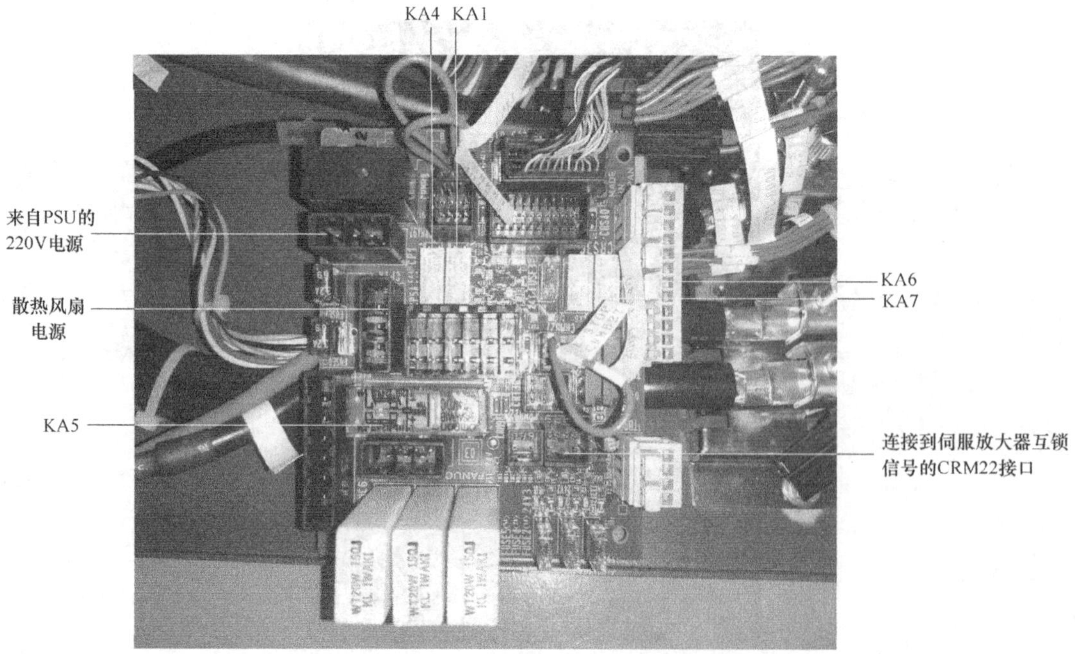

图 2-29

2.4.5　操作面板

操作面板的控制柜接线如图 2-30 所示。

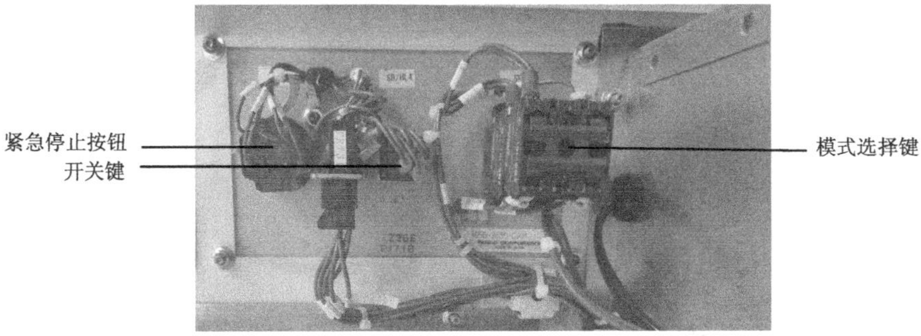

图 2-30

2.5　FANUC 工业机器人的教学平台

本书介绍的教学平台是采用 LR Mate 200iD/4S 工业机器人，通过更换夹具，实现抓取、码垛、搬运、装配、打磨、绘画、模拟焊接等操作的多功能平台。

通过该平台，既可让大家了解机器人技术与先进制造的概念，也可以帮助大家进行相关专业的课程实验、实训、生产实习、毕业实习和毕业设计等。教学平台如图 2-31 所示，主要由夹具工装、料架、线体、实训台、翻转机构、码垛工作台组成。

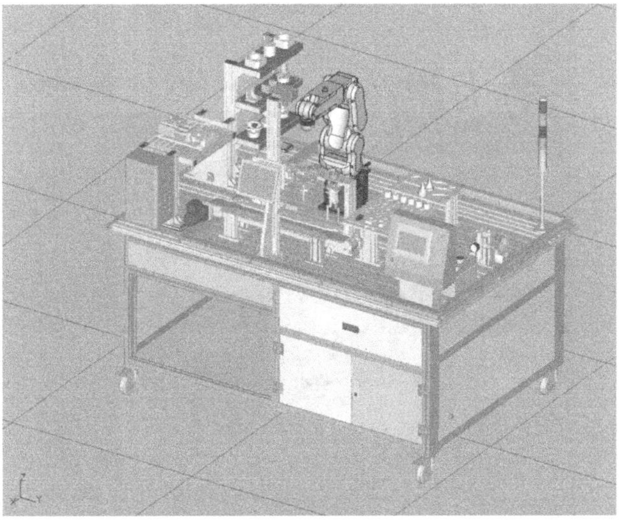

图 2-31

1．夹具工装

夹具工装的主体框架由铝合金搭建，体积小，使用灵活，更换方便，设计新颖，耐用性好，包含多种不同用途的夹具，如图 2-32 所示。夹具工装采用自动更换夹具的方式，可以轻松完成打磨、搬运、装配、码垛、绘画、模拟焊接等功能。

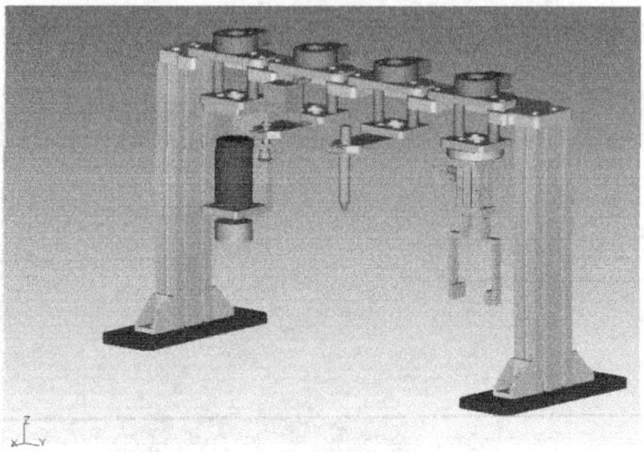

图 2-32

2．料架

料架由铝型材搭建：上层放置模拟装配工件；中层放置模拟焊接工件；底层放置模拟抛光工件。料架的整体结构紧凑，功能全面，如图 2-33 所示。

图 2-33

3．线体

线体主要由机构、直流电机、光电传感器等组成，用于完成工件的传送工作，如图 2-34

所示。若将线体与视觉系统、编码器搭配，则可进行视觉的检测追踪实训；若与码垛平台搭配，则可进行码垛实训。

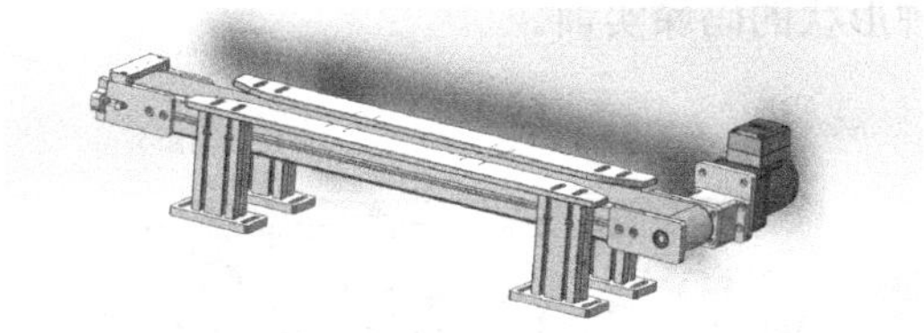

图 2-34

4．实训台

实训台主要由铝型材搭建，是一个工作站的放置平台，如图 2-35 所示。实训台的下部安装脚轮；机器人安装在底板，采用钢板固定；控制柜配电，带有门把手，并且安装在线轨上，可以轻松拉出、推进。

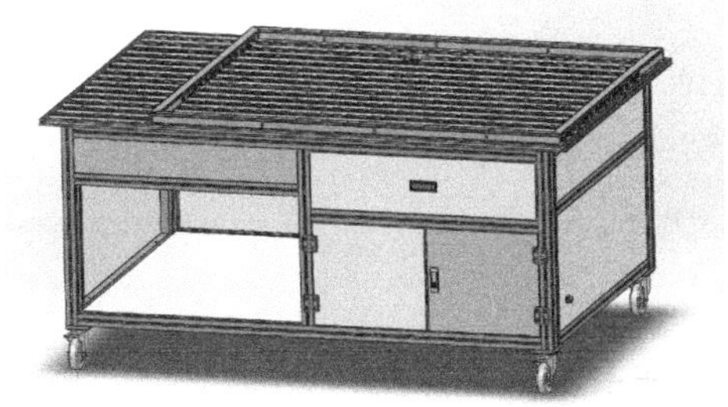

图 2-35

5．翻转机构

翻转机构主要由变位机实训平台、工装夹具等组成，如图 2-36 所示，可以在翻转机构中进行多种实训。例如，在模拟焊接实训时，变位机实训平台上带有气动夹具，用于将焊接工件夹紧，变位机工作站和机器人工作站配合运动，可以做出复杂的焊接轨迹；在模拟装配实训时，变位机工作站的工作台停留在水平位置作为装配平台，变位机实训平台上的气动夹具将装配工件夹紧，此时机器人可以完成各种装配动作。同理，翻转机构还可以用于抛光实训、画图实训等。

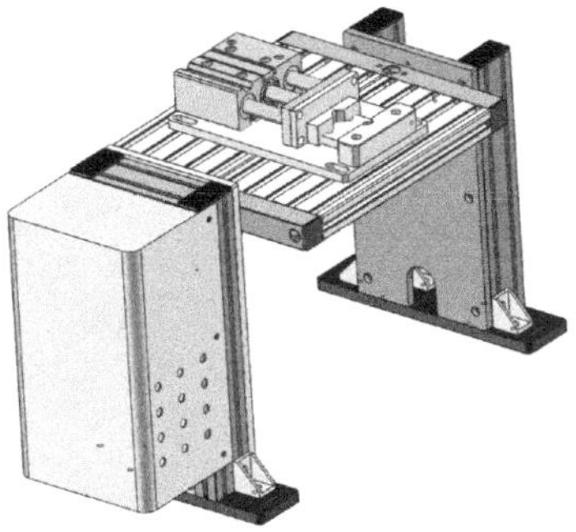

图 2-36

6. 码垛工作台

码垛工作台由铝型材搭建，印有坐标数字，用于定位码垛坐标，如图 2-37 所示。与机器人配合，可以进行各种形状的码垛实训。

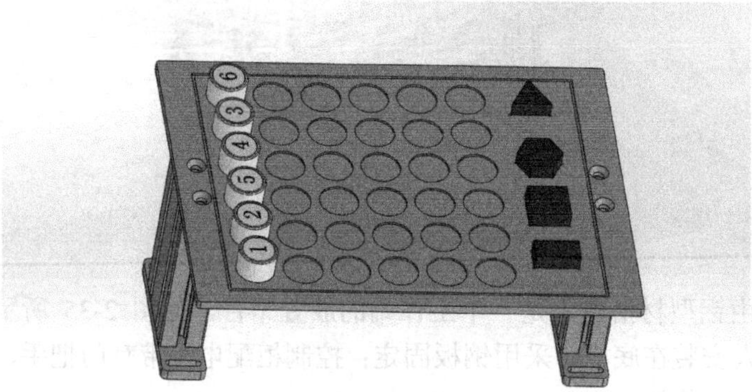

图 2-37

本章练习

❶ FANUC 工业机器人的主要参数有哪些？
❷ FANUC 工业机器人的用途有哪些？
❸ FANUC 工业机器人控制柜的组成有哪些？

第 3 章

认识示教器

学习目标

- 示教器分类
- 点动机器人

3.1 示教器分类

示教器简称 TP，它是用户与机器人之间互相交流的重要装置。用户可以通过操作示教器查看机器人的当前位置、寄存器数据、I/O 分配情况，以及创建程序、对程序进行调试、让机器人投入生产等。

示教器主要分为两大类：单色示教器和彩色示教器，如图 3-1 所示。

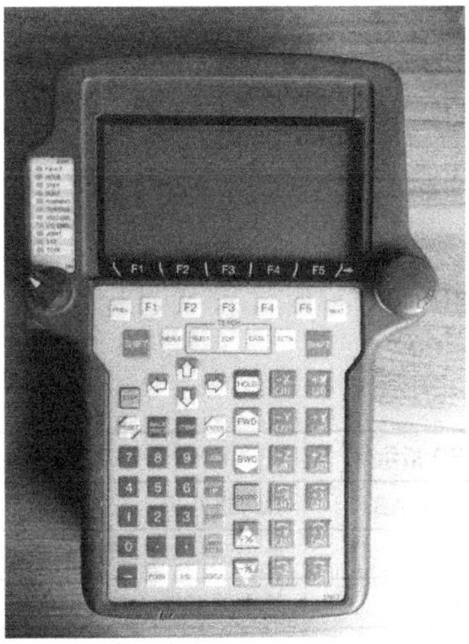

（a）单色示教器

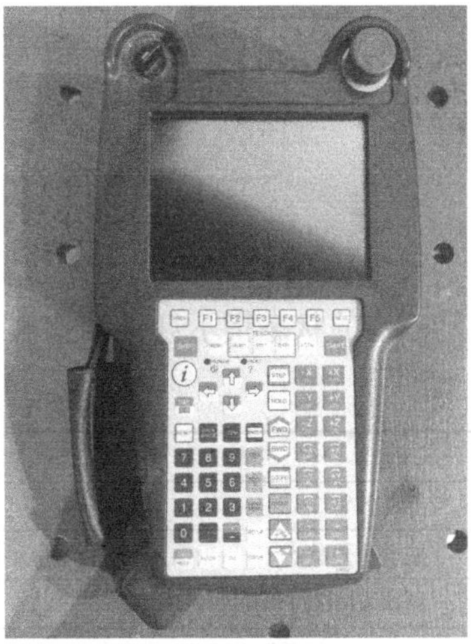

（a）彩色示教器

图 3-1

3.1.1 单色示教器

对单色示教器的操作面板说明如图 3-2 和图 3-3 所示。

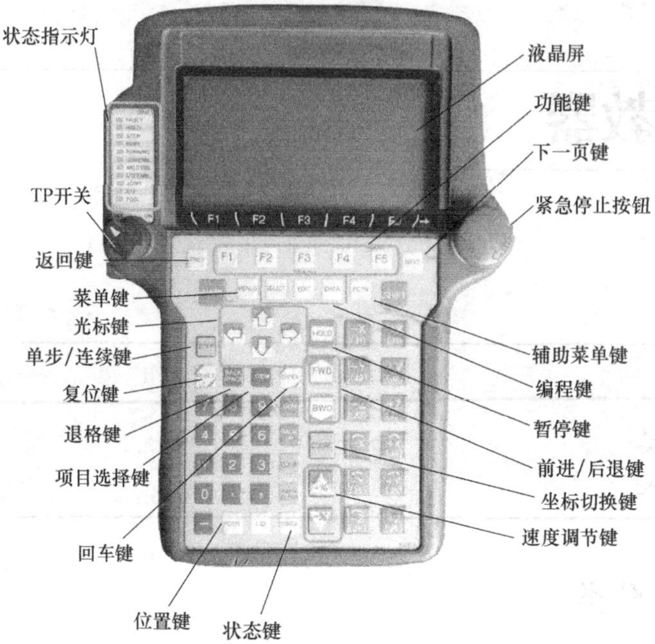

图 3-2

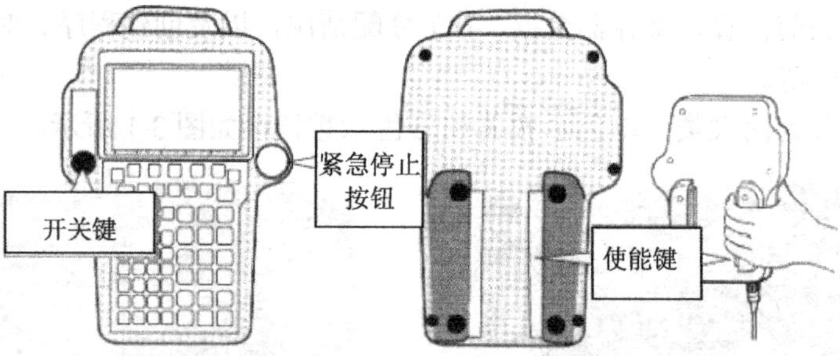

图 3-3

对单色示教器的状态指示灯说明如表 3-1 所示。

表 3-1

LED 指示灯	功　能	LED 指示灯	功　能
FAULT	出现报警	ARC ESTAB	弧焊进行中
HOLD	处于暂停状态	DRY RUN	处于测试操作模式下
STEP	机器人处于单步执行模式	JOINT	处于关节坐标系下
BUSY	机器人正处于运动状态，或者程序正在运行	XYZ	处于通用坐标系或用户坐标系下
RUNNING	程序正在运行	TOOL	处于工具坐标系下
WELD ENBL	弧焊准备中		

3.1.2 彩色示教器

彩色示教器的正面和反面如图 3-4 所示。

（a）示教器正面

（b）示教器反面

图 3-4

对彩色示教器的操作面板说明如图 3-5 所示。

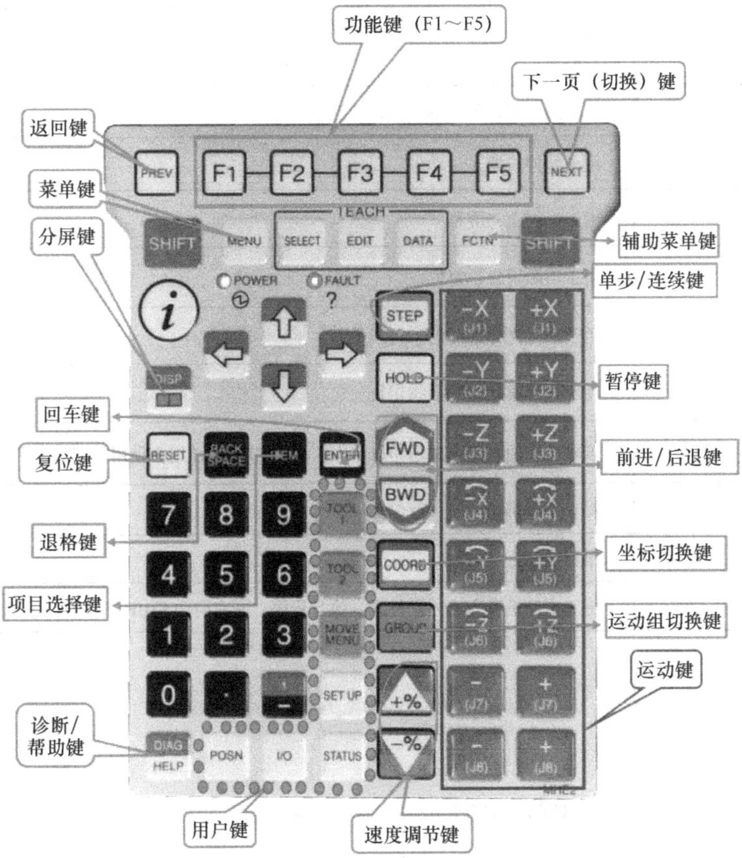

图 3-5

对彩色示教器的主要按键说明如表 3-2 所示。

表 3-2

按　键	说　明
F1 F2 F3 F4 F5	F1～F5 键用于选择示教器液晶屏上显示的内容。每个按键均有唯一的内容与其对应
NEXT	用于切换到下一页
MENU	用于显示液晶屏上的菜单
SELECT	用于显示程序选择界面
EDIT	用于显示程序编辑界面
DATA	用于显示程序数据界面
FCTN	用于显示辅助菜单
DISP	此按键只存在于彩色示教器中。若与 SHIFT 键组合使用，则可显示 DISPLAY 界面，此界面可改变显示窗口的数量；若单独使用，则可切换当前的显示窗口
FWD	与 SHIFT 键组合使用，可从前往后单步执行程序。在程序执行过程中，若松开 SHIFT 键，则程序暂停
BWD	与 SHIFT 键组合使用，可反向单步执行程序。在程序执行过程中，若松开 SHIFT 键，则程序暂停
STEP	通过此按键，可在单步执行和连续执行之间切换
HOLD	用于暂停机器人运动
PREV	用于返回上一屏幕
RESET	用于消除警告、复位
BACK SPACE	用于清除光标之前的字符或数字
ITEM	用于快速移动光标至指定行
DIAG HELP	若单独使用，则可显示帮助界面；若与 SHIFT 键组合使用，则可显示诊断界面
POSN	用于显示机器人的当前位置
FAULT ?	报警指示灯
SHIFT	用于点动机器人、记录位置、执行程序。左右两个 SHIFT 键的功能一致
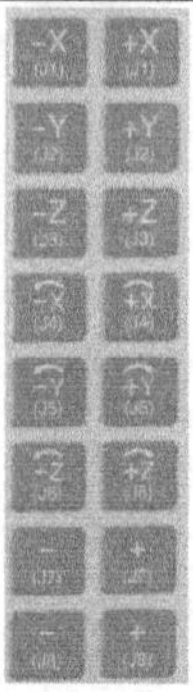	与 SHIFT 键组合使用，可点动机器人

（续表）

按　键	说　明
	若单独使用，则可切换坐标系。每按一次此键，当前坐标系依次显示为 JOINT、JGFRM、WORLD、TOOL、USER；若与 SHIFT 键组合使用，则可改变当前 TOOL、JOINT、USER 的坐标系号
　	用于对速度倍率进行加、减操作
	与 MENU、DATA、EDIT、POSN、FCTN、DISP 等键同时按下，可显示相应的图标界面

3.2　点动机器人

3.2.1　准备工作

在点动机器人之前，应将准备工作完成，如图 3-6 所示。

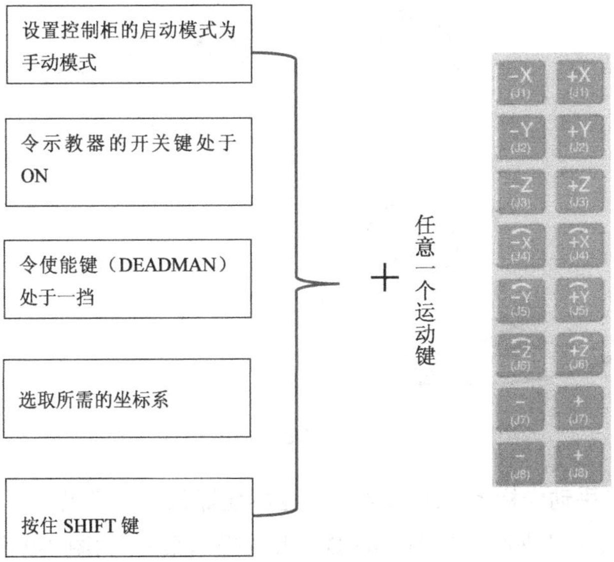

图 3-6

3.2.2　运行速度

通过键，可对机器人的运行速度进行设置：VFINE→FINE→1%→5%→100%；在 VFINE 到 5%之间，每按一下，速度增加 1%；在 5%到 100%之间，每按一下，速度增加 5%。通过键，也可对机器人的运行速度进行设置：100%→5%→1%→FINE→VFINE；在 5%到 VFINE 之间，每按一下，速度减少 1%；在 100%到 5%之间，每按一下，速度减少 5%。

在对 FANUC 工业机器人操作不熟悉的情况下，建议机器人的运行速度不要超过 10%，防止发生碰撞。

3.2.3 在各坐标系下点动

通过COORD键可切换坐标系：JOINT（关节坐标系）→ JGFRM（手动坐标系）→ WORLD（世界坐标系）→ TOOL（工具坐标系）→USER（用户坐标系），之后又从 JOINT（关节坐标系）开始循环。

1. 在 JOINT（关节坐标系）下点动

切换到 JOINT（关节坐标系），如图 3-7 所示。

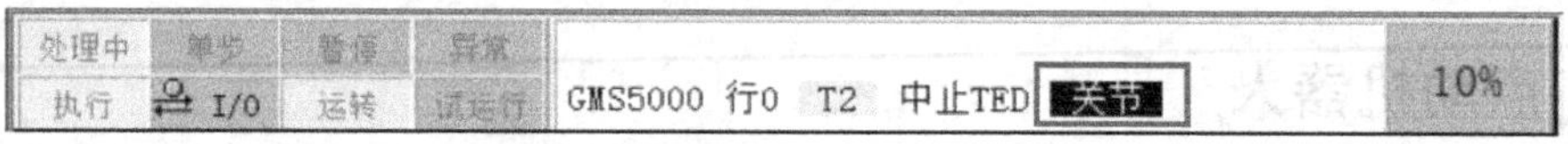

图 3-7

按住SHIFT键，以及任意运动键，即可在如图 3-8 所示的坐标系下点动机器人。

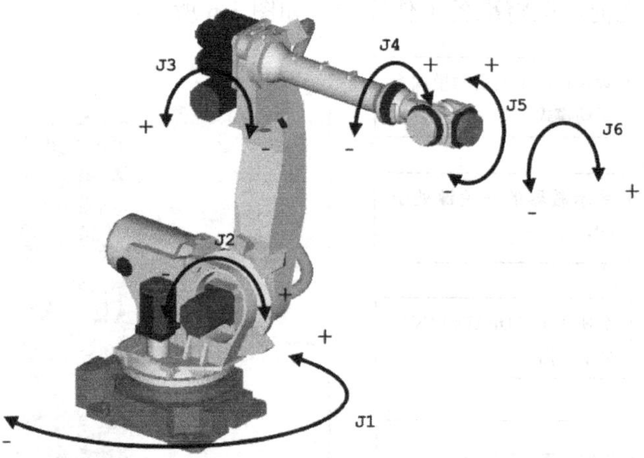

图 3-8

2. 在 JGFRM（手动坐标系）/WORLD（世界坐标系）下点动

切换到 JGFRM（手动坐标系）/WORLD（世界坐标系），如图 3-9 所示。

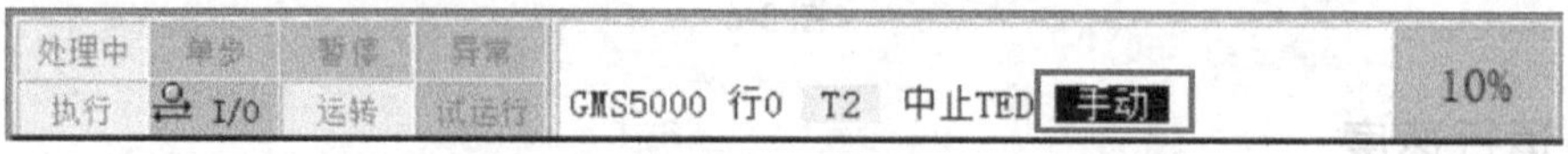

（a）手动坐标系

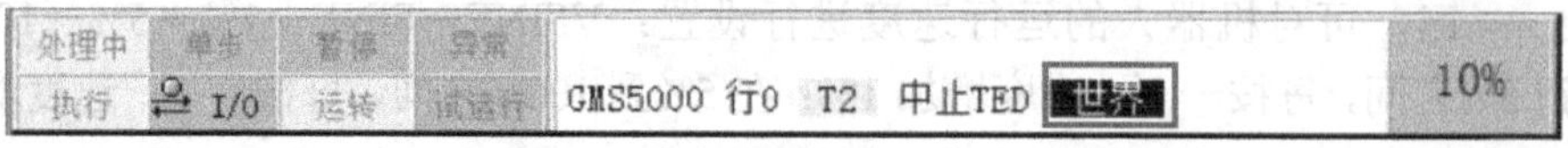

（b）世界坐标系

图 3-9

按住SHIFT键，以及任意运动键，即可在如图 3-10 所示的坐标系下点动机器人。

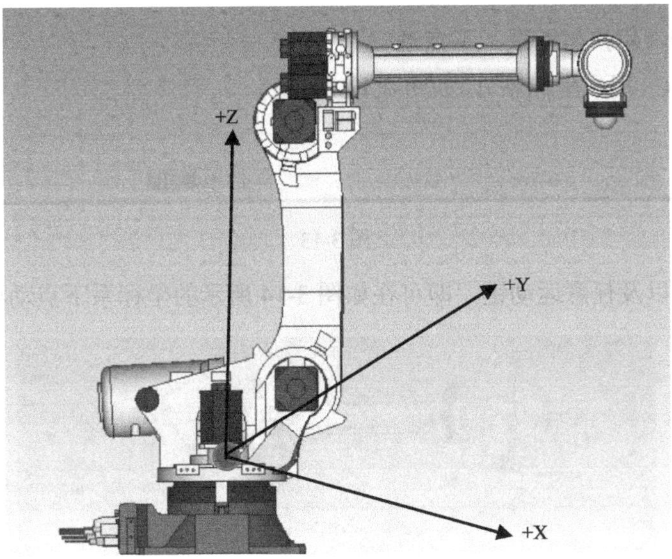

图 3-10

3．在 TOOL（工具坐标系）下点动

切换到 TOOL（工具坐标系），如图 3-11 所示。

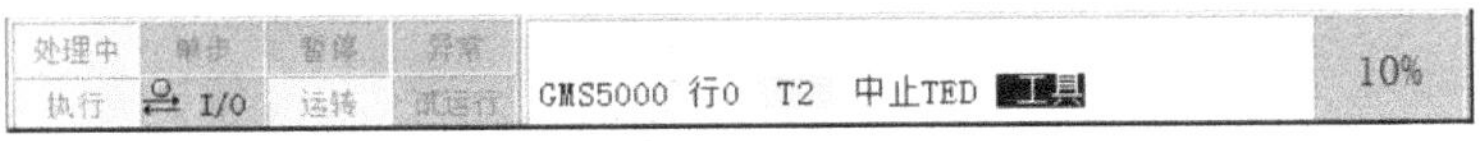

图 3-11

按住键，以及任意运动键，即可在如图 3-12 所示的坐标系下点动机器人。

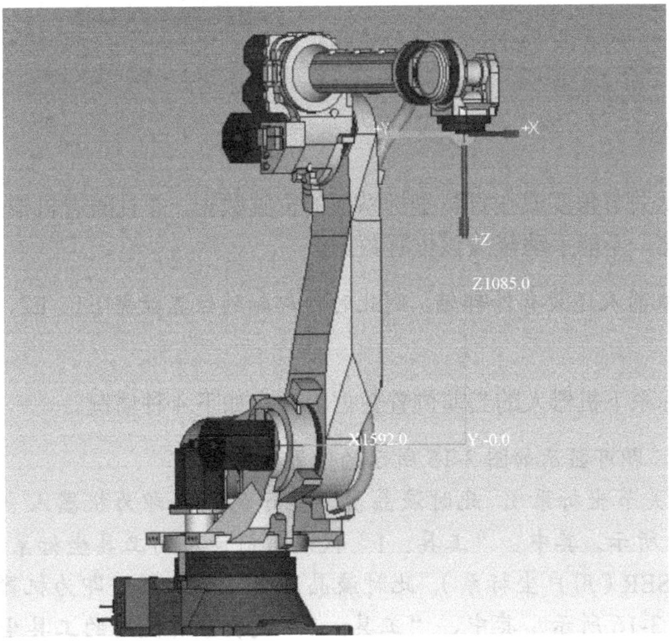

图 3-12

4. 在 USER（用户坐标系）下点动

切换到 USER（用户坐标系），如图 3-13 所示。

图 3-13

按住SHIFT键，以及任意运动键，即可在如图 3-14 所示的坐标系下点动机器人。

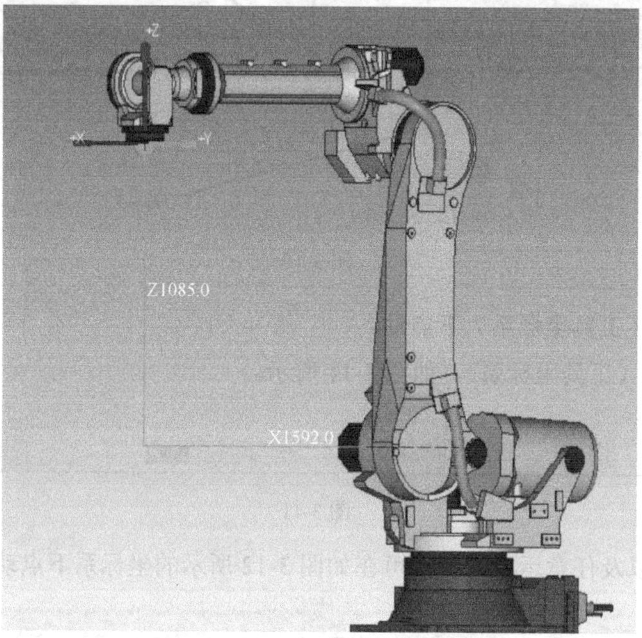

图 3-14

3.2.4 位置状态

液晶屏只显示关节角度或在直角坐标系下的位置数据，并且随着机器人的运动，该位置数据也将实时变化，不能手动修改该位置数据。

⚠警告：若机器人还装有外部轴，则此时外部轴的位置数据 E1、E2、E3 仅代表外部轴的当前位置数据。

如何查看坐标系下机器人的当前位置数据呢？有如下 4 种情况。

- 按下POSN键，即可显示如图 3-15 所示的位置数据。
- 切换到（关节坐标系），此时液晶屏上显示的数据即为机器人当前的关节数据，如图 3-15 所示。其中，“工具：1”代表当前使用的工具坐标系为 1 号工具坐标。
- 切换到 USER（用户坐标系），此时液晶屏上显示的数据即为机器人当前的用户数据，如图 3-16 所示。其中，“工具：1”代表当前使用的工具坐标系为 1 号工具坐标；“坐标系：1”代表当前使用的用户坐标系为 1 号用户坐标。

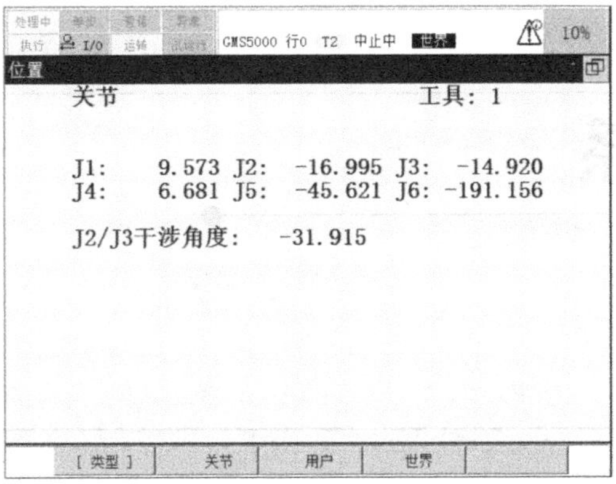

图 3-15

- 切换到 WORLD（世界坐标系），此时液晶屏上显示的数据即为机器人当前的世界数据，如图 3-17 所示。其中，“工具：1”代表当前使用的工具坐标系为 1 号工具坐标。

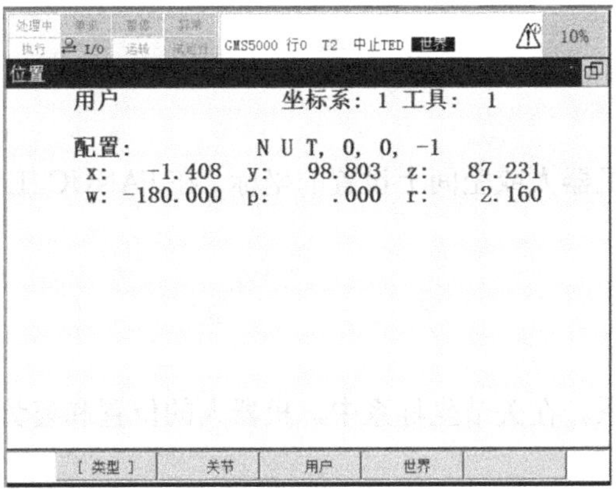

图 3-16

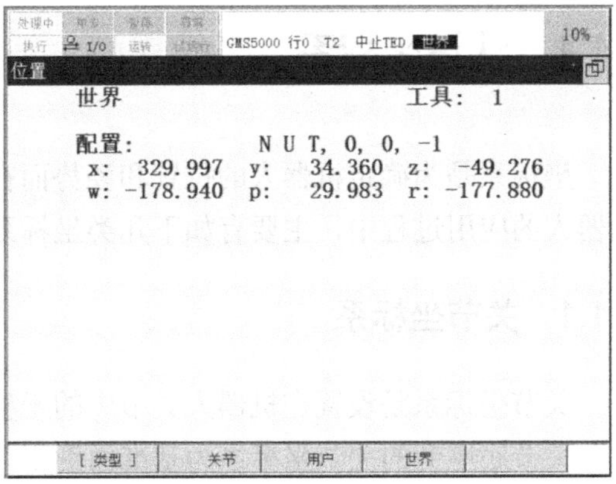

图 3-17

本章练习

❶ TP 是什么？作用有哪些？

❷ 坐标系分为哪几种？

❸ 如何点动控制 FANUC 工业机器人？

❹ 如何更改 FANUC 工业机器人的运行速度？

第4章

应用坐标系

学习目标

- 认识坐标系
- 设置工具坐标系
- 设置用户坐标系

4.1 认识坐标系

坐标系是为确定机器人的位置和姿势而在机器人或空间上设置的坐标。在FANUC工业机器人的应用过程中，主要有如下几类坐标系。

4.1.1 关节坐标系

关节坐标系是设置在机器人关节中的坐标系。在关节坐标系中，机器人的位置和姿势，以各关节底座旁的关节坐标系为基准而确定。

机器人在关节坐标系的关节值，即J1～J6都为0º的状态，如图4-1所示。

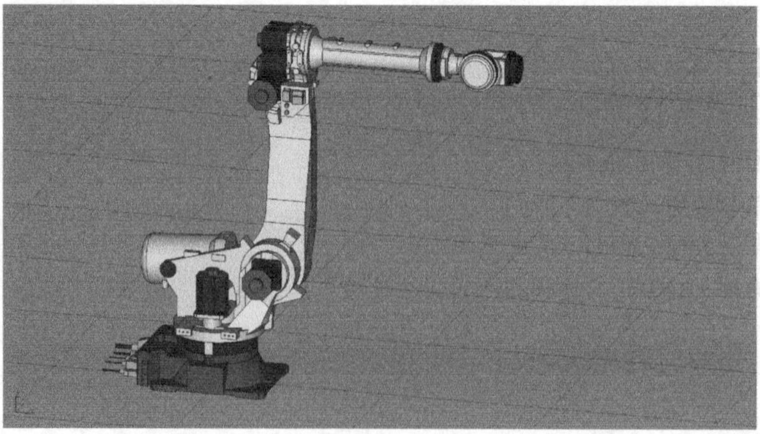

图4-1

4.1.2　世界坐标系

世界坐标系是被固定在空间上的标准直角坐标系（被固定在机器人事先确定的位置），用于位置数据的示教和执行，如图 4-2 所示。

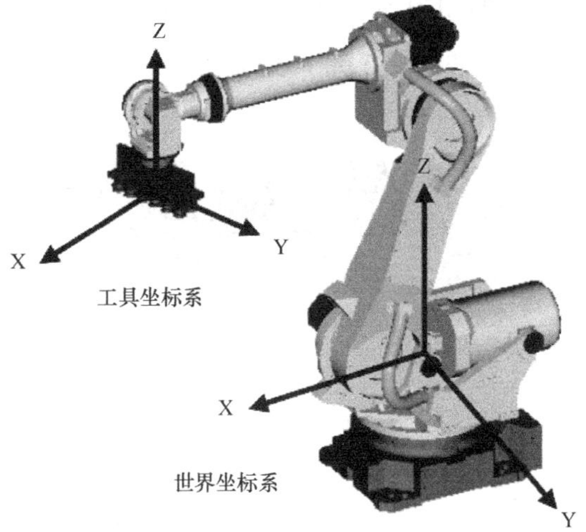

图 4-2

4.1.3　工具坐标系

工具坐标系是针对每个工具的工作姿势及方向定义的直角坐标系。工具坐标系又称为 TCP。在未定义时，机器人会自动选择默认的工具坐标系，默认的工具坐标系原点位于机器人 J6 法兰盘的圆心，Z 轴方向垂直于法兰盘（面向外）。自定义的 TCP 如图 4-3 所示；默认的 TCP 如图 4-4 所示。

⚠**警告：**在程序示教后，若改变了工具坐标系，则必须重新设置程序的各示教点和范围。

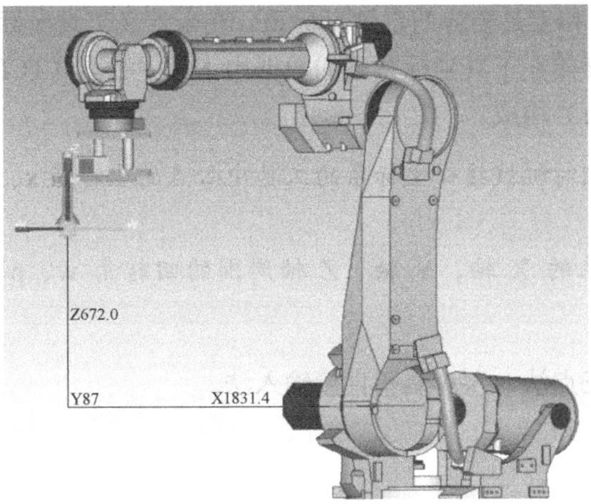

图 4-3

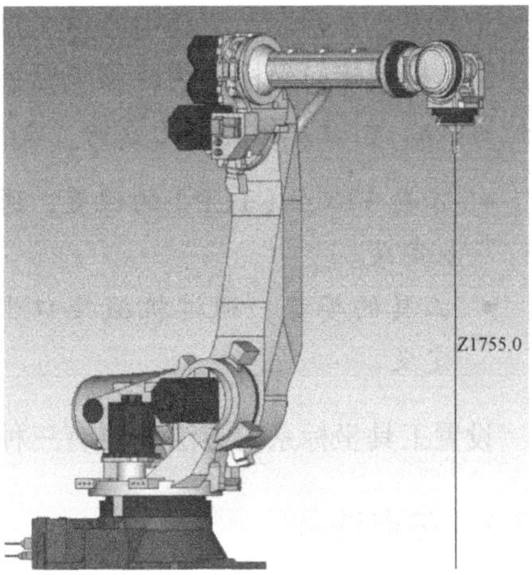

图 4-4

4.1.4 用户坐标系

用户坐标系是用户对每个作业空间定义的直角坐标系，用于位置寄存器的示教和执行、位置补偿指令的执行等。在没有对其定义时，可由世界坐标系代替该坐标系。

自定义的用户坐标系（倾斜角为 30°）如图 4-5 所示。

⚠**警告**：在程序示教后，若改变了用户坐标系，则必须重新设置程序的各示教点和范围。

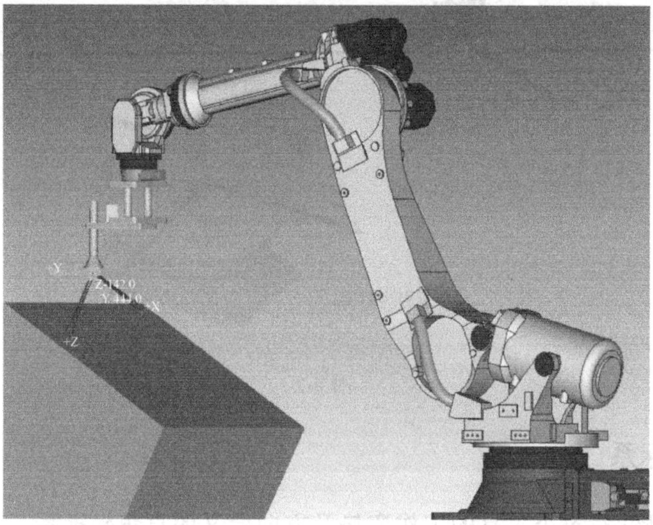

图 4-5

4.2 设置工具坐标系

工具坐标系是表示工具中心点（TCP）和工具姿势的直角坐标系。在未定义工具坐标系时，可由机械接口坐标系代替该坐标系。存储在工具坐标系下的数据由工具中心点（TCP）的位置（x、y、z）和工具的姿势（w、p、r）构成。

- 工具中心点（TCP）的位置，通过相对机械接口坐标系的工具中心点的坐标值 x、y、z 定义。
- 工具的姿势，通过机械接口坐标系的 X 轴、Y 轴、Z 轴周围的回转角 w、p、r 定义。

设置工具坐标系的方法主要有三种：三点法、六点法和直接输入法。

4.2.1 三点法

进行示教时应使“接近点 1”～“接近点 3”以不同的姿势指向同一位置。此时，机器人会自动计算 TCP 的位置。三个接近点的位置要求：三点之间各差 90°，并且不能位于同一平面上。

> **注意：**在三点法中，只可设置工具中心点(x,y,z)，不可改变其方向。工具姿势(w,p,r)的值为(0,0,0)。

应用三点法的操作步骤如下。

❶ 在 FANUC 示教器的操作面板中，单击 MENU（菜单）键，在弹出的菜单中选择“设置”→“坐标系”，显示如图 4-6 所示的界面。

❷ 单击“[坐标]”按钮，在弹出的列表中选择“工具坐标系”，如图 4-7 所示。

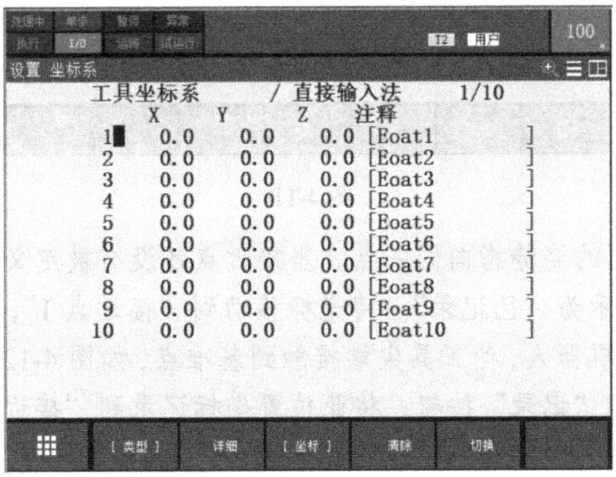

图 4-6

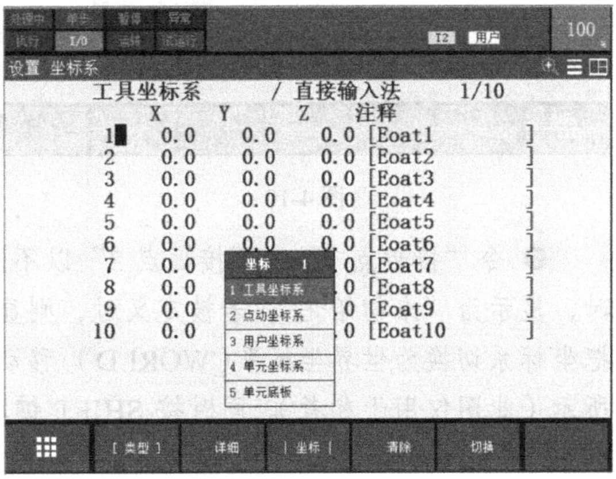

图 4-7

❸ 单击回车键，返回如图 4-6 所示的界面。

❹ 在图 4-6 中，通过移动光标选择需要设置的选项，单击“详细”按钮，进入工具坐标系的详细设置界面，如图 4-8 所示。

❺ 单击“[方法]”按钮，在弹出的列表中选择“三点法”，如图 4-9 所示。单击回车键，进入如图 4-10 所示的界面。

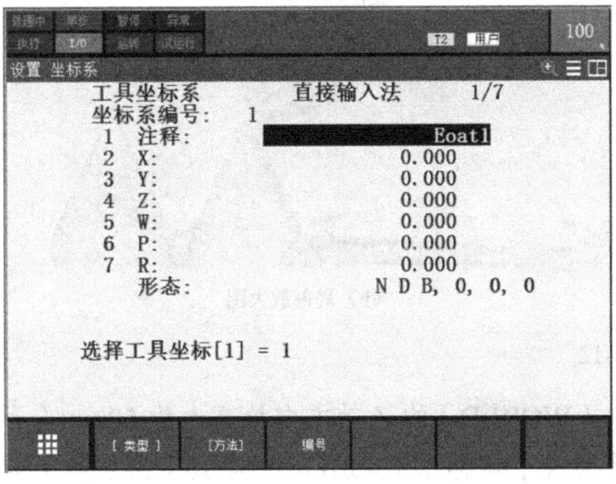

图 4-8

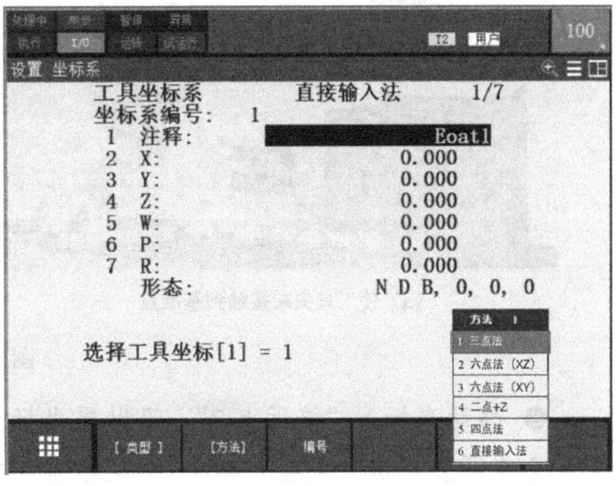

图 4-9

❻ 可以为坐标系输入注释（输入的内容一般为该坐标系的功能）。输入注释的操作：将

光标移动到注释行，单击回车键；移动光标选择输入法，如“大写”“小写”“标点符号”“其他/键盘”。注释输入后，单击回车键，效果如图 4-11 所示。

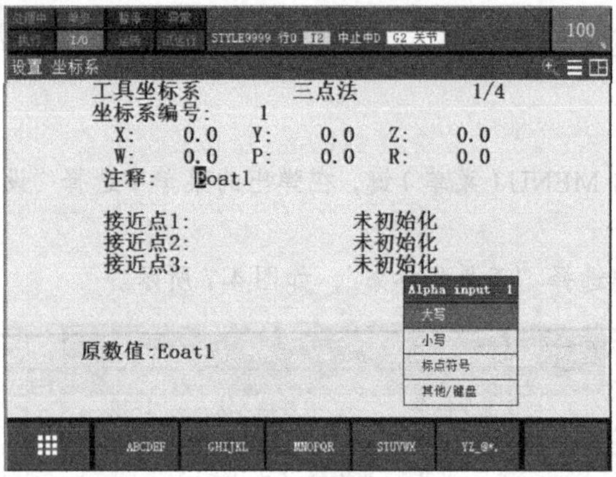

图 4-10

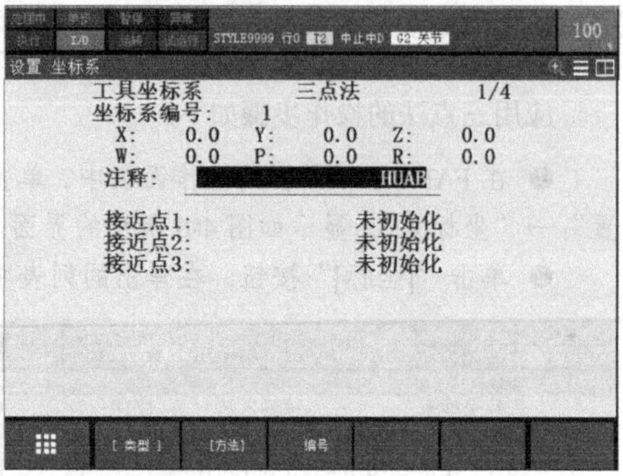

图 4-11

❼ 令“接近点 1”～“接近点 3”以不同的姿势指向同一点。当接近点还没有被定义时，显示为“未初始化”；若被定义过，则显示为“已记录”。将光标移动到“接近点 1”，把坐标系切换为世界坐标系（WORLD）。移动机器人，使工具尖端接触到基准点，如图 4-12 所示（此图仅用于参考）。同时按 SHIFT 键和“记录”按钮，将此位置坐标记录到“接近点 1”中。

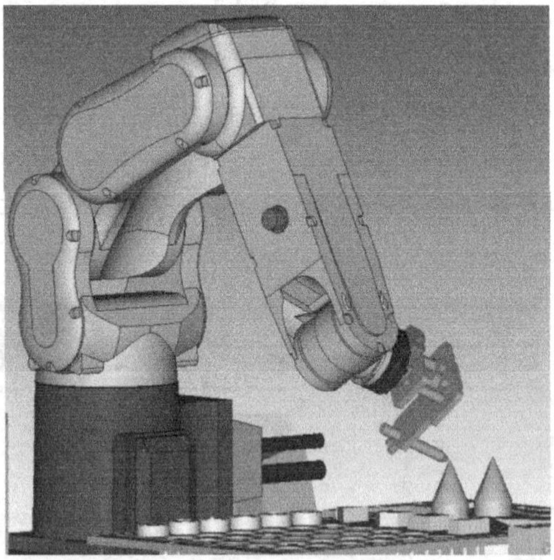

（a）使工具尖端接触到基准点

（b）局部放大图

图 4-12

❽ 移动光标到“接近点 2”，沿世界坐标系（WORLD）的 Z 轴方向抬高大约 50mm（为了避免在调整姿态时发生碰撞）。将坐标系切换为关节坐标系（JOINT），将 J6（法兰盘）至少旋转 90°，不要超过 180°。将坐标系切换为世界坐标系（WORLD），并移动机器人，使工具尖端接触到基准点，如图 4-13 所示。同时按 SHIFT 键和“记录”按钮，将此坐标位置记

录到“接近点 2”中，如图 4-14 所示（此图仅用于参考）。

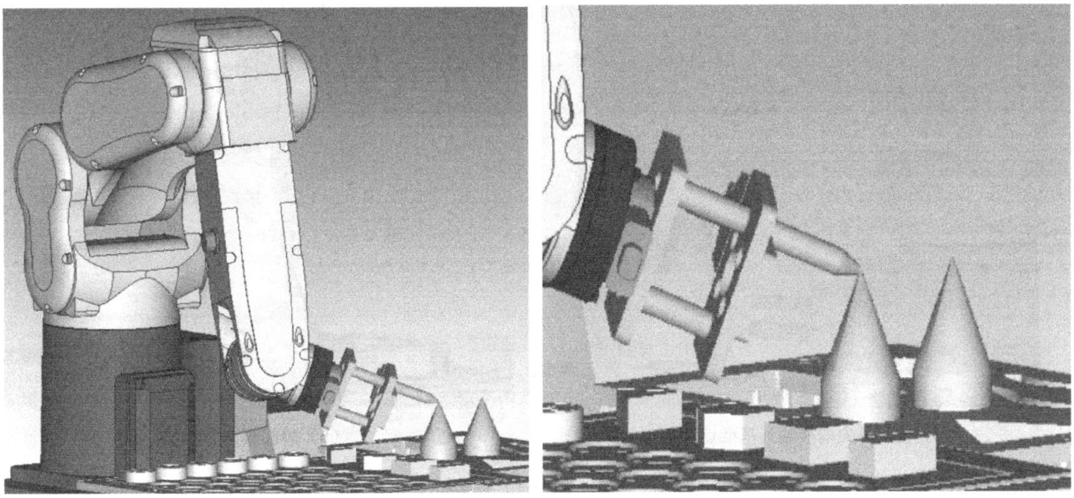

（a）使工具尖端接触到基准点　　（b）局部放大图

图 4-13

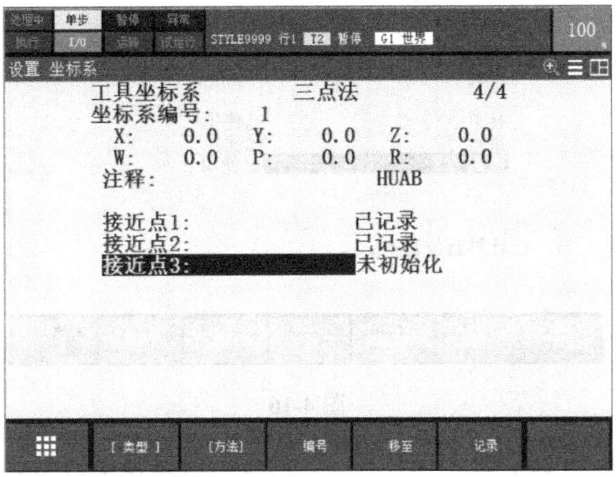

图 4-14

❾ 移动光标到“接近点 3”，沿世界坐标系（WORLD）的 Z 轴大约抬高 50mm（为了避免在调整姿态时发生碰撞）。将坐标系切换为关节坐标系（JOINT），并旋转 J4 和 J5（不要超过 90°）。将坐标系切换为世界坐标系（WORLD），并移动机器人，使工具尖端接触到基准点，如图 4-15 所示（此图仅用于参考）。同时按 SHIFT 键和“记录”按钮，将此位置记录到“接近点 3”中。

❿ 当三个接近点都被定义后，新的工具坐标系将被系统自动计算并生成，如图 4-16 所示。

> **注意：**X、Y、Z 代表当前设置的 TCP 相对于默认法兰盘（J6 轴法兰的中心点）中心的偏移量；W、P、R 的值全为 0，即三点法只是平移了整个工具坐标系，并没有改变其方向。

（a）使工具尖端接触到基准点　　（b）局部放大图

图 4-15

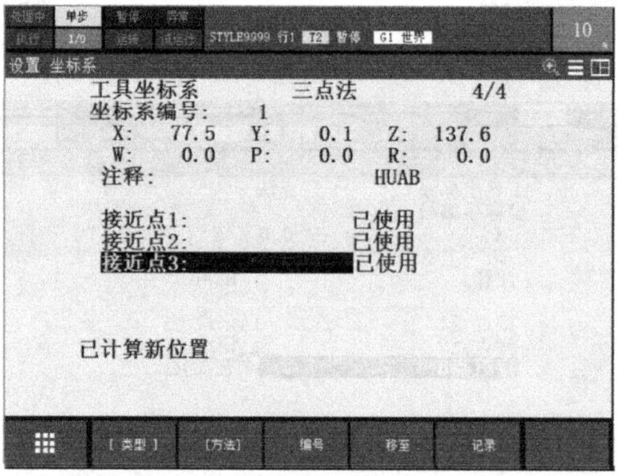

图 4-16

⓫ 单击示教器操作面板中的 PREV 键，返回到工具坐标系的设置界面，如图 4-17 所示。

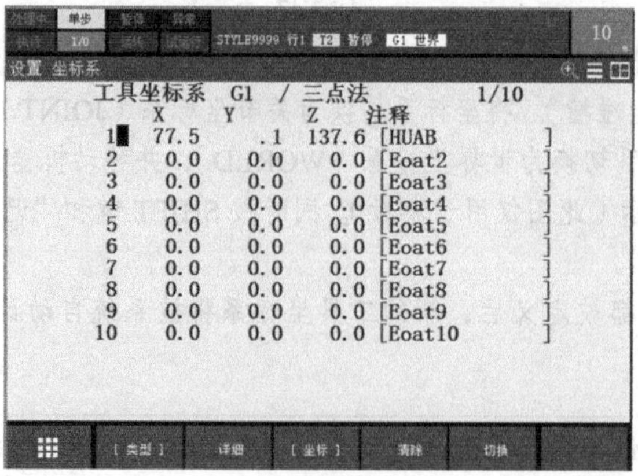

图 4-17

拓展知识：工具坐标系的激活与检验

1. 工具坐标系的激活

激活新创建的工具坐标系的方法如下。

- 方法一：在如图 4-17 所示的界面上单击“切换”按钮，将出现“输入坐标系编号”的字样，输入 1，如图 4-18 所示；输入需要激活的工具坐标系编号，单击回车键进行确认即可激活该坐标系，如图 4-19 所示。

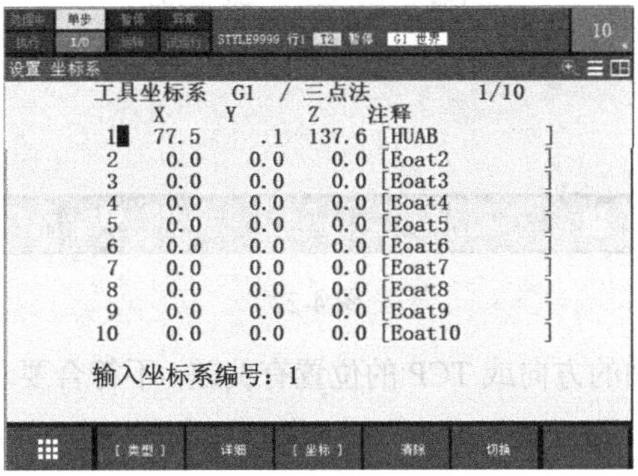
STYLE9999
设置 坐标系
工具坐标系 G1 / 三点法 1/10
X Y Z 注释
1 77.5 .1 137.6 [HUAB]
2 0.0 0.0 0.0 [Eoat2]
3 0.0 0.0 0.0 [Eoat3]
4 0.0 0.0 0.0 [Eoat4]
5 0.0 0.0 0.0 [Eoat5]
6 0.0 0.0 0.0 [Eoat6]
7 0.0 0.0 0.0 [Eoat7]
8 0.0 0.0 0.0 [Eoat8]
9 0.0 0.0 0.0 [Eoat9]
10 0.0 0.0 0.0 [Eoat10]
输入坐标系编号：1
[类型] 详细 [坐标] 清除 切换

图 4-18

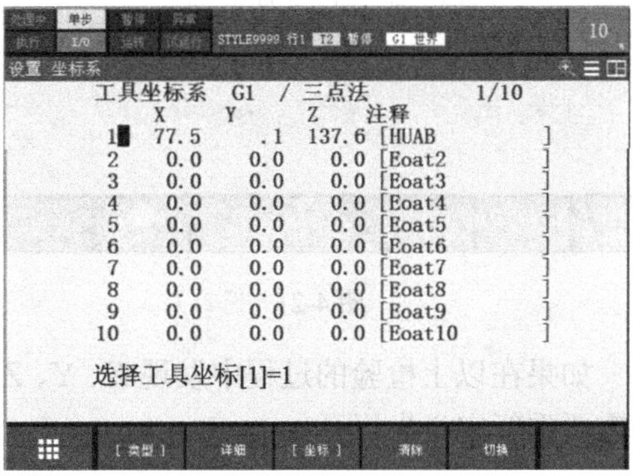

图 4-19

- 方法二：在任何一个界面中，同时按示教器操作面板中的 SHIFT 键和 COORD 键，即可在屏幕右上角弹出如图 4-20 所示的菜单。将光标移到“Tool（.=10）”选项，输入需要激活的工具坐标系编号即可。

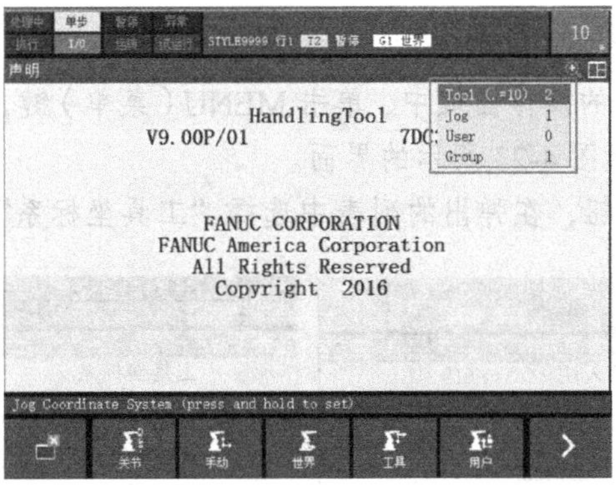

图 4-20

2. 工具坐标系的检验

工具坐标系的检验步骤如下：

❶ 检验 X、Y、Z 轴的方向是否满足要求：将坐标系切换到工具坐标系（TOOL），如图 4-21 所示。同时按 SHIFT 键和任意运动键，令机器人分别沿着 X、Y、Z 轴的方向移动，以便检查工具坐标系的方向是否满足要求。

❷ 检验 TCP 的位置是否满足要求：将坐标系切换到世界坐标系（WORLD），如图 4-22 所示。同时按 SHIFT 键和任意运动键，令机器人绕 X、Y、Z 轴旋转，以便检查 TCP 的位置是否满足要求。

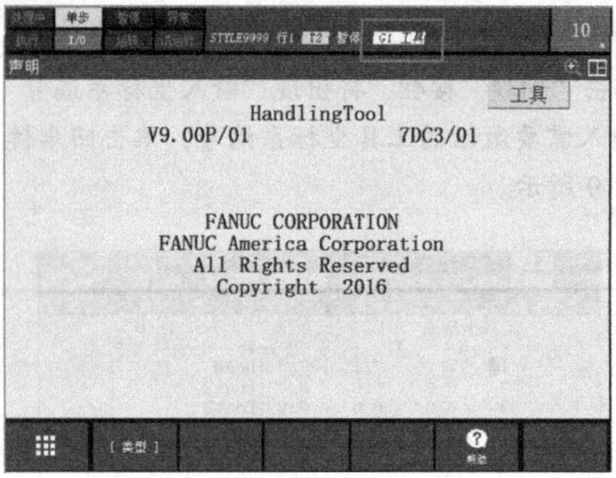

图 4-21

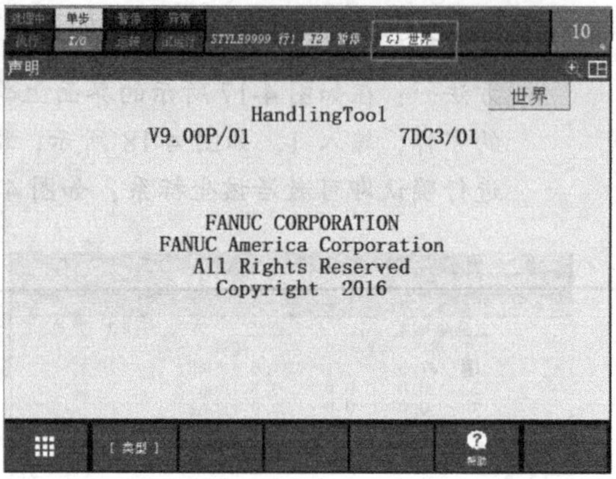

图 4-22

如果在以上检验的过程中发现 X、Y、Z 轴的方向或 TCP 的位置有偏差，不符合要求，则需要重新定义坐标系。

4.2.2 六点法

六点法包括六点法（XY）和六点法（XZ）。这里以常用的六点法（XZ）为例进行说明。选取六个点：三个接近点（“接近点 1”～“接近点 3”）、一个“坐标原点”、一个“X 方向点”、一个“Z 方向点”。

应用六点法（XZ）的操作步骤如下。

❶ 在 FANUC 示教器的操作面板中，单击 MENU（菜单）键，在弹出的菜单中选择“设置”→“坐标系”，显示如图 4-23 所示的界面。

❷ 单击“[坐标]”按钮，在弹出的列表中选择“工具坐标系”，如图 4-24 所示。

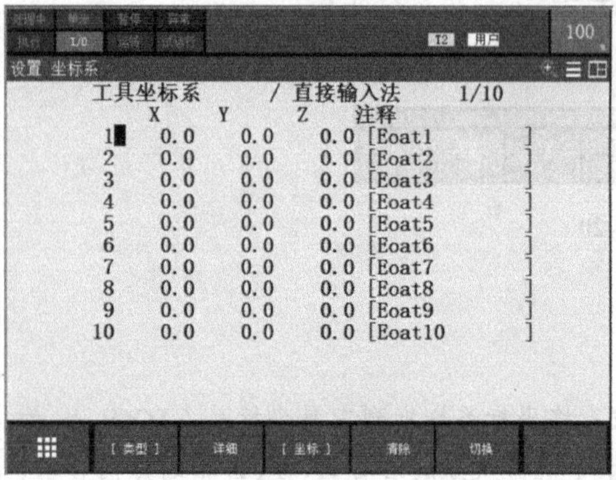

图 4-23

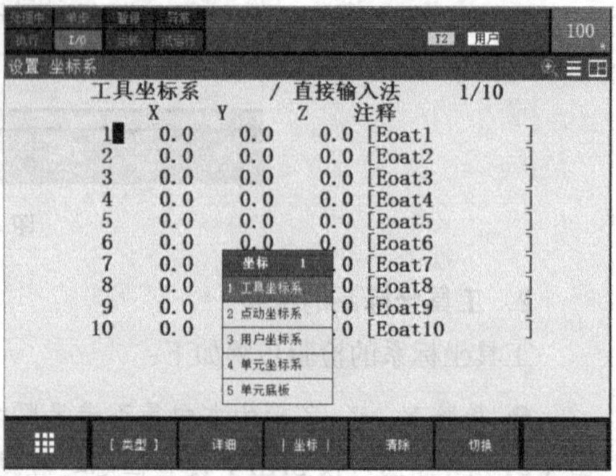

图 4-24

❸ 单击回车键，返回如图 4-23 所示的界面。

❹ 在图 4-23 中，通过移动光标选择需要设置的选项，单击“详细”按钮，进入工具坐标系的详细设置界面，如图 4-25 所示。

❺ 单击“[方法]”按钮，在弹出的列表中选择“六点法（XZ）”，如图 4-26 所示。单击回车键，进入如图 4-27 所示的界面。

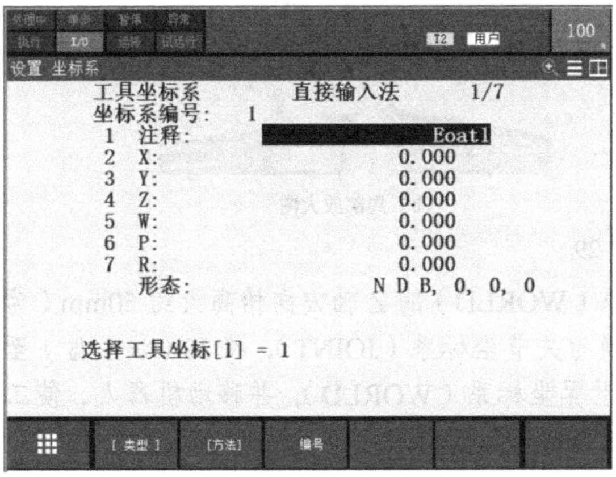

图 4-25

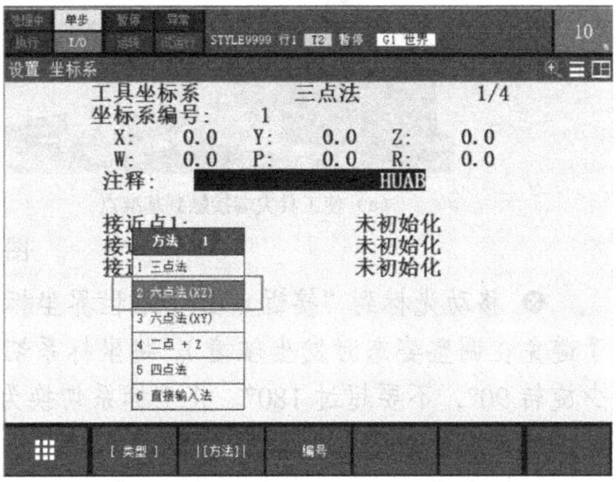

图 4-26

❻ 可以为坐标系输入注释（输入的内容一般为该坐标系的功能）。输入注释的操作：将光标移动到注释行，单击回车键；移动光标选择输入法，如“大写”“小写”“标点符号”“其他/键盘”。注释输入后，单击回车键，效果如图 4-28 所示。

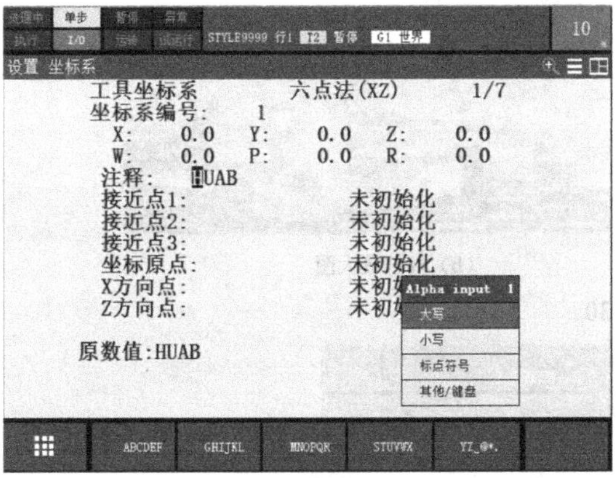

图 4-27

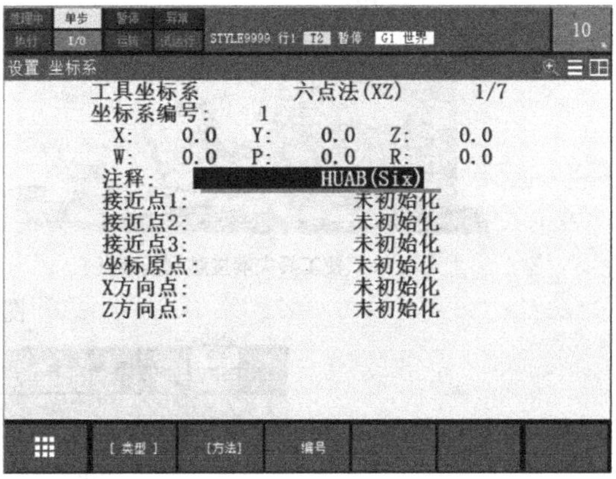

图 4-28

❼ 令“接近点 1”～“接近点 3”以不同的姿势指向同一点。当接近点还没有被定义时，显示为“未初始化”；若被定义过，则显示为“已记录”。将光标移动到“接近点 1”，把坐标系切换为世界坐标系（WORLD）。移动机器人，使工具尖端接触到基准点，如图 4-29 所示（此图仅用于参考）。同时按 SHIFT 键和“记录”按钮，将此位置坐标记录到“接近点 1”中。

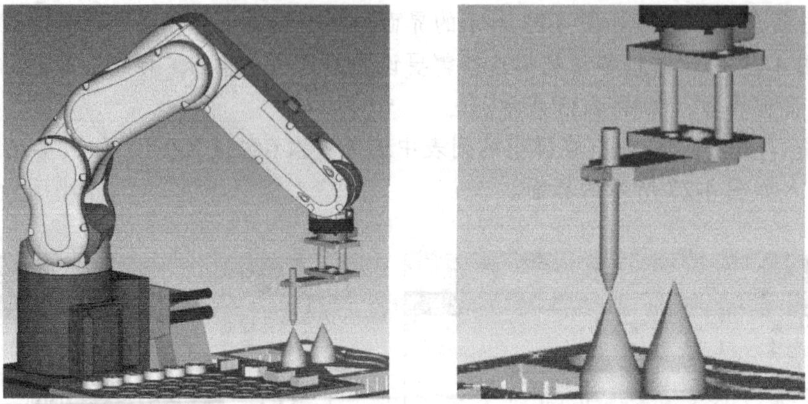

（a）使工具尖端接触到基准点　　　（b）局部放大图

图 4-29

❽ 移动光标到“接近点 2”，沿世界坐标系（WORLD）的 Z 轴方向抬高大约 50mm（为了避免在调整姿态时发生碰撞）。将坐标系切换为关节坐标系（JOINT），将 J6（法兰盘）至少旋转 90°，不要超过 180°。将坐标系切换为世界坐标系（WORLD），并移动机器人，使工具尖端接触到基准点，如图 4-30 所示。同时按 SHIFT 键和“记录”按钮，将此坐标位置记录到“接近点 2”中，如图 4-31 所示（此图仅用于参考）。

（a）使工具尖端接触到基准点　　　（b）局部放大图

图 4-30

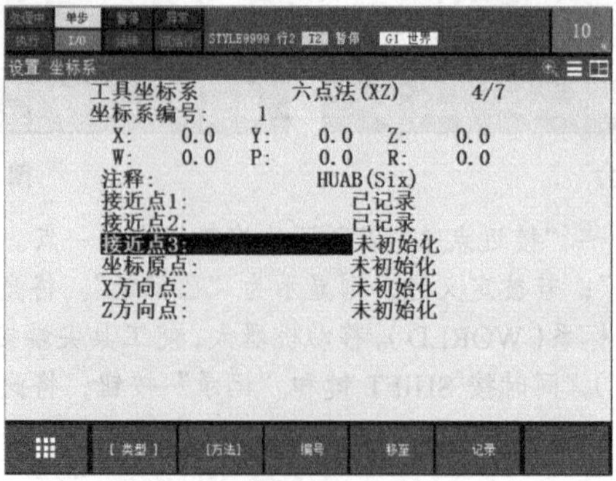

图 4-31

❾ 移动光标到“接近点 3”，沿世界坐标系（WORLD）的 Z 轴大约抬高 50mm（为了避免在调整姿态时发生碰撞）。将坐标系切换为关节坐标系（JOINT），并旋转 J4 和 J5（不要超过 90°）。将坐标系切换为世界坐标系（WORLD），并移动机器人，使工具尖端接触到基准点，如图 4-32 所示（此图仅用于参考）。同时按 SHIFT 键和“记录”按钮，将此位置记录到“接近点 3”中。

（a）使工具尖端接触到基准点

（b）局部放大图

图 4-32

❿ 将光标移至“接近点 1”，同时单击使能键、SHIFT 键和“移至”按钮，使机器人回到“接近点 1”；移动光标至“坐标原点”（Orient Origin Point），同时按 SHIFT 键和“记录”按钮，将此位置记录到“坐标原点”中。

⓫ 将光标移至“X 方向点”（X Direction Point），将坐标系切换为世界坐标系（WORLD）。移动机器人，使工具沿需要设置的 X 轴方向至少移动 200mm，如图 4-33 所示（此图仅用于参考）。同时按 SHIFT 键和“记录”按钮，将此位置记录到“X 方向点”中。

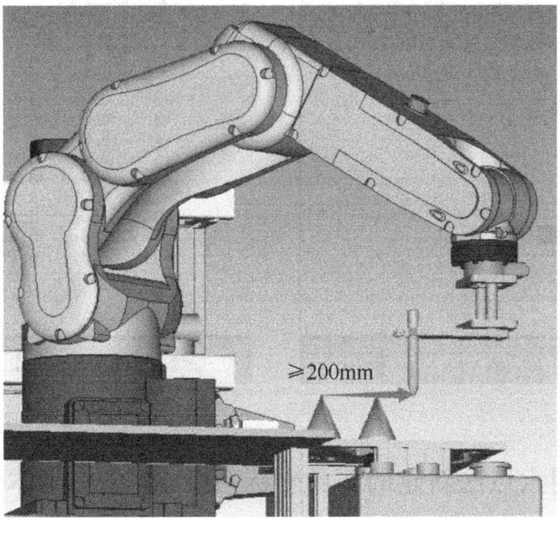

图 4-33

⓬ 将光标移至“坐标原点”（Orient Origin Point），同时单击使能键、SHIFT 键和“移至”按钮，使机器人回到“坐标原点”。将光标移至“Z 方向点”（Z Direction Point），并将坐标

系切换为世界坐标系（WORLD）。移动机器人，使工具沿需要设置的 Z 轴方向至少移动 200mm，如图 4-34 所示（此图仅用于参考）。同时按 SHIFT 键和“记录”按钮，将此位置记录到“Z 方向点”中。

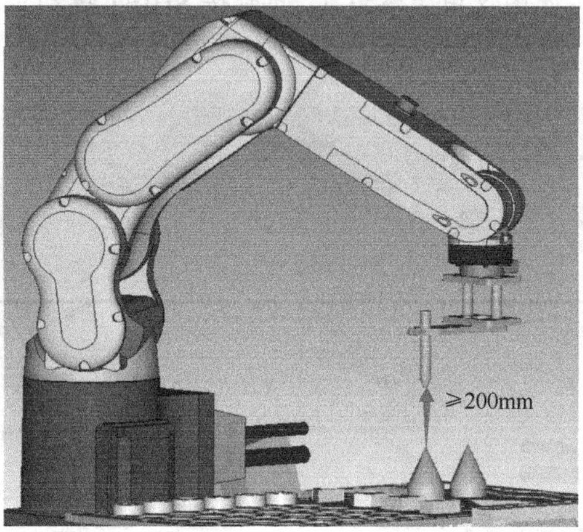

图 4-34

⑬ 当 6 个点的位置都被记录后，新的工具坐标系将被系统自动计算并生成，如图 4-35 所示。

> **注意：**X、Y、Z 代表当前设置的 TCP 相对于默认法兰盘（J6 轴法兰的中心点）中心的偏移量；W、P、R 中的数据代表当前设置的工具坐标系与默认工具坐标系的旋转量。

⑭ 单击示教器操作面板中的 PREV 键，返回到工具坐标系的设置界面，如图 4-36 所示。

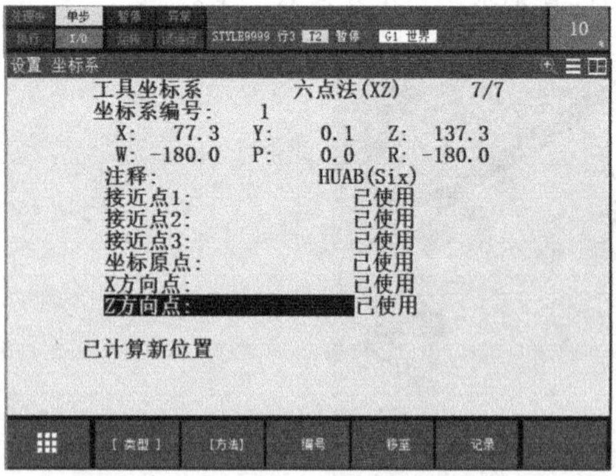

图 4-35

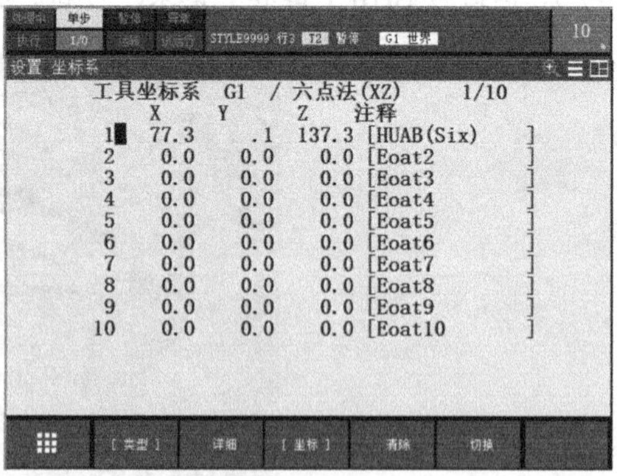

图 4-36

关于激活与检验利用六点法新建的工具坐标系操作，请参考本节的拓展知识，这里不再赘述。

4.2.3 直接输入法

直接输入法是直接在机器人所需设置的工具坐标系中输入 TCP 相对默认工具坐标系原

点的 X、Y、Z 的值，以及需要更改的工具坐标系相对默认工具坐标系方向的回转角 W、P、R 的值。

应用直接输入法的操作步骤如下。

❶ 在 FANUC 示教器的操作面板中，单击 MENU（菜单）键，在弹出的菜单中选择“设置”→“坐标系”，显示如图 4-37 所示的界面。

❷ 单击“[坐标]”按钮，在弹出的列表中选择“工具坐标系”，如图 4-38 所示。

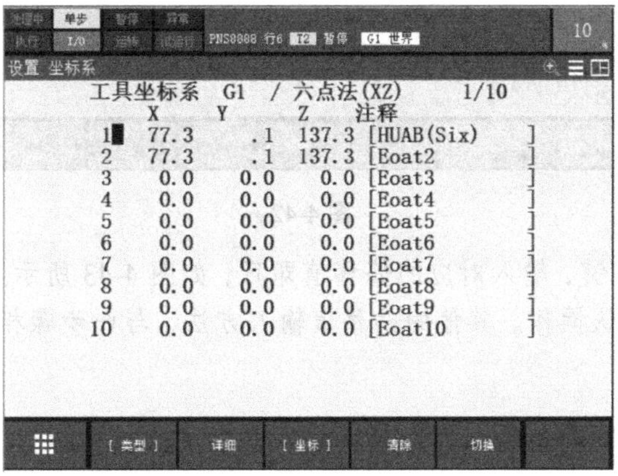

图 4-37

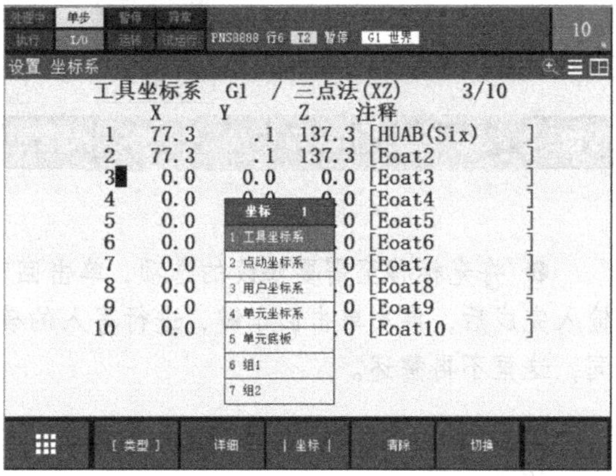

图 4-38

❸ 单击回车键，返回如图 4-37 所示的界面。

❹ 在图 4-37 中，通过移动光标选择需要设置的选项，单击“详细”按钮，进入工具坐标系的详细设置界面，如图 4-39 所示。

❺ 单击“[方法]”按钮，在弹出的列表中选择“直接输入法”，如图 4-40 所示。单击回车键，进入如图 4-41 所示的界面。

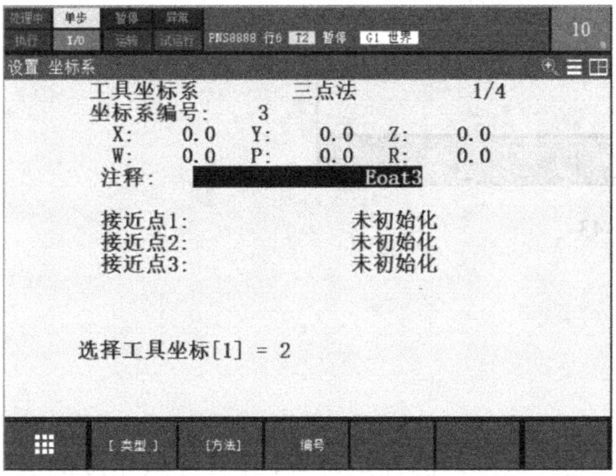

图 4-39

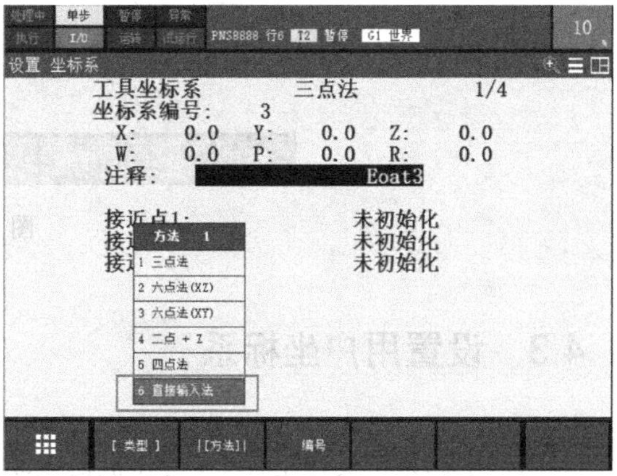

图 4-40

❻ 可以为坐标系输入注释（输入的内容一般为该坐标系的功能）。输入注释的操作：将光标移动到注释行，单击回车键；移动光标选择输入法，如“大写”“小写”“标点符号”“其他/键盘”。注释输入后，单击回车键，效果如图 4-42 所示。

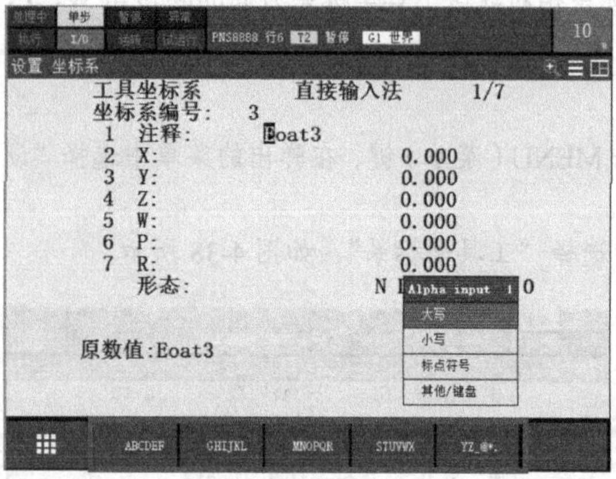

图 4-41

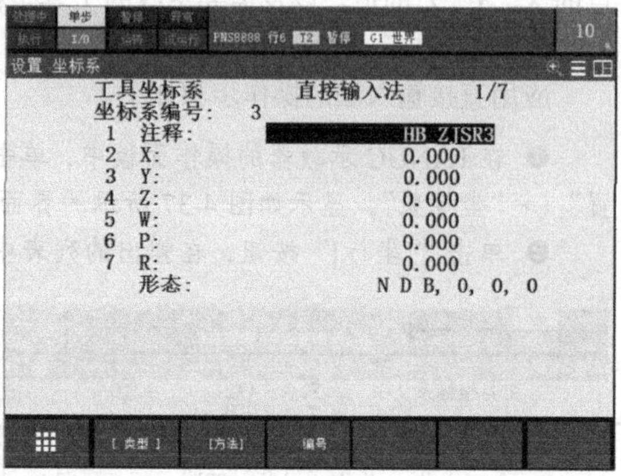

图 4-42

❼ 将光标移至需要修改的选项，单击回车键，输入对应的偏移值即可，如图 4-43 所示。输入完成后，再次单击回车键，进行写入的确认操作。其他的偏移值输入方法，与此步骤相同，这里不再赘述。

关于激活与检验利用直接输入法新建的工具坐标系操作，请参考本节的拓展知识，这里不再赘述。

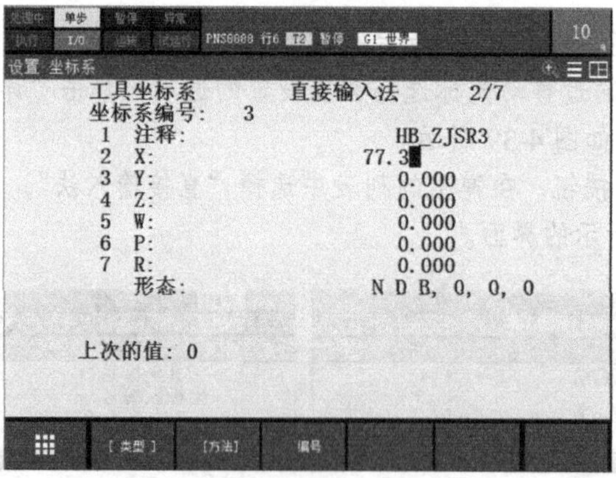

图 4-43

4.3 设置用户坐标系

用户坐标系定义在工件上，可在机器人动作允许范围内的任意位置，设置任意角度的 X、Y、Z 轴。用户坐标系的原点位于机器人抓取的工件上。用户坐标系的方向可根据需要任意定义。

用户坐标系被存储在系统变量$MNUFRAME 中。用户坐标系的主要设置方法有三点法、四点法、直接输入法。

4.3.1　三点法

应用三点法的操作步骤如下。

❶ 在 FANUC 示教器的操作面板中，单击 MENU（菜单）键，在弹出的菜单中选择“设置”→“坐标系”，显示如图 4-44 所示的界面。

❷ 单击“[坐标]”按钮，在弹出的列表中选择“用户坐标系”，如图 4-45 所示。

❸ 单击回车键，显示如图 4-46 所示的界面。

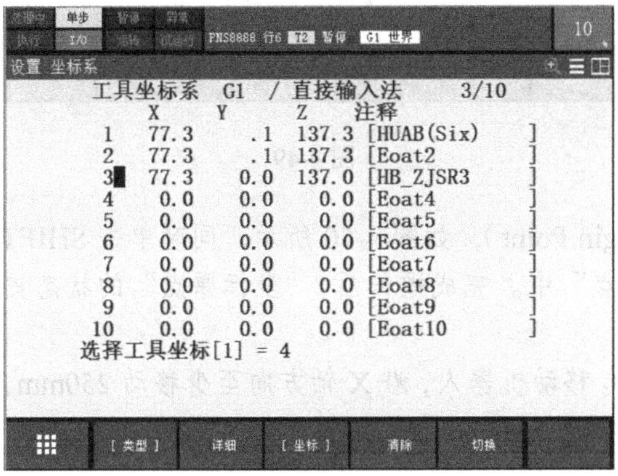

图 4-44

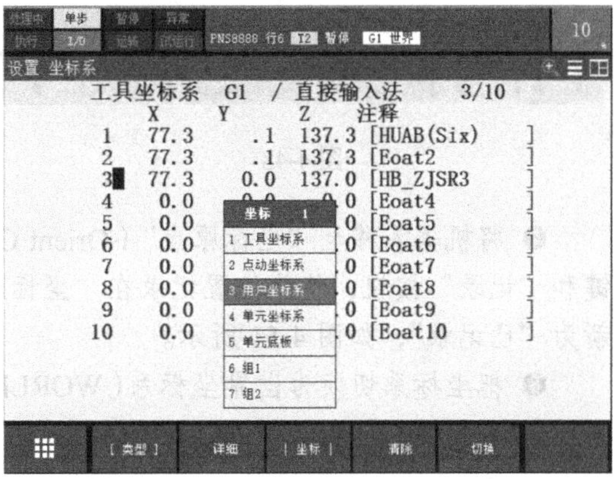

图 4-45

❹ 通过移动光标选择需要设置的选项，单击“详细”按钮，进入用户坐标系的详细设置界面，如图 4-47 所示。

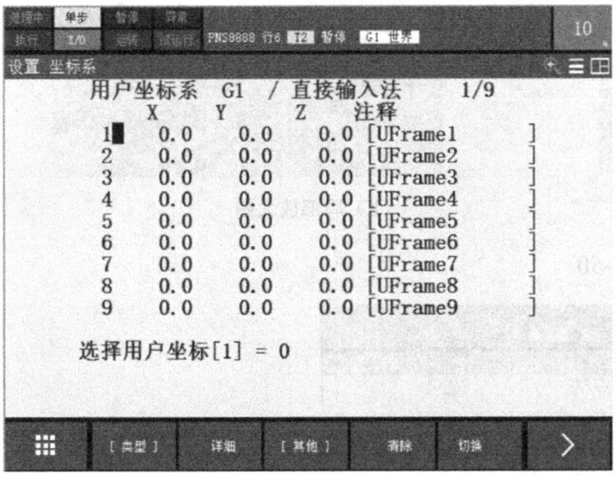

图 4-46

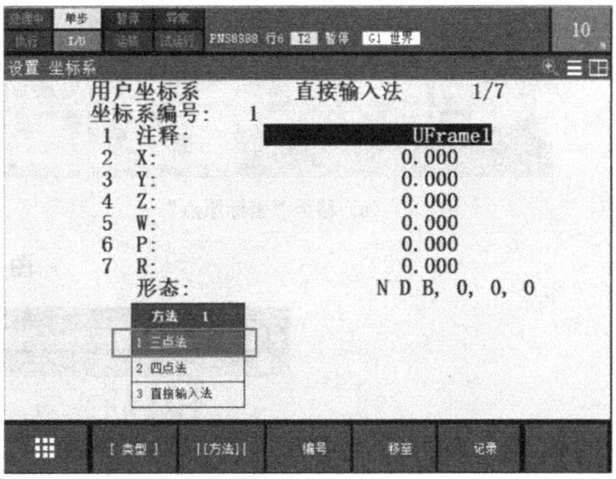

图 4-47

❺ 单击“[方法]”按钮，在弹出的列表中选择“三点法”。单击回车键，进入如图 4-48 所示的界面。

❻ 可以为坐标系输入注释（输入的内容一般为该坐标系的功能）。输入注释的操作：将光标移动到注释行，单击回车键；移动光标选择输入法，如“大写”“小写”“标点符号”“其他/键盘”。注释输入后，单击回车键，效果如图 4-49 所示。

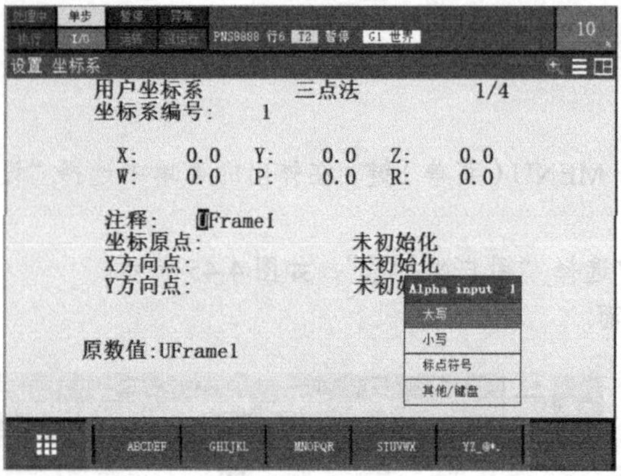

图 4-48

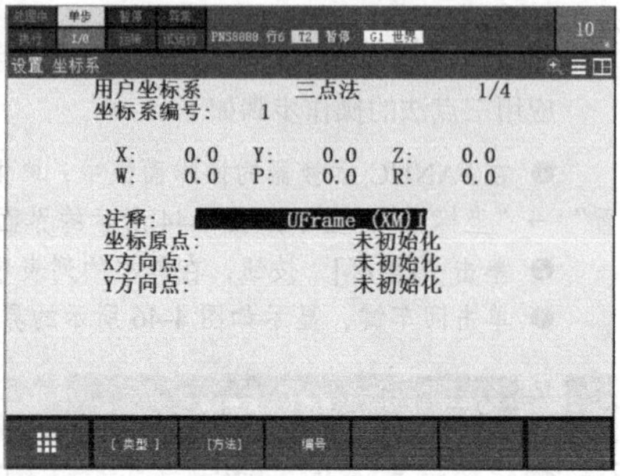

图 4-49

❼ 将机器人移至“坐标原点”(Orient Origin Point),如图 4-50 所示,同时单击 SHIFT 键和“记录”按钮,将此位置记录在“坐标原点”中。完成操作后,“坐标原点”的状态更新为“已记录”,如图 4-51 所示。

❽ 把坐标系切换为世界坐标系(WORLD)。移动机器人,沿 X 轴方向至少移动 250mm,如图 4-52 所示。

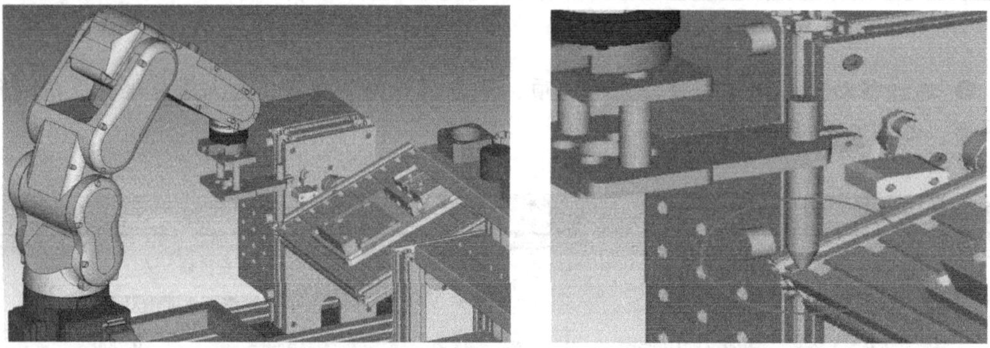

(a) 移至“坐标原点” (b) 局部放大图

图 4-50

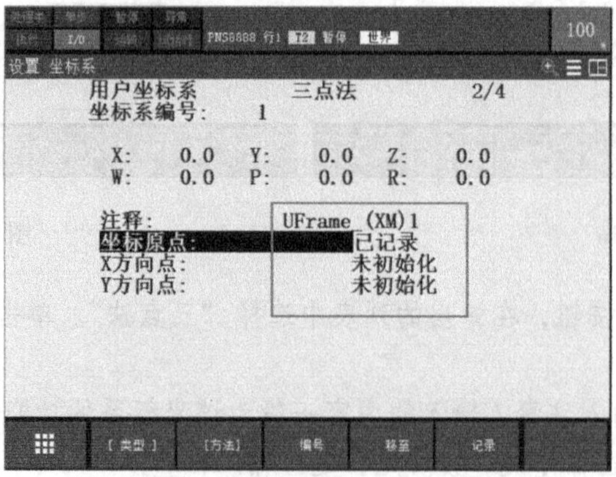

图 4-51

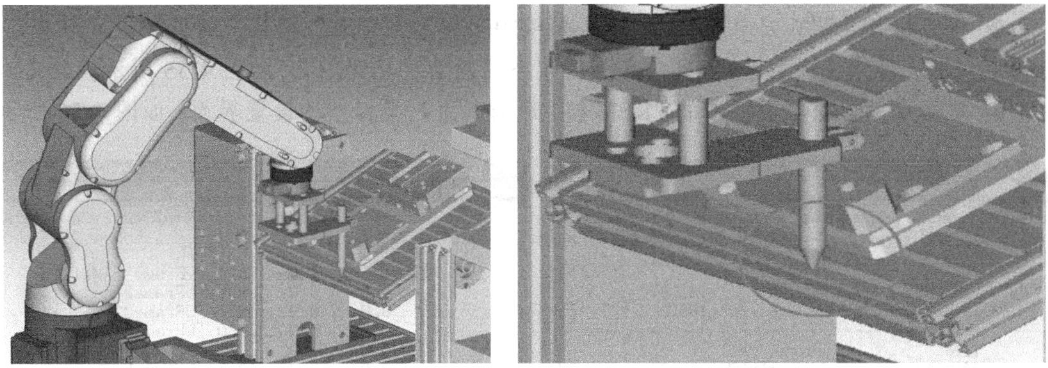

（a）沿 X 轴方向至少移动 250mm　　　　（b）局部放大图

图 4-52

❾ 将光标移至“X 方向点”，同时单击 SHIFT 键和“记录”按钮，将此位置记录在“X 方向点”中。操作完成后，“X 方向点”的状态更新为“已记录”，如图 4-53 所示。

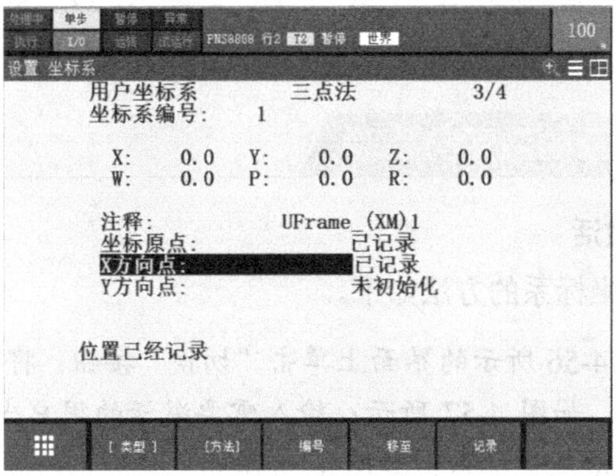

图 4-53

❿ 将机器人沿 Z 轴方向抬高大约 50mm，将光标移到“坐标原点”，同时单击使能键、SHIFT 键和“移至”键，使机器人回到“坐标原点”。

⓫ 机器人沿 Y 轴的正方向至少移动 250mm，如图 4-54 所示。

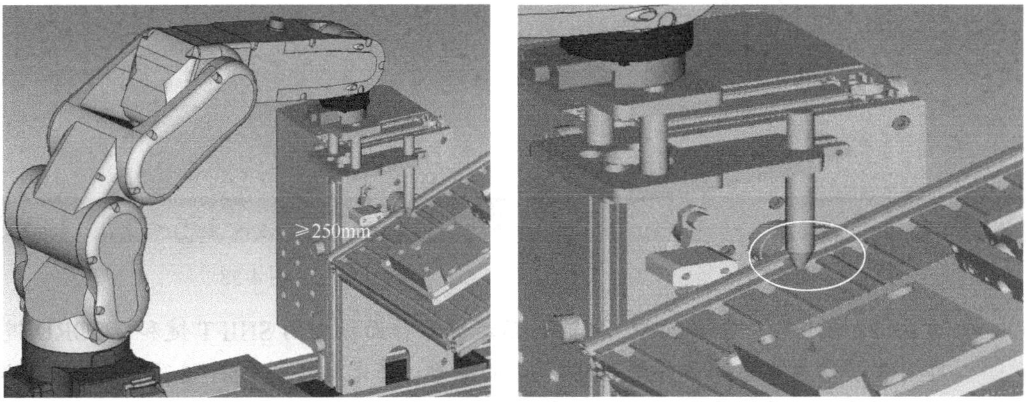

（a）沿 Y 轴的正方向至少移动 250mm　　　　（b）局部放大图

图 4-54

⑫ 将光标移至“Y 方向点”，同时单击 SHIFT 键和“记录”按钮，将此位置记录在“Y 方向点”中。操作完成后，“Y 方向点”的状态更新为“已记录”，如图 4-55 所示。

⑬ 单击示教器操作面板中的 PREV 键，返回到用户坐标系的设置界面，如图 4-56 所示。

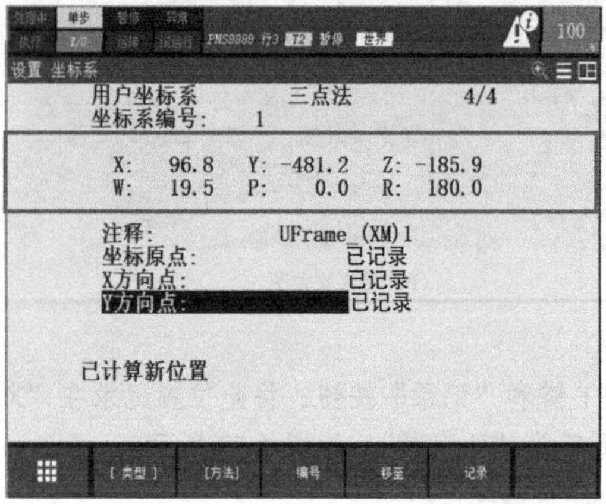

图 4-55

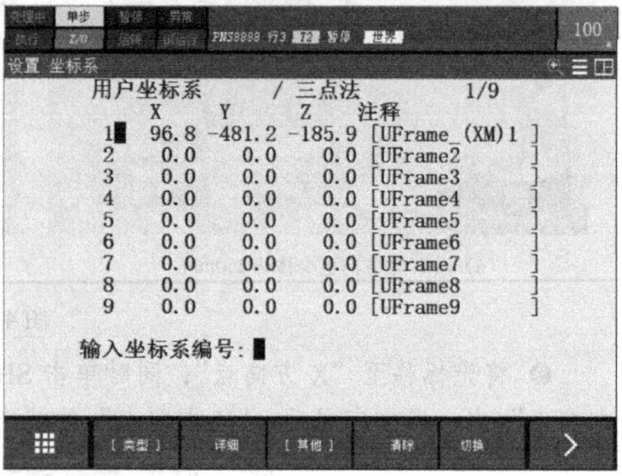

图 4-56

拓展知识：用户坐标系的激活与检验

1. 用户坐标系的激活

激活新创建的用户坐标系的方法如下。

- 方法一：在如图 4-56 所示的界面上单击“切换”按钮，将出现“输入坐标系编号”的字样，输入 1，如图 4-57 所示；输入需要激活的用户坐标系编号，单击回车键进行确认即可激活该坐标系，如图 4-58 所示。

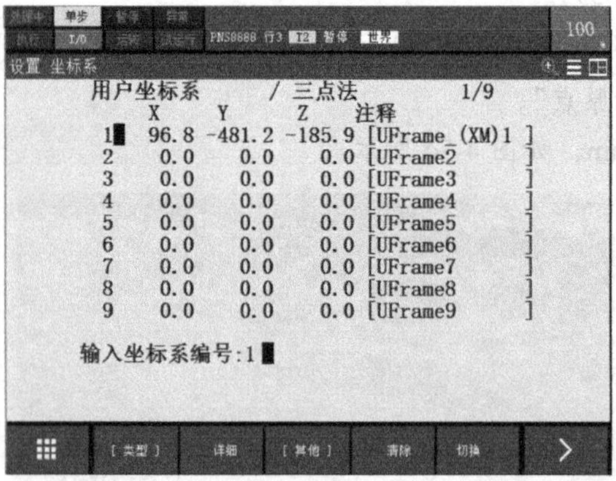

图 4-57

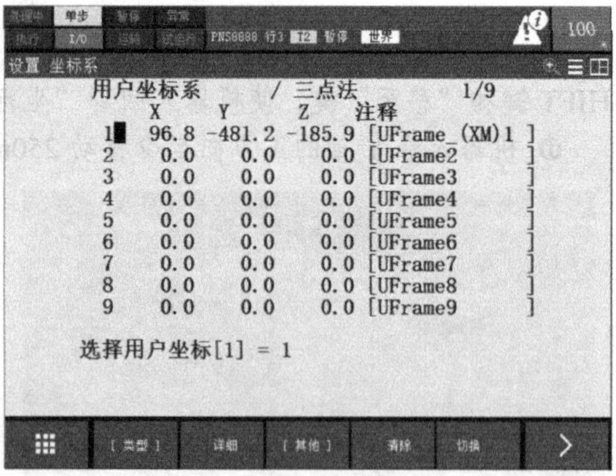

图 4-58

- 方法二：在任何一个界面中，同时按示教器操作面板中的 SHIFT 键和 COORD 键，即可在屏幕右上角弹出如图 4-59 所示的菜单。将光标移到 User 选项，输入需要激活的用户坐标系编号即可。

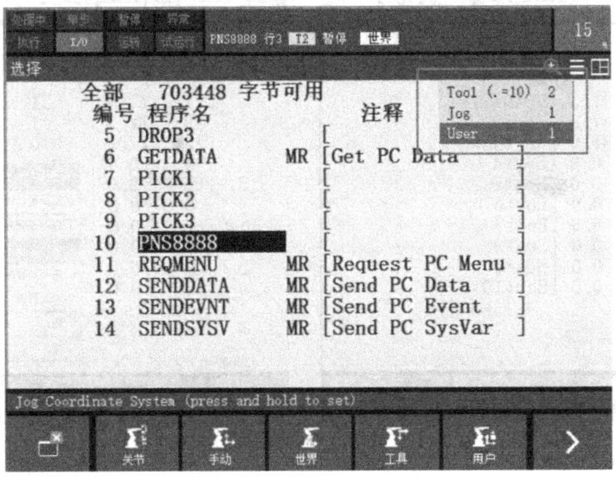

图 4-59

2. 用户坐标系的检验

用户坐标系的检验步骤如下：

❶ 将坐标系切换到用户坐标系，如图 4-60 所示。

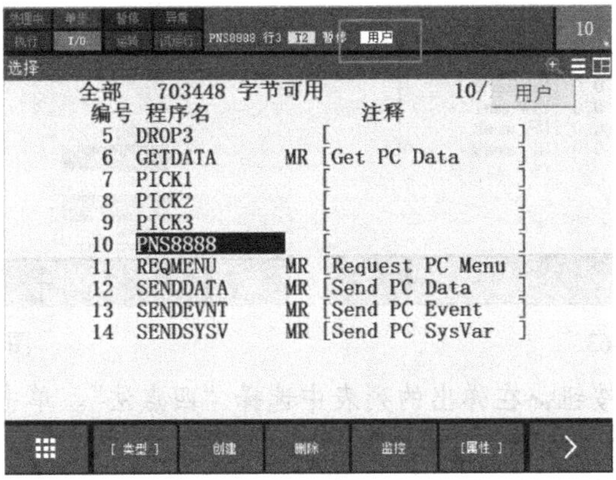

图 4-60

❷ 同时按 SHIFT 键和任意运动键，令机器人分别沿着 X、Y、Z 轴的方向移动，以便检查用户坐标系的方向是否满足要求。

如果在以上检验的过程中发现用户坐标系有偏差，不符合要求，则需要重新定义坐标系。

4.3.2 四点法

应用四点法的操作步骤如下。

❶ 在 FANUC 示教器的操作面板中，单击 MENU（菜单）键，在弹出的菜单中选择“设置”→“坐标系”，显示如图 4-61 所示的界面。

❷ 单击“[坐标]”按钮，在弹出的列表中选择“用户坐标系”，如图 4-62 所示。

❸ 单击回车键，显示如图 4-63 所示的界面。

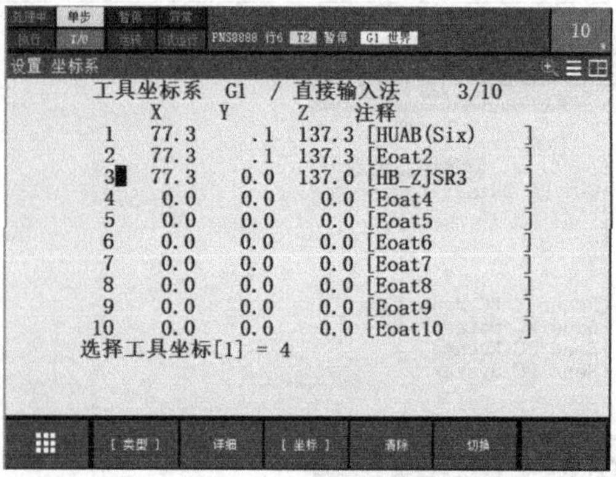

图 4-61

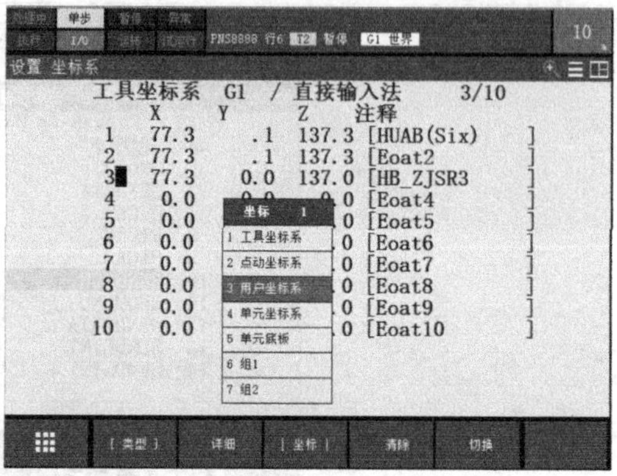

图 4-62

❹ 通过移动光标选择需要设置的选项，单击“详细”按钮，进入用户坐标系的详细设置界面，如图 4-64 所示。

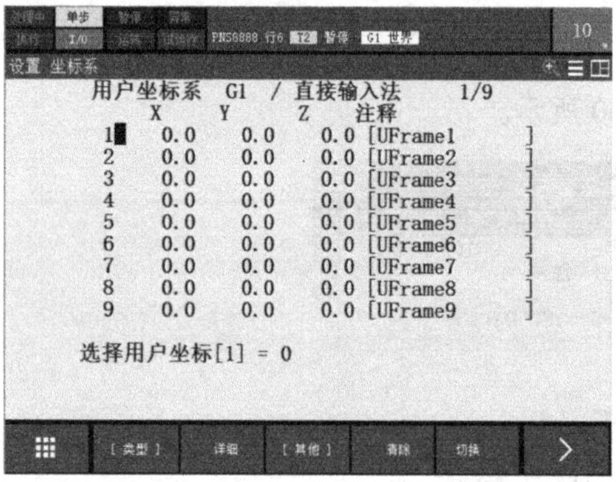

图 4-63

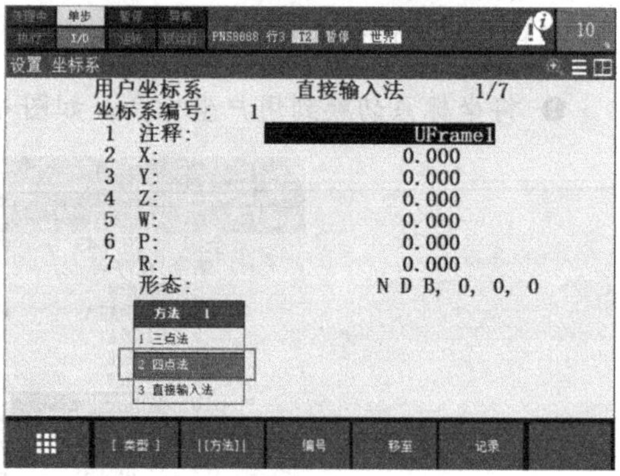

图 4-64

❺ 单击“[方法]”按钮，在弹出的列表中选择“四点法”。单击回车键，进入如图 4-65 所示的界面。

❻ 可以为坐标系输入注释（输入的内容一般为该坐标系的功能）。输入注释的操作：将光标移动到注释行，单击回车键；移动光标选择输入法，如“大写”“小写”“标点符号”“其他/键盘”。注释输入后，单击回车键，效果如图 4-66 所示。

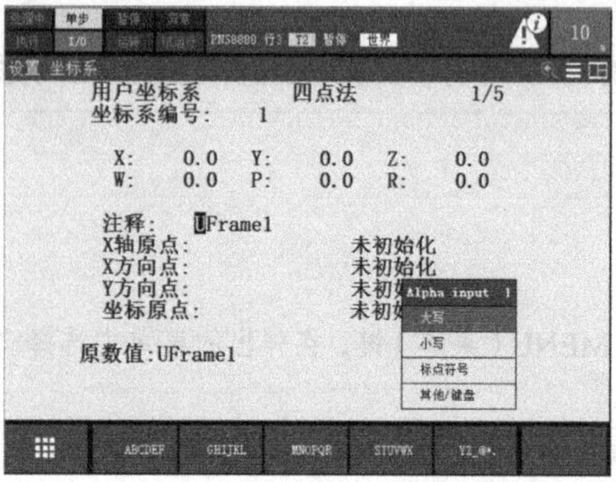

图 4-65

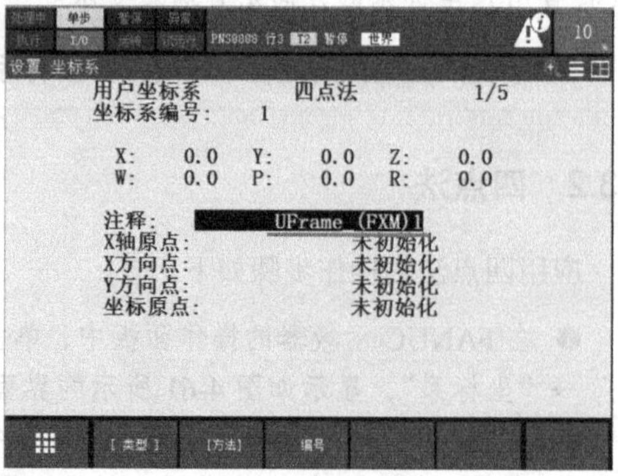

图 4-66

❼ 将机器人移至“X 轴原点”（Orient Origin Point），如图 4-67 所示，同时单击 SHIFT 键和“记录”按钮，将此位置记录在“X 轴原点”中。完成操作后，“X 轴原点”的状态更新为“已记录”，如图 4-68 所示。

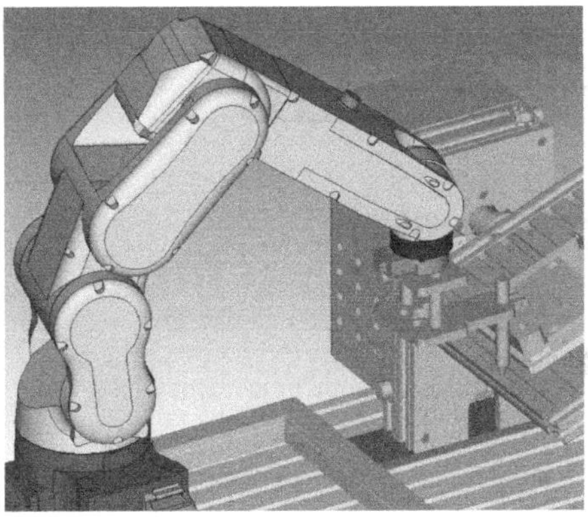

（a）移至“X 轴原点”

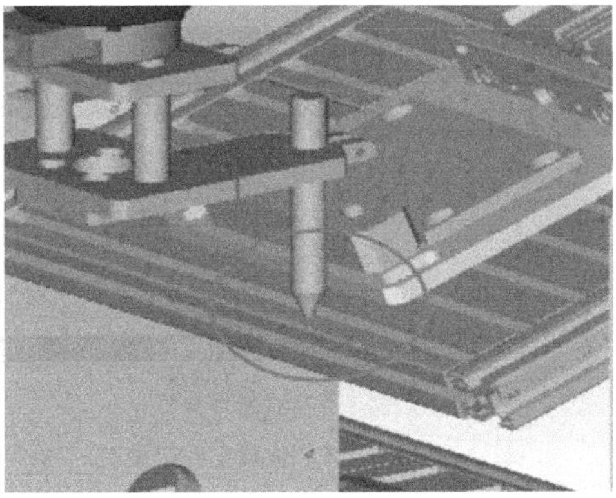

（b）局部放大图

图 4-67

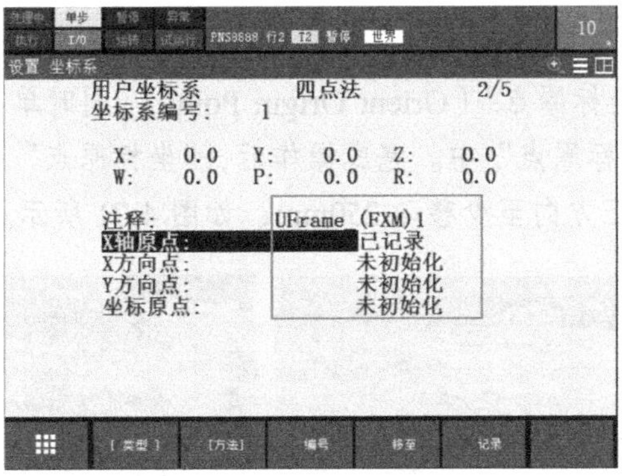

图 4-68

❽ 把坐标系切换为世界坐标系（WORLD）。移动机器人，沿 X 轴正方向至少移动 250mm，如图 4-69 所示。

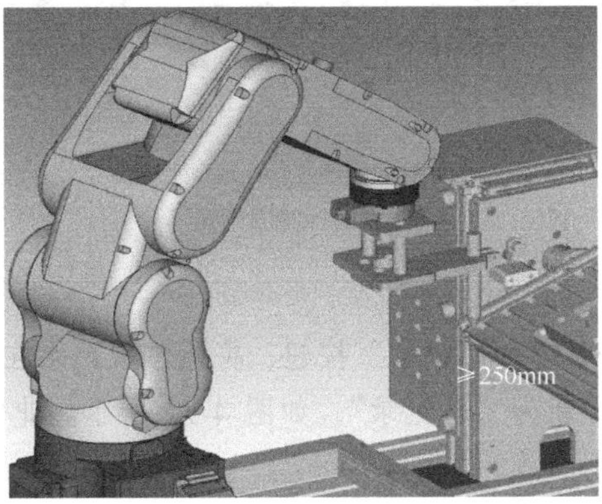

（a）沿 X 轴正方向至少移动 250mm

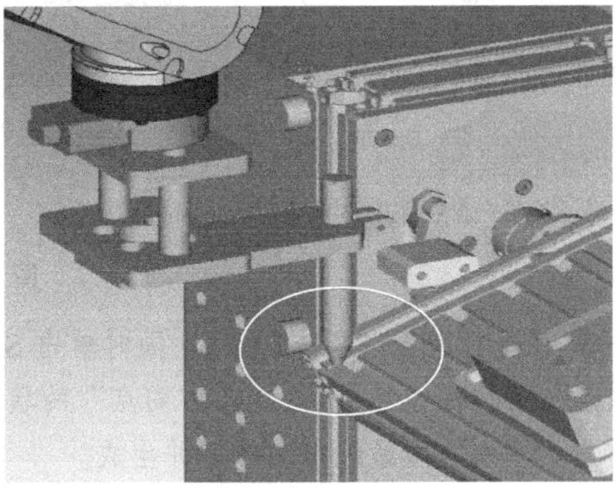

（b）局部放大图

图 4-69

❾ 将机器人移至“X 方向点”（X Direction Point），同时单击 SHIFT 键和“记录”按钮，将此位置记录在“X 方向点”中。完成操作后，“X 方向点”的状态更新为“已记录”，如图 4-70 所示。

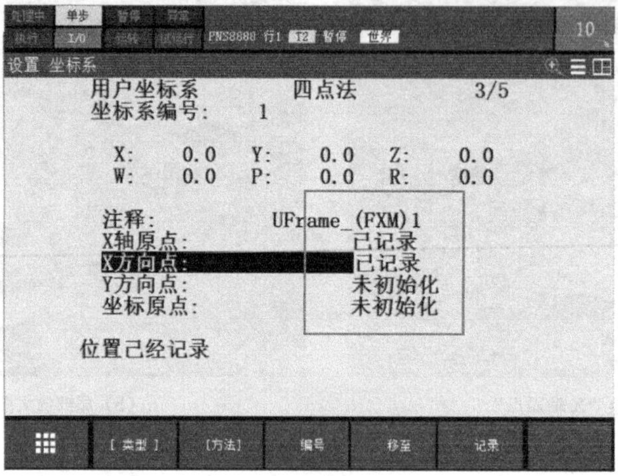

图 4-70

❿ 将机器人移至“坐标原点”（Orient Origin Point），同时单击 SHIFT 键和“记录”按钮，将此位置记录在“坐标原点”中。完成操作后，“坐标原点”的状态更新为“已记录”。

⓫ 机器人沿 Y 轴的正方向至少移动 250mm，如图 4-71 所示。

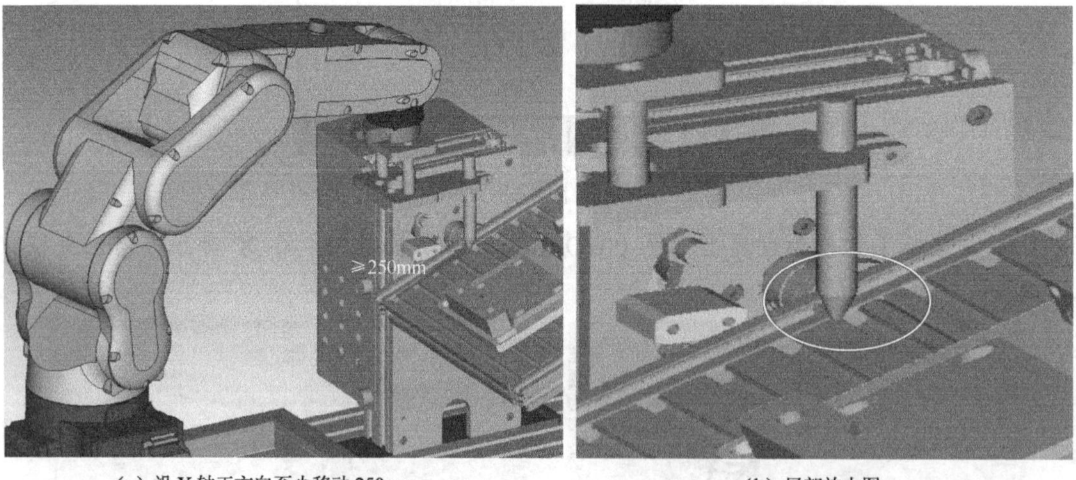

（a）沿 Y 轴正方向至少移动 250mm （b）局部放大图

图 4-71

⓬ 将光标移至“Y 方向点”，同时单击 SHIFT 键和“记录”按钮，将此位置记录在“Y 方向点”中。操作完成后，“Y 方向点”的状态更新为“已记录”，如图 4-72 所示。此时新的用户坐标系将由系统自动计算并生成。

⓭ 单击示教器操作面板中的 PREV 键，返回到用户坐标系的设置界面。

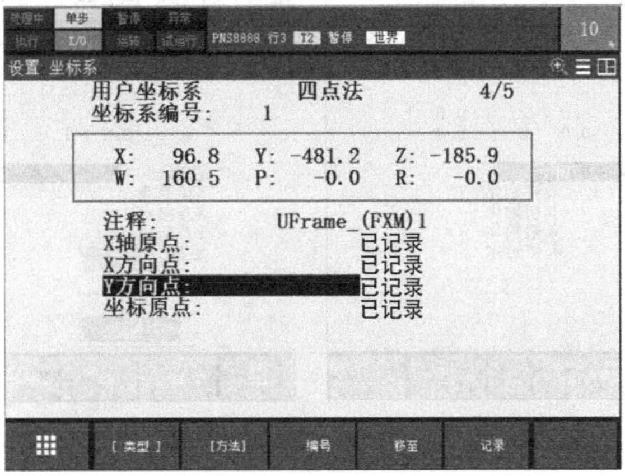

图 4-72

关于激活与检验利用四点法新建的用户坐标系操作，请参考本节的拓展知识，这里不再赘述。

4.3.3 直接输入法

应用直接输入法的操作步骤如下。

❶ 在 FANUC 示教器的操作面板中，单击 MENU（菜单）键，在弹出的菜单中选择“设置”→“坐标系”，显示如图 4-73 所示的界面。

❷ 单击“[坐标]”按钮，在弹出的列表中选择“用户坐标系”，如图 4-74 所示。

❸ 单击回车键，显示用户坐标系的设置界面。

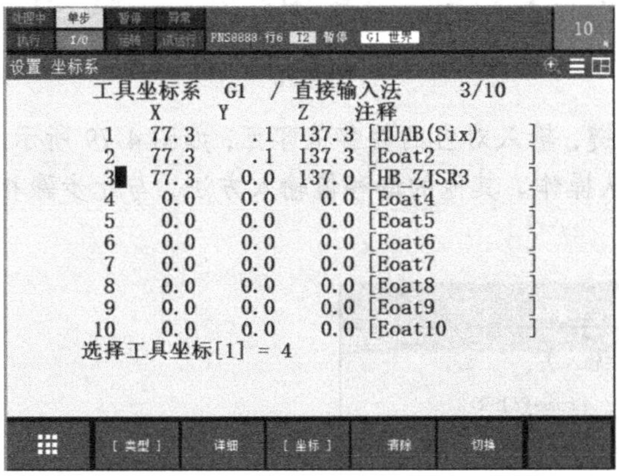

图 4-73

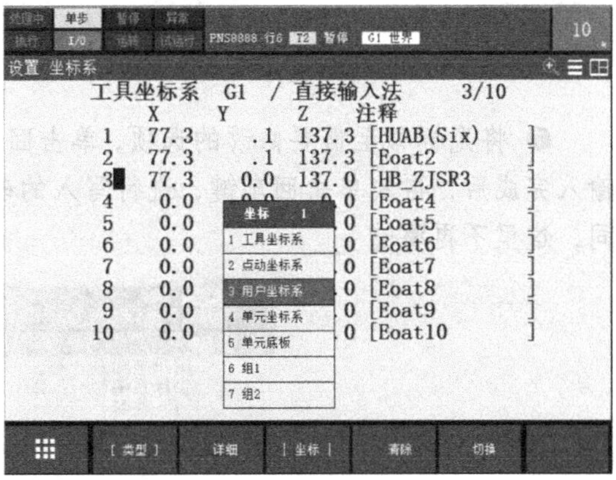

图 4-74

❹ 通过移动光标选择需要设置的选项，单击“详细”按钮，进入用户坐标系的详细设置界面，如图 4-75 所示。

❺ 单击“[方法]”按钮，在弹出的列表中选择“直接输入法”，如图 4-76 所示。单击回车键，进入如图 4-77 所示的界面。

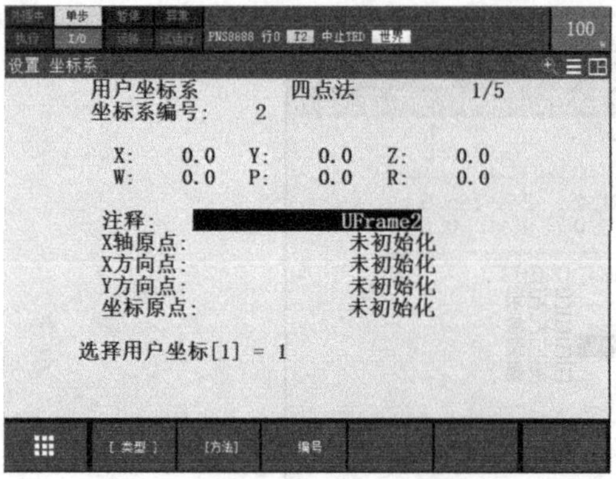

图 4-75

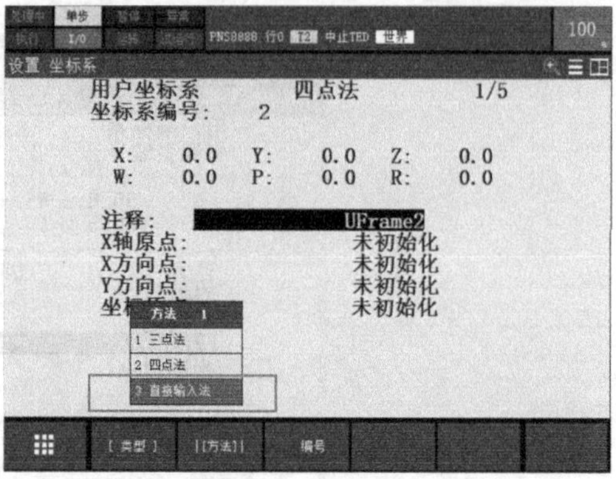

图 4-76

❻ 可以为坐标系输入注释（输入的内容一般为该坐标系的功能）。输入注释的操作：将光标移动到注释行，单击回车键；移动光标选择输入法，如“大写”“小写”“标点符号”“其他/键盘”。注释输入后，单击回车键，效果如图 4-78 所示。

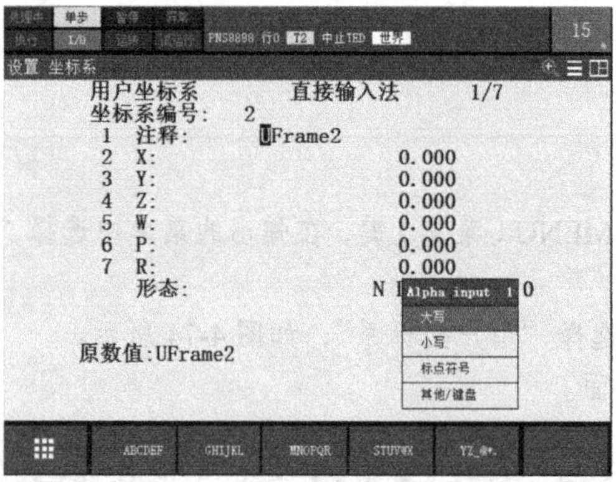

图 4-77

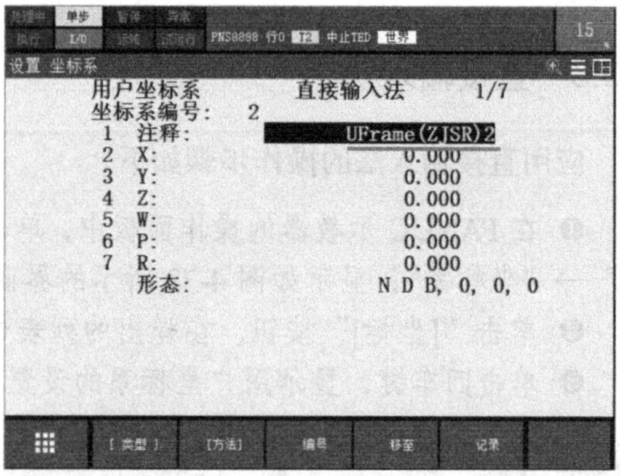

图 4-78

❼ 将光标移至需要修改的选项，单击回车键，输入对应的偏移值即可，如图 4-79 所示。输入完成后，再次单击回车键，进行写入的确认操作。其他的偏移值输入方法，与此步骤相同，这里不再赘述。

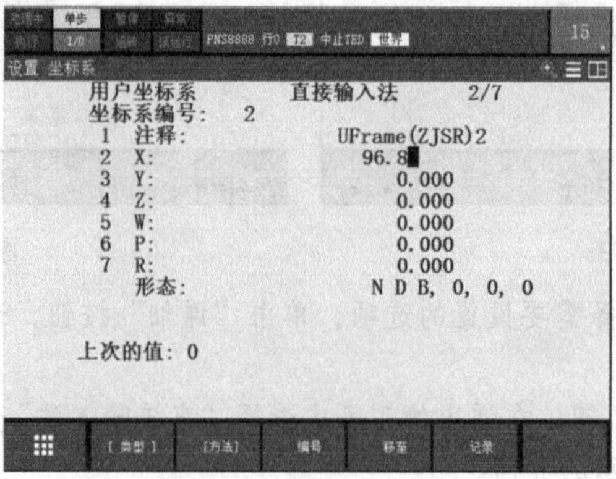

图 4-79

关于激活与检验利用直接输入法新建的用户坐标系操作，请参考本节的拓展知识，这里不再赘述。

本章练习

❶ 请使用六点法设置工具坐标系。

❷ 请使用三点法设置用户坐标系（平面）。

❸ 如何激活与检验工具坐标系和用户坐标系？

❹ 在一个倾斜角为 30°的斜面上，利用三点法设置用户坐标系。

第5章

应用 I/O

学习目标

- I/O 分类
- I/O 模块
- I/O 分配
- I/O 互连
- I/O 仿真
- I/O 设置

5.1 I/O 分类

I/O（输入/输出）信号是机器人与末端执行器、外部装置等系统的外围设备进行通信的电信号，可由用户自定义，分为通用 I/O 和专用 I/O 两种。

1. 通用 I/O

通用 I/O 主要包括如表 5-1 所示的三类。

表 5-1

分　类	表示方式
数字 I/O	DI[*i*]/DO[*i*]
组 I/O	GI[*i*]/GO[*i*]
模拟 I/O	AI[*i*]/AO[*i*]

在表 5-1 中，[*i*]表示信号号码和组号码的逻辑号码。

2. 专用 I/O

专用 I/O 主要包括如表 5-2 所示的三类。

表 5-2

分　　类	表示方式
外围设备（UOP）I/O	UI[*i*]/UO[*i*]
操作面板（SOP）I/O	SI[*i*]/SO[*i*]
机器人 I/O	RI[*i*]/RO[*i*]

在表 5-2 中，[*i*]表示信号号码和组号码的逻辑号码。专用 I/O 是用途已经确定的 I/O。

注意：对于数字 I/O、组 I/O、模拟 I/O、外围设备 I/O，其物理号码可分配给逻辑号码（进行再定义）；对于机器人 I/O、操作面板 I/O，其物理号码可被固定为逻辑号码，属于硬接线（不需要进行再定义）。

5.2 I/O 模块

I/O 模块主要由机架和插槽等硬件组成。

1. 机架

机架表示 I/O 通信设备的种类，如表 5-3 所示。

表 5-3

编　　号	说　　明
0	处理 I/O 印刷电路板、I/O 连接设备的连接单元
1～16	I/O Unit-MODEL A/B
32	I/O 连接设备的从机接口
48	外围设备的控制接口（CRMA15、CRMA16）

2. 插槽

插槽表示构成机架的 I/O 模块编号。需要说明的是：

- 在使用处理 I/O 印刷电路板、I/O 连接设备的连接单元时，可按连接顺序将插槽命名为插槽 1、插槽 2 等。
- 在使用 I/O Unit-MODEL A 时，安装有 I/O 模块的基本单元的插槽编号为该模块的插槽值。
- 在使用 I/O Unit-MODEL B 时，通过基本单元的 DIP 开关设置的单元编号，即为该基本单元的插槽值。
- 在 I/O 连接设备的从机接口、外围设备的控制接口（CRMA15、CRMA16）中，该插槽值始终为 1。

- 物理号码用于指定 I/O 模块上的输入/输出引脚。
- 物理号码的开始值可以为任意值。未被分配的信号，将被自动映射给其他的逻辑号码。

5.3 I/O 分配

5.3.1 数字 I/O 分配

下面以外围设备的控制接口（CRMA15、CRMA16）为例进行数字 I/O 分配的说明，如表 5-4 所示。

表 5-4

物理编号	物理分配	UOP 自动分配：简略（CRMA16）	UOP 自动分配：完整（CRMA16）	UOP 自动分配：无效、全部、完整（从机）、简略、简略（从机）
In 1	DI101	DI[101]	UI[1] *IMSTP	DI[101]
In 2	DI102	DI[102]	UI[2] *HOLD	DI[102]
In 3	DI103	DI[103]	UI[3] *SFSPD	DI[103]
In 4	DI104	DI[104]	UI[4] CSTOPI	DI[104]
In 5	DI105	DI[105]	UI[5] FAULT RESET	DI[105]
In 6	DI106	DI[106]	UI[6] START	DI[106]
In 7	DI107	DI[107]	UI[7] HONE	DI[107]
In 8	DI108	DI[108]	UI[8] ENBL	DI[108]
In 9	DI109	DI[109]	UI[9] RSR1/PNS1/STYLE1	DI[109]
In 10	DI110	DI[110]	UI[10] RSR2/PNS2/STYLE2	DI[110]
In 11	DI111	DI[111]	UI[11] RSR3/PNS3/STYLE3	DI[111]
In 12	DI112	DI[112]	UI[12] RSR4/PNS4/STYLE4	DI[112]
In 13	DI113	DI[113]	UI[13] RSR5/PNS5/STYLE5	DI[113]
In 14	DI114	DI[114]	UI[14] RSR6/PNS6/STYLE6	DI[114]
In 15	DI115	DI[115]	UI[15] RSR7/PNS7/STYLE7	DI[115]
In 16	DI116	DI[116]	UI[16] RSR8/PNS8/STYLE8	DI[116]
In 17	DI117	DI[117]	UI[17] PNSTROBE	DI[117]
In 18	DI118	DI[118]	UI[18] PROD START	DI[118]
In 19	DI119	DI[119]	DI[119]	DI[119]
In 20	DI120	DI[120]	DI[120]	DI[120]
In 21	HOLD	UI[2] HOLD	DI[81]	DI[81]
In 22	RESET	UI[5] RESET	DI[82]	DI[82]
In 23	START	UI[6] START	DI[83]	DI[83]

（续表）

物理编号	物理分配	UOP 自动分配：简略（CRMA16）	UOP 自动分配：完整（CRMA16）	UOP 自动分配：无效、全部、完整（从机）、简略、简略（从机）
In 24	ENBL	UI[8] ENBL	DI[84]	DI[84]
In 25	PNS1	UI[9] PNS1	DI[85]	DI[85]
In 26	PNS2	UI[10] PNS2	DI[86]	DI[86]
In 27	PNS3	UI[11] PNS3	DI[87]	DI[87]
In 28	PNS4	UI[12] PNS4	DI[88]	DI[88]
Out 1	DO101	DO[101]	UO[1] CMDENBL	DO[101]
Out 2	DO102	DO[102]	UO[2] SYSRDY	DO[102]
Out 3	DO103	DO[103]	UO[3] PROGRUM	DO[103]
Out 4	DO104	DO[104]	UO[4] PAUSED	DO[104]
Out 5	DO105	DO[105]	UO[5] HELD	DO[105]
Out 6	DO106	DO[106]	UO[6] FAULT	DO[106]
Out 7	DO107	DO[107]	UO[7] ATPERCH	DO[107]
Out 8	DO108	DO[108]	UO[8] TPENBL	DO[108]
Out 9	DO109	DO[109]	UO[9] BATALM	DO[109]
Out 10	DO110	DO[110]	UO[10] BUSY	DO[110]
Out 11	DO111	DO[111]	UO[11] ACK1/SNO1	DO[111]
Out 12	DO112	DO[112]	UO[12] ACK2/SNO2	DO[112]
Out 13	DO113	DO[113]	UO[13] ACK3/SNO3	DO[113]
Out 14	DO114	DO[114]	UO[14] ACK4/SNO4	DO[114]
Out 15	DO115	DO[115]	UO[15] ACK5/SNO5	DO[115]
Out 16	DO116	DO[116]	UO[16] ACK6/SNO6	DO[116]
Out 17	DO117	DO[117]	UO[17] ACK7/SNO7	DO[117]
Out 18	DO118	DO[118]	UO[18] ACK8/SNO8	DO[118]
Out 19	DO119	DO[119]	UO[19] SNACK	DO[119]
Out 20	DO120	DO[120]	UO[20] RESERVE	DO[120]
Out 21	CMDENBL	UO[1] CMDENBL	DO[81]	DO[81]
Out 22	FAULT	UO[6] FAULT	DO[82]	DO[82]
Out 23	BATALM	UO[9] BATALM	DO[83]	DO[83]
Out 24	BUSY	UO[10] BUSY	DO[84]	DO[84]

数字 I/O 的分配步骤如下。

❶ 在 FANUC 示教器的操作面板中，单击 MENU（菜单）键，在弹出的菜单中选择 I/O →“类型”→“数字”，显示如图 5-1 所示的界面。

❷ 在图 5-1 中，单击“IN/OUT”按钮可进行输入与输出的切换；单击“分配”按钮可分配输入/输出的地址，如图 5-2 所示。

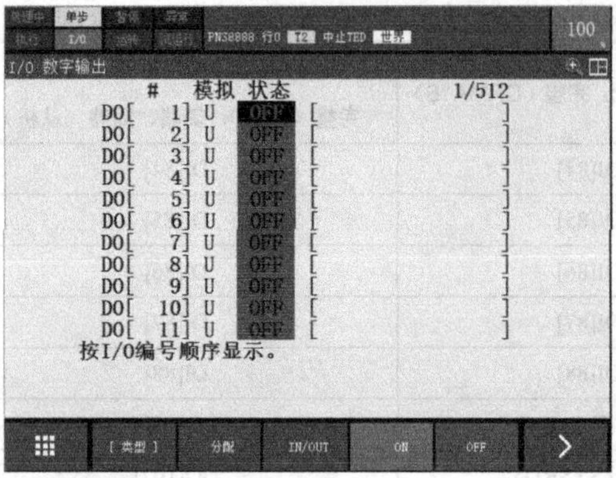

图 5-1

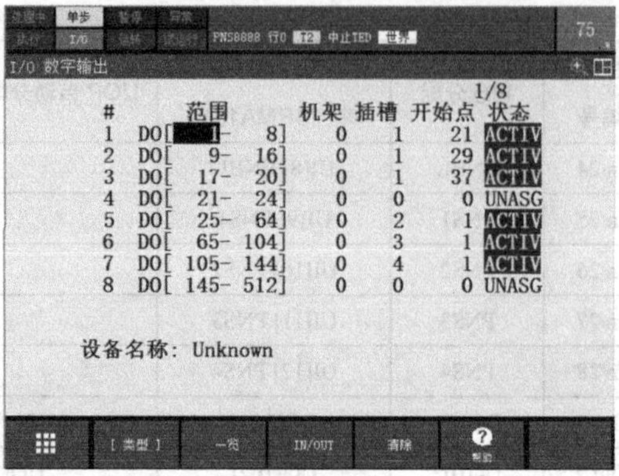

图 5-2

> **注意：**
>
> （1）范围：I/O 编号的范围。
>
> （2）机架：I/O 通信设备的种类。
>
> （3）插槽：I/O 模块的数量。
>
> （4）开始点：对应 I/O 编号的起始点信号位。
>
> （5）状态：ACTIV 表示已激活；PEND 表示需要重启才能生效；INVAL 表示设置有误；UNASG 表示未分配。

❸ 在图 5-2 中，清除部分范围，效果如图 5-3 所示。

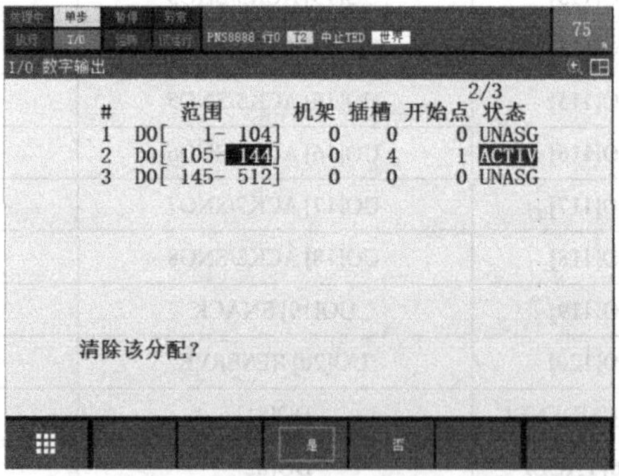

图 5-3

❹ 根据 CRMA15、CRMA16 的物理编号和 I/O 可知，I/O 地址的分配情况如表 5-5 所示。

表 5-5

开始点	范围	开始点	范围
In 1	DI101	Out 1	DO101
In 2	DI102	Out 2	DO102
In 3	DI103	Out 3	DO103
In 4	DI104	Out 4	DO104
In 5	DI105	Out 5	DO105
In 6	DI106	Out 6	DO106

（续表）

开始点	范围	开始点	范围
In 7	DI107	Out 7	DO107
In 8	DI108	Out 8	DO108
In 9	DI109	Out 9	DO109
In 10	DI110	Out 10	DO110
In 11	DI111	Out 11	DO111
In 12	DI112	Out 12	DO112
In 13	DI113	Out 13	DO113
In 14	DI114	Out 14	DO114
In 15	DI115	Out 15	DO115
In 16	DI116	Out 16	DO116
In 17	DI117	Out 17	DO117
In 18	DI118	Out 18	DO118
In 19	DI119	Out 19	DO119
In 20	DI120	Out 20	DO120

❺ DO 的设置如图 5-4 所示；DI 的设置如图 5-5 所示。

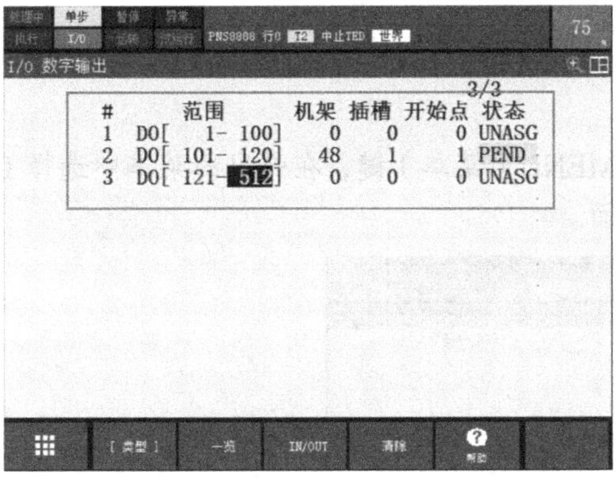

图 5-4

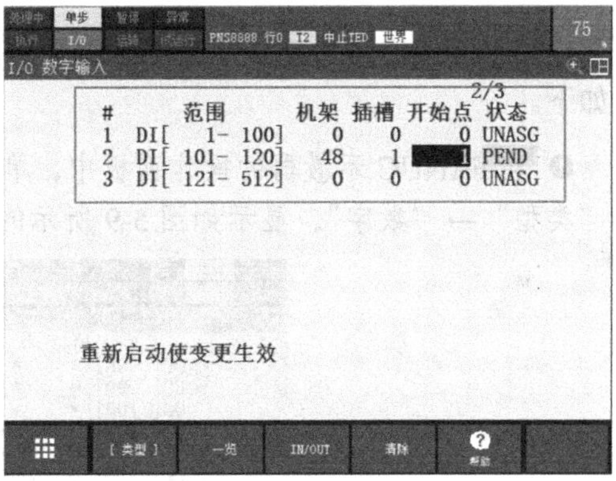

图 5-5

❻ 重启机器人的控制柜，数字 I/O 就分配完成了，如图 5-6 所示。

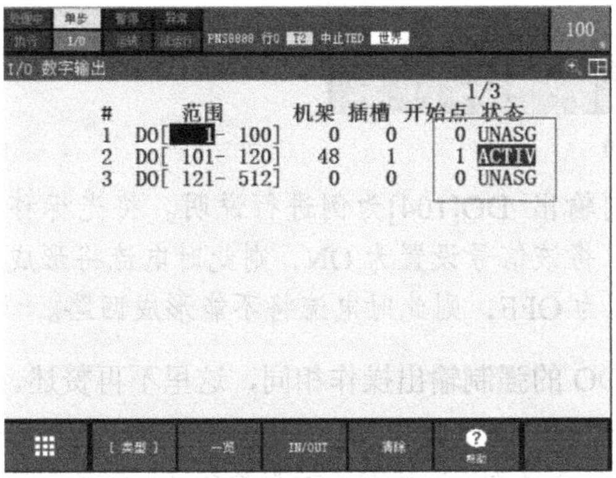

（a）DO 的设置

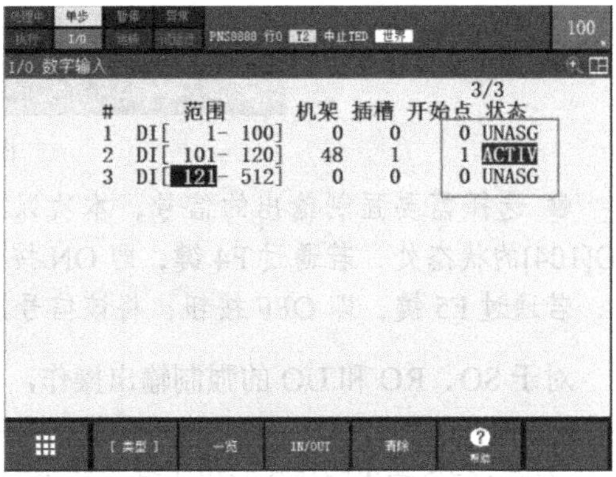

（b）DI 的设置

图 5-6

❼ 在图 5-6 中，单击“一览”按钮，即可查看对应的 I/O，如图 5-7 所示。图 5-7 中的“*”号表示未分配，不可以使用该信号。根据 CRMA15、CRMA16 的物理编号和 I/O 可知，可用信号的范围是 101～120，所有其他范围都利用“*”号标记。

❽ 同时按下 SHIFT 键和键，可翻页查找范围为 101～120 的信号，如图 5-8 所示。

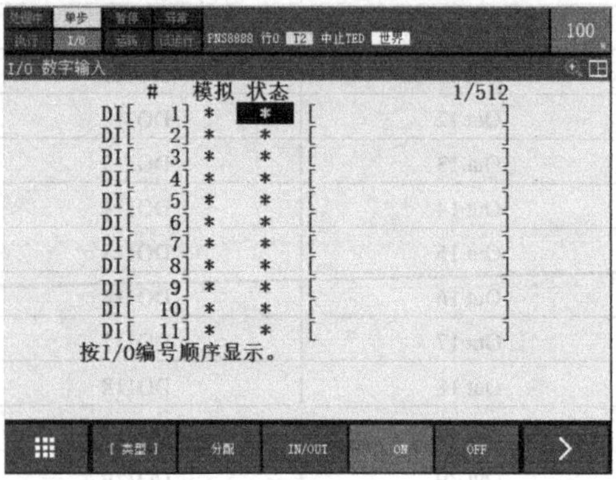

图 5-7

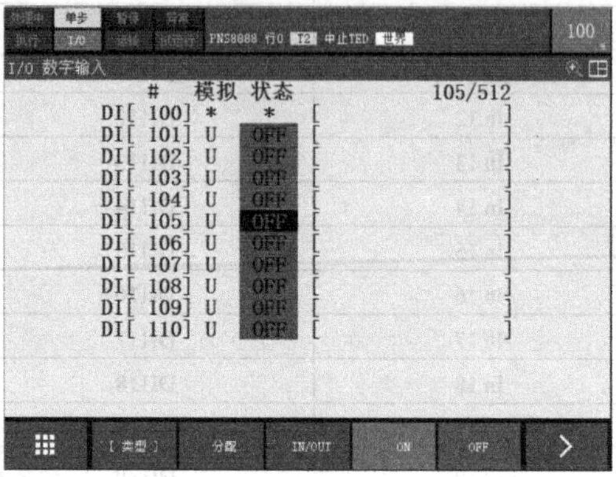

图 5-8

❾ 单击“IN/OUT”按钮，进行输入信号与输出信号的切换。

应用强制输出信号功能的前提是将强制的信号确定为可用状态。强制输出信号的操作步骤如下。

❶ 在 FANUC 示教器的操作面板中，单击 MENU（菜单）键，在弹出的菜单中选择 I/O →“类型”→“数字”，显示如图 5-9 所示的界面。

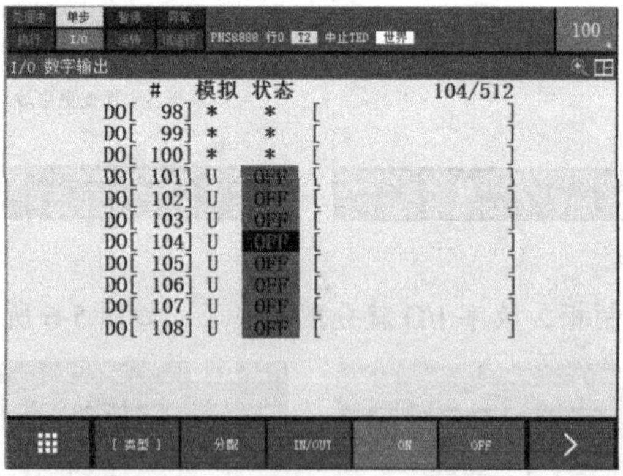

图 5-9

❷ 选择需要强制输出的信号，本次以强制输出 DO[104]为例进行说明。将光标移至 DO[104]的状态处，若通过 F4 键，即 ON 按钮，将该信号设置为 ON，则此时电流将形成回路；若通过 F5 键，即 OFF 按钮，将该信号设置为 OFF，则此时电流将不能形成回路。

对于 SO、RO 和 UO 的强制输出操作，与 DO 的强制输出操作相同，这里不再赘述。

注意：此处显示的值是利用十进制数显示的。若要将显示的值从十进制数变为十六进制数，则可通过单击 F4 键将其转换为十六进制数。通过十六进制数显示的值利用字母“H”标记。

5.3.2　组 I/O 分配

组 I/O（GI/GO）信号是用来汇总多条信号线，并进行数据交换的通用数字信号。组 I/O 的值用十进制数或十六进制数表示。在将其转变或逆转变为二进制数后，可通过信号线交换数据。

组 I/O 分配的操作步骤如下。

❶ 在 FANUC 示教器的操作面板中，单击 MENU（菜单）键，在弹出的菜单中选择 I/O →“类型”→“组”，显示如图 5-10 所示的界面。

❷ 单击“分配”按钮，对 GO 进行分配，效果如图 5-11 所示。

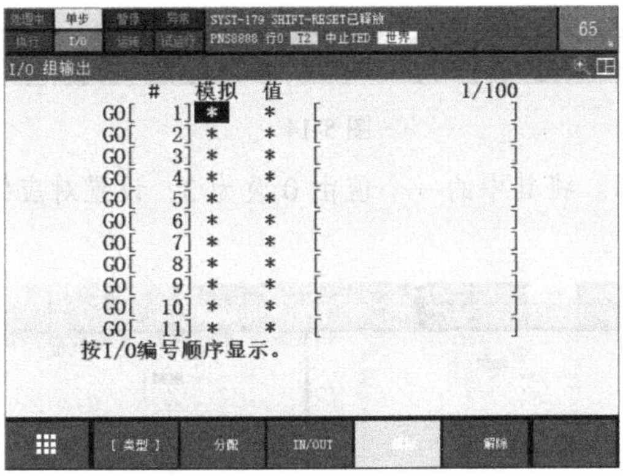

图 5-10

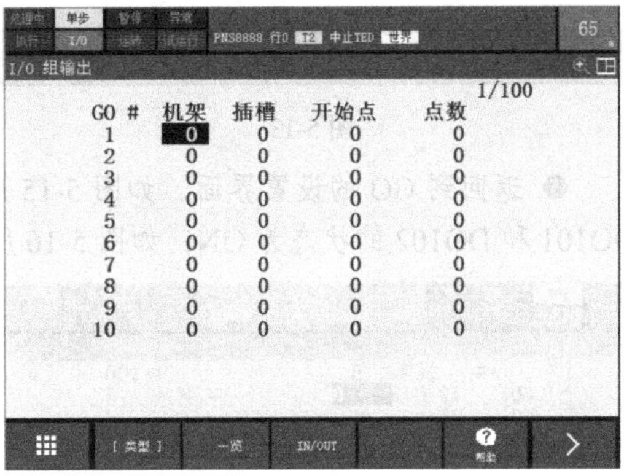

图 5-11

注意：

- 机架：I/O 通信设备的种类。
- 插槽：I/O 模块的数量。
- 开始点：对应 I/O 编号的起始点信号位。
- 点数：分配给一个组的信号数量。分配给一个组的信号数量可以为 2～16。

❸ 按照如图 5-12 所示的参数设置 GO（对应 DO101～DO104）。

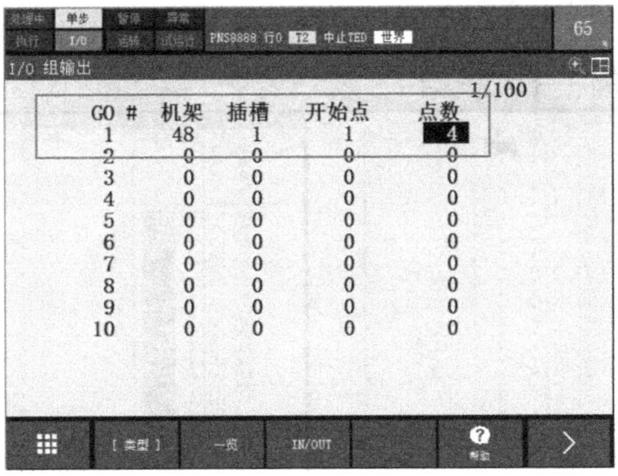

图 5-12

❹ 设置完成后，需要重启示教器才能让设置生效：单击 FCTN 键，按照如图 5-13 和图 5-14 所示重新启动示教器。

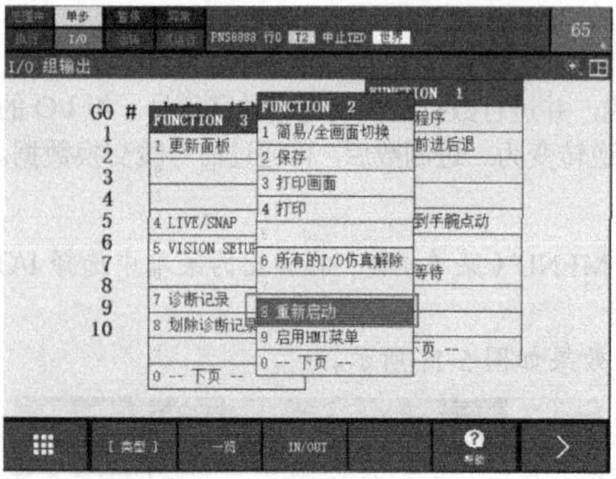

图 5-13

图 5-14

❺ 返回到 GO 的设置界面，如图 5-15 所示。将其中的一个值由 0 改为 3，设置对应的 DO101 和 DO102 的状态为 ON，如图 5-16 所示。

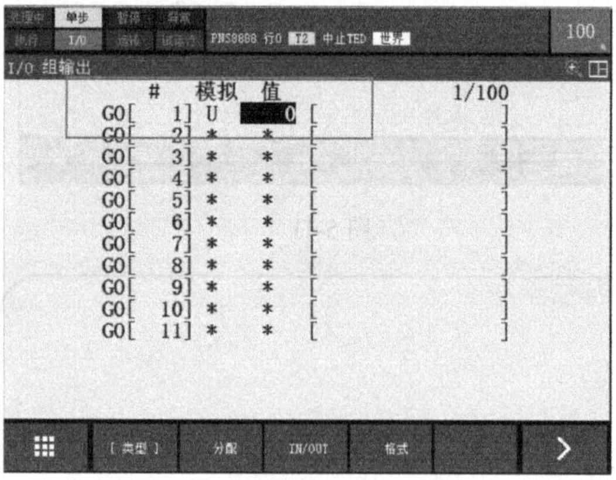

图 5-15

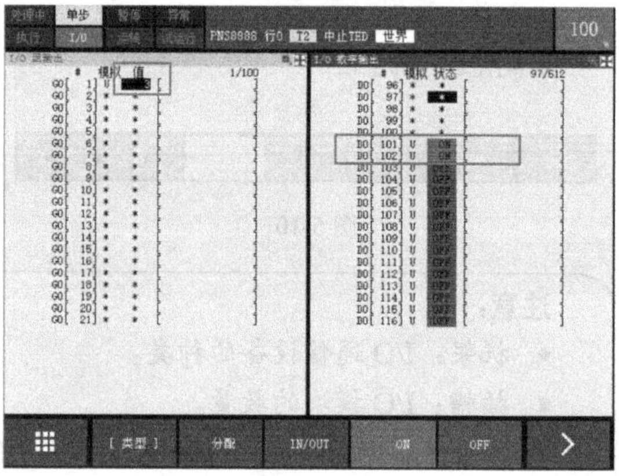

图 5-16

❻ 当然，也可以反过来设置：在将 DO101～DO104 设置为 ON 之后，GO1 的对应值会自动变为 15，如图 5-17 所示。

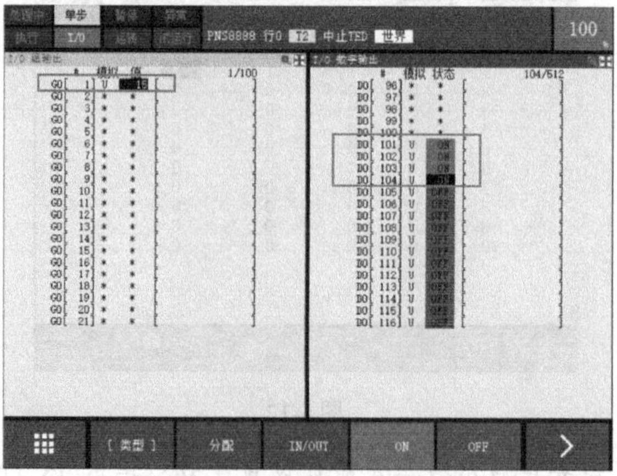

图 5-17

> **注意**：GO 的值使用十进制数表示；DO 的值使用二进制数表示。GI 的分配方法与 GO 的分配方法相同，这里不再赘述。

5.3.3 模拟 I/O 分配

模拟 I/O（AI/AO）信号由外围设备通过输入/输出信号线，传输模拟输入/输出电压的值。模拟 I/O 的分配步骤如下。

❶ 在 FANUC 示教器的操作面板中，单击 MENU（菜单）键，在弹出的菜单中选择 I/O →“类型”→“模拟”，显示如图 5-18 所示的界面。

❷ 单击“分配”按钮，对 AO 进行分配（AI 的分配与此类似），如图 5-19 所示。

> **注意**：
> - 机架：I/O 通信设备的种类。
> - 插槽：I/O 模块的数量。
> - 通道：为进行信号线的映射而将物理号码分配给逻辑号码。

❸ 根据对应的硬件接线输入对应的数值，并重启示教器。

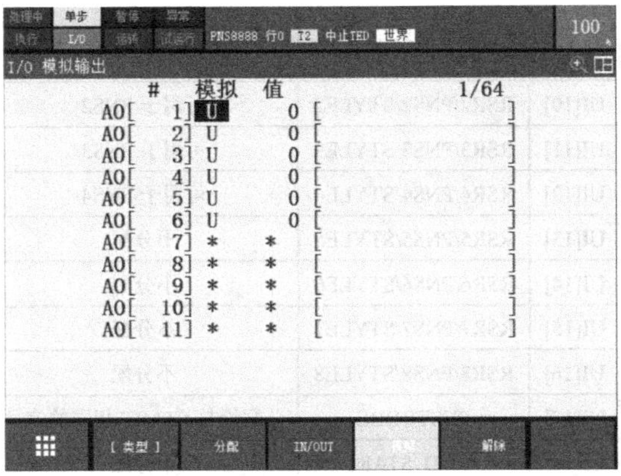

图 5-18

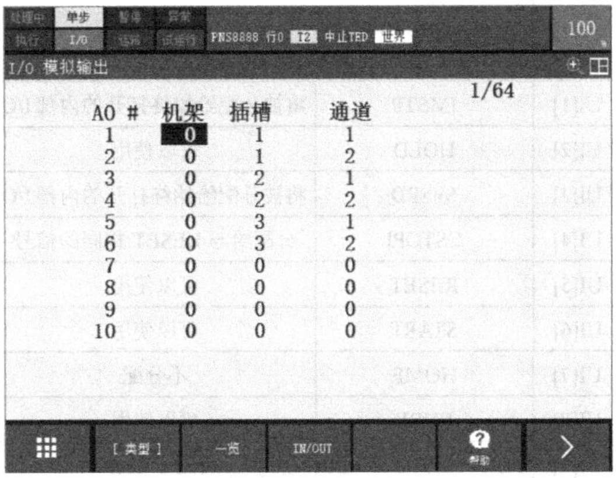

图 5-19

5.3.4 外围设备 I/O 分配

外围设备 I/O（UI/UO）信号是在系统中已确定用途的专用信号。这些信号通过处理 I/O 印刷电路板（或 I/O 单元）及 I/O Link，与程控装置、外围设备连接，即从外部进行机器人控制。

1. UOP 自动分配

若要全部清除 I/O 分配，则接通机器人控制装置的电源，所连接的 I/O 装置将被识别，并自动进行适当的 I/O 分配。此时，可根据系统设置界面的 UOP 自动分配类型，进行外围设备 I/O（UOP）的分配。

UOP 自动分配的类型有 7 种，如表 5-6 所示。

表 5-6

UOP 自动分配的类型	分配 UOP 的 I/O 装置
无效	无
全部	I/O 连接设备的主站装置接口等
完整（从机）	I/O 连接设备的从机接口
完整（CRMA16）	R-30iB Mate 的主板（CRMA16）
简略	I/O 连接设备的主站装置接口等
简略（从机）	I/O 连接设备的从机接口
简略（CRMA16）	R-30iB Mate 的主板（CRMA16）

外围设备 I/O（UOP）的分配类型有以下 2 种。

- 全部分配：可使用所有外围设备 I/O。
- 简略分配：可使用信号点数少的外围设备 I/O。

在简略分配中，外围设备 I/O 的点数减少，可用于通用数字 I/O 的信号点数增加，如表 5-7 和表 5-8 所示。

表 5-7

输入信号	信号名称	说明	输入信号	信号名称	说明
UI[1]	IMSTP	将被分配给始终打开的内部 I/O	UI[10]	RSR2/PNS2/STYLE2	可用于 PNS2
UI[2]	HOLD	可以使用	UI[11]	RSR3/PNS3/STYLE3	可用于 PNS3
UI[3]	SFSPD	将被分配给始终打开的内部 I/O	UI[12]	RSR4/PNS4/STYLE4	可用于 PNS4
UI[4]	CSTOPI	分配给与 RESET 相同的信号	UI[13]	RSR5/PNS5/STYLE5	不分配
UI[5]	RESET	可以使用	UI[14]	RSR6/PNS6/STYLE6	不分配
UI[6]	START	可以使用	UI[15]	RSR7/PNS7/STYLE7	不分配
UI[7]	HOME	不分配	UI[16]	RSR8/PNS8/STYLE8	不分配
UI[8]	ENBL	可以使用	UI[17]	PNSTROBE	分配给与 START 相同的信号
UI[9]	RSR1/PNS1/STYLE1	可用于 PNS1	UI[18]	PROD_START	不分配

表 5-8

输出信号	信号名称	说明	输出信号	信号名称	说明
UO[1]	CMDENBL	可以使用	UO[11]	ACK1/SNO1	不分配
UO[2]	SYSRDY	不分配	UO[12]	ACK2/SNO2	不分配
UO[3]	PROGRUN	不分配	UO[13]	ACK3/SNO3	不分配
UO[4]	PAUSED	不分配	UO[14]	ACK4/SNO4	不分配
UO[5]	HOLD	不分配	UO[15]	ACK5/SNO5	不分配
UO[6]	FAULT	可以使用	UO[16]	ACK6/SNO6	不分配
UO[7]	ATPERCH	不分配	UO[17]	ACK7/SNO7	不分配
UO[8]	TPENBL	不分配	UO[18]	ACK8/SNO8	不分配
UO[9]	BATALM	可以使用	UO[19]	SNACK	不分配
UO[10]	BUSY	可以使用	UO[20]	RESERVE	不分配

对表 5-7 中部分信号的详细说明如下。

- CSTOPI 被分配给与 RESET 相同的信号，所以若将“用 CSTOPI 信号强制中止程序”设为有效，则可通过 RESET 执行强制退出程序。
- PNSTROBE 被分配给与 START 相同的信号，所以在 START 的上升沿（OFF→ON）选定程序，在 START 的下降沿（ON→OFF）启动程序。
- 若外围设备 I/O 的 UOP 自动分配类型为“简略”“简略（从机）”“简略（CRMA16）”（START 已被分配给与 PNSTROBE 相同的信号），则无法使用 PNS 以外的程序选择方式。
- 若外围设备 I/O 的 UOP 自动分配类型为“简略”“简略（从机）”“简略（CRMA16）”，则不会分配 PROD_START，即在将“再开专用信号（外部 START）”设置为有效时，不能从外围设备 I/O 启动程序，应将“再开专用信号（外部 START）”设置为无效。

（1）IMSTP：UI[1]（始终有效）

IMSTP 为瞬时停止信号，即通过软件断开伺服电源。在通常情况下，IMSTP 为 ON。若 IMSTP 为 OFF，则系统将进行如下处理。

- 在发出报警后断开伺服电源。
- 立即停止机器人的动作，并中断程序的执行。

注意：IMSTP 是通过软件进行控制的信号。为了确保安全，请使用外部紧急停止信号。

（2）HOLD：UI[2]（始终有效）

HOLD 为从外部装置发出的暂停信号。在通常情况下，HOLD 为 ON。若 HOLD 为 OFF，则系统进行如下处理。

- 减速以便停止执行中的动作，并中断程序的执行。
- 在一般事项的设置中，将“暂停时伺服”设为有效。在机器人停止运行后，发出报警信号并断开伺服电源。

（3）SFSPD：UI[3]（始终有效）

SFSPD（安全速度信号）用于在安全门开启时使机器人暂停。该信号通常与安全门的安全插销相连。

在通常情况下，SFSPD 为 ON。若 SFSPD 为 OFF，则系统进行如下处理。

- 减速以便停止执行中的动作，并中断程序的执行。
- 将速度倍率调低到由$SCR.$FENCEOVRD 指定的值，或调低到由$SCR.$SFJOGOVLIM 指定的值。
- 不能将速度倍率提高到指定值以上。

（4）CSTOPI：UI[4]（始终有效）

CSTOPI（循环停止信号）用于结束当前执行中的程序；通过 RSR 可解除处于待命状态下的程序。

若将“用 CSTOPI 信号强制中止程序”设置为无效，则在将当前执行中的程序执行到末尾后结束程序；若将“用 CSTOPI 信号强制中止程序”设置为有效，则立即结束当前执行的程序。

（5）RESET：UI[5]（始终有效）

RESET（报警解除信号）用于解除报警。在默认设置下，RESET 可在信号断开时发挥作用。若伺服电源被断开，则在伺服装置启动之前，报警不予解除。

（6）ENBL：UI[8]（始终有效）

ENBL（动作允许信号）用于设置机器人的允许动作，使机器人处于动作允许状态。当 ENBL 为 OFF 时，禁止启动基于点动进给的机器人动作、包含动作（组）的程序。此外，在程序执行时，可通过断开 ENBL 使程序暂停。

> 注意：当 ENBL 不用于监视时，应对信号线进行接地处理。

（7）RSR1～RSR8：UI[9]～UI[16]（处于遥控状态时有效）

RSR 是机器人启动请求信号。在接收该信号时，与该信号对应的 RSR 程序将被启动。处于执行中或暂停中的其他程序，将加入等待队列，在执行程序结束后才能开始执行。

（8）PNS1～PNS8：UI[9]～UI[16]、PNSTROBE：UI[17]（处于遥控状态时有效）

PNS 是程序号码选择信号，PNSTROBE 是选通信号。在接收到 PNSTROBE 输入时，可读出 PNS1～PNS8 的输入，并选择要执行的程序。处在执行中或暂停中的其他程序，可忽略该信号。在遥控条件成立时（PNSTROBE 为 ON），可进行基于示教器的程序选择。

（9）STYLE1～STYLE8：UI[9]～UI[16]（处于远程状态时有效）

STYLE 为编号选择信号。在输入启动信号时，系统将读取 STYLE1～STYLE8 的输入，并选择将要执行的程序。处于执行中或暂停中的其他程序，可忽略该信号。

（10）PROD_START：UI[18]（处于遥控状态时有效）

PROD_START 为自动运转启动信号，可在接通后又被关闭的下降沿启用该信号：在与 PNS 一起使用时，从第一行开始执行由 PNS 选择的程序；在没有与 PNS 一起使用的情况下，从第一行开始执行由示教器选择的程序。处于执行中或暂停中的其他程序，可忽略该信号。

（11）START：UI[6]（处于遥控状态时有效）

START 是外部启动信号，可在接通后又被关闭的下降沿启用该信号。在接收到该信号时，可进行如下处理。

- 若将“再开专用信号（外部 START）”设置为无效，则从示教器所选程序的当前光标所在行执行程序，并继续执行曾被暂停的程序。
- 若将“再开专用信号（外部 START）”设置为有效，则继续执行暂停中的程序。该操作不能启动没有处于暂停状态的程序。

> **注意：**从外围设备启动程序时，通常使用 RSR 或 PROD_START 输入信号。若要重新启动被暂停的程序，则通常使用 START 输入信号。

（12）CMDENBL：UO[1]

CMDENBL 为可接收输出信号，在下列条件成立时输出。该信号表示可以从程控装置中启动包含动作（组）的程序。

- 遥控条件成立。
- 动作条件成立。
- 选定了连续运转方式（单步方式无效）。

（13）SYSRDY：UO[2]

SYSRDY 为系统准备就绪信号，在伺服电源接通时输出，并将机器人置于动作允许状态。在动作允许状态下，可执行点动进给，并可启动包含动作（组）的程序。动作允许状态是下列动作条件成立时的状态。

- 外围设备 I/O 的 ENBL 输入为 ON。
- 伺服电源接通（非报警状态）。

（14）PROGRUN：UO[3]

PROGRUN 为程序执行信号，在程序执行中输出。在程序处于暂停时，该信号不予输出。

（15）PAUSED：UO[4]

PAUSED 为暂停信号，在程序处于暂停、等待再启动的状态时输出。

（16）HOLD：UO[5]

HOLD 为保持信号，在单击 HOLD 按钮时输出。若松开 HOLD 按钮，则该信号不予输出。

（17）FAULT：UO[6]

FAULT 为报警信号，在系统发生报警时输出。可以通过 RESET 解除报警。在系统发出警告时（WARN 报警），该信号不予输出。

（18）ATPERCH：UO[7]

ATPERCH 为参考位置信号，在机器人处于预先确定的参考位置时输出。最多可以定义 10 个参考位置：该信号在机器人处于第 1 个参考位置时输出；其他的参考位置则被分配给通用信号。

（19）TPENBL：UO[8]

TPENBL 为示教器有效信号，在示教器的有效开关处于 ON 时输出。

（20）BATALM：UO[9]

BATALM 为电池异常信号，在控制装置或机器人的脉冲编码器的后备电池电压下降时输出。请在接通控制装置电源的情况下更换电池。

（21）*BUSY*：*UO[10]*

BUSY 为处理中信号，在执行程序的过程中或通过示教器进行作业处理时输出。在程序处于暂停时，该信号不予输出。

（22）ACK1～ACK8：UO[11]～UO[18]

ACK 为在接收到 RSR 输入时，用于确认而输出的脉冲信号，可以指定脉冲宽度。

（23）SNO1～SNO8：UO[11]～UO[18]

SNO 为选择程序号码信号。始终以二进制代码的方式输出当前所选的程序号码（对应 PNS1～PNS8 输入的信号）。可通过选择新的程序改写 SNO1～SNO8。

（24）SNACK：UO[19]

SNACK 为在接收到 PNS 输入时，用于确认而输出的脉冲信号。

2．设置 UOP 输入

设置 UOP 输入的操作步骤如下：

❶ 在 FANUC 示教器的操作面板中，单击 MENU（菜单）键，在弹出的菜单中选择 I/O→“类型”→UOP，显示如图 5-20 所示的界面。

❷ 若需要进行输入界面和输出界面的切换，则可单击“IN/OUT”按钮（F3 键）；若需要进行 I/O 分配，则单击“分配”按钮（F2 键），效果如图 5-21 所示；若要返回一览界面，则可在图 5-21 中单击“一览”按钮（F2 键）。

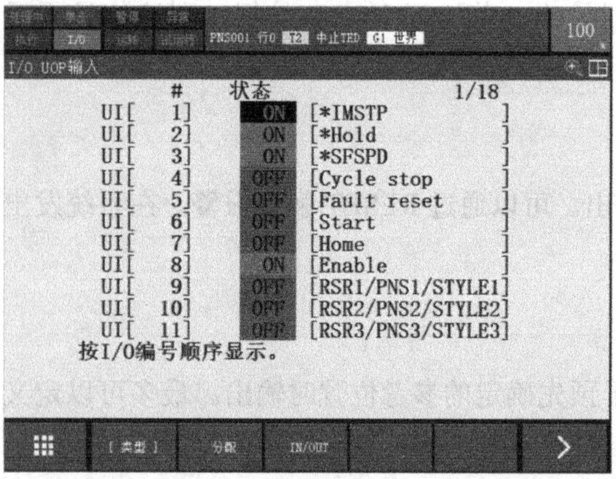

图 5-20

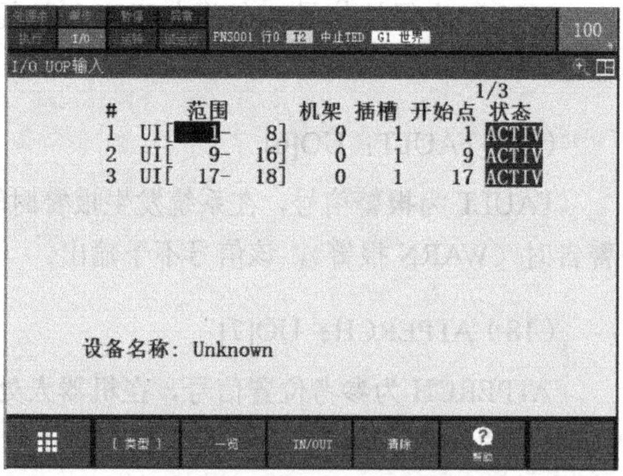

图 5-21

❸ 在图 5-21 中，将光标移至“范围”列，逐一输入需要分配的信号范围。

❹ 根据输入的范围，自动分配行。

❺ 在“机架”“插槽”“开始点”中输入适当的值。若输入的值正确，则在“状态”列显示 PEND（ACTIV 表示已激活；PEND 表示需要重启才能生效；INVAL 表示分配有误；UNASG 表示未分配）。如果存在不需要的行，则可单击“清除”按钮（F4 键）将该行删除。

❻ 重新通电，以便使更改的设置有效。

> **注意：**
> （1）在改变了 I/O 分配后的首次通电过程中，即使停电处理有效，输出信号的值也将全为 OFF。
> （2）在 I/O 的全部设置结束后，可将信息存储在外部存储装置中，以便在需要时重新加载信息；否则，在改变设置后，以前的信息将会丢失。

5.3.5 操作面板 I/O 显示

操作面板 I/O 信号是传输操作面板输入、输出的专用信号。在默认情况下，系统已定义 16 个输入信号、16 个输出信号。

> **注意：** 操作面板 I/O 不能对信号进行再定义，即分配，仅可用于显示。

在操作面板处于有效状态时，可通过操作面板 I/O 信号启动程序。对于安全性影响较大的信号，应始终处于有效状态。在有效条件成立时，操作面板可处于有效状态。例如：

- 遥控信号（SI[2]）为 OFF。
- 外围设备 I/O 的 SFSPD 为 ON。
- 外围设备 I/O 的 ENBL 为 ON。
- 伺服电源已接通（非报警状态）。

对操作面板输入和输出的示意图如图 5-22 所示。

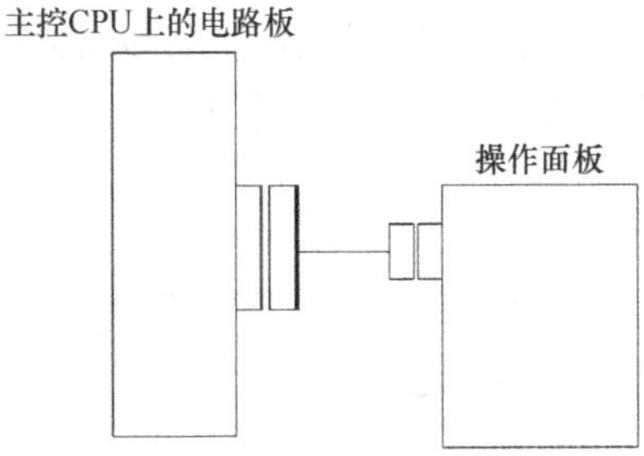

图 5-22

1. 解析部分操作面板 I/O 信号

（1）HOLD：SI[3]（始终有效）

HOLD 为从外部装置发出的暂停信号。在通常情况下，HOLD 为 ON。若该信号为 OFF，则系统进行如下处理。

- 减速停止执行中的动作。
- 暂停执行中的程序。

（2）FAULT_RESET：SI[1]（始终有效）

FAULT_RESET（报警解除信号）用于解除报警。在默认设置下，该信号可在信号断开时发挥作用。若伺服电源被断开，则在伺服装置启动之前，报警不予解除。

（3）REMOTE：SI[2]（始终有效）

REMOTE（遥控信号）用于进行系统的遥控方式和本地方式的切换：在遥控方式下，只要满足遥控条件（SI[2]为 ON），即可通过外围设备启动程序；在本地方式下（SI[2]为 OFF），只要满足操作面板的有效条件，即可通过操作面板启动程序。

（4）START：SI[6]（满足操作面板的有效条件时有效）

START 通过示教器所选程序、当前光标所在位置的行号启动程序。在接通后又被关闭的下降沿启用该信号。

（5）REMOTE：SO[0]

REMOTE（遥控信号）在遥控条件成立时输出。

（6）BUSY：SO[1]

BUSY 为处理中信号，在执行程序的过程中或通过示教器进行作业处理时输出。在程序处于暂停时，该信号不予输出。

（7）HOLD：SO[2]

HOLD 为保持信号，在单击 HOLD 按钮时输出。若松开 HOLD 按钮，则该信号不予输出。

（8）FAULT：SO[3]

FAULT 为报警信号，在系统发生报警时输出。可以通过 FAULT_RESET 输入来解除报警。在系统发出警告时（WARN 报警），该信号不予输出。

（9）BATAL：SO[7]

BATAL 为电池异常信号，在控制装置或机器人的脉冲编码器的电池电压下降时输出，请在接通控制装置电源的情况下更换电池。

（10）TPENBL：SO[7]

TPENBL 为示教器有效信号，在示教器的有效开关处于 ON 时输出。

2. 显示操作面板（SOP）输出

显示操作面板（SOP）输出的操作步骤如下：

❶ 在 FANUC 示教器的操作面板中，单击 MENU（菜单）键，在弹出的菜单中选择 I/O→

“类型”→SOP，显示如图 5-23 所示的界面。

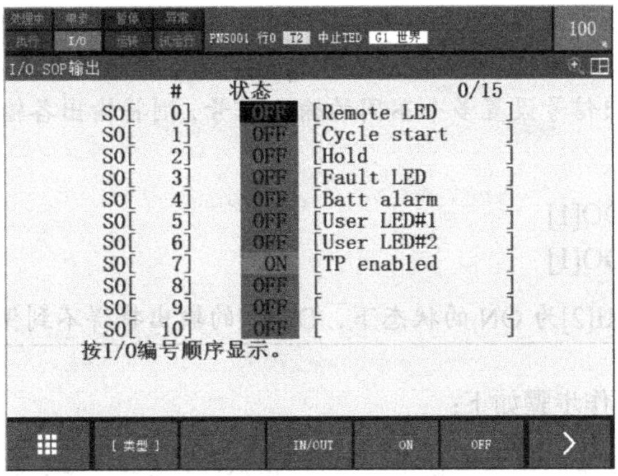

图 5-23

❷ 若需要进行输入界面和输出界面的切换，则可单击 IN/OUT 按钮（F3 键）。

5.4 I/O 互连

I/O 互连，是一种将 RI、DI、SI，以及 ES 信号（安全信号）的状态向 DO/RO 输出，并以通知外部信号输入为目的的连接功能。

I/O 互连由 5 类连接构成，如表 5-9 所示。

表 5-9

连接类型	说明	可用范围
RI→DO	由机器人输入信号连接到数字输出信号	RI[*hh*]→DO[*jj*]（1≤*hh*≤8，0≤*jj*≤512）
DI→RO	由数字输入信号连接到机器人输出信号	DI[*ff*]→RO[*gg*]（0≤*ff*≤512，1≤*gg*≤8）
DI→DO	由数字输入信号连接到数字输出信号	DI[*dd*]→DO[*kk*]（0≤*dd*≤512，0≤*kk*≤512）
SI→DO	由操作面板输入信号连接到数字输出信号	SI[*nn*]→DO[*tt*]（0≤*nn*≤15，0≤*tt*≤512）
ES→DO	由安全信号连接到数字输出信号	ES→DO[*mm*]（0≤*mm*≤512）

对 ES 信号的说明如表 5-10 所示。

表 5-10

ES 信号名称	说明	ES 信号名称	说明
EMGOP	操作面板紧急停止	EMGEX	外部紧急停止
EMGTP	示教器紧急停止	PPABN	气压异常
DEADMAN	安全开关	BELTBREAK	皮带断裂
FENCE	安全门打开	FALM	风扇报警
ROT	机器人超行程	BRKHLD	停止时抱闸
HBK	机械手断裂	USRALM	用户报警

注意：

（1）若将 I/O 互连设置为 DI[i]→DO[j]，并且该分配有效，则 DI[i]的状态将被周期性地输出给 DO[j]。即使通过示教器和程序变更 DO[j]的内容，也会再次输出 DI[i]的状态并复原。

（2）若为同一输出信号设置多个不同的输入信号，则将输出各输入信号的状态。例如，进行如下设置：

1：有效 RI[1]→DO[1]

2：有效 RI[2]→DO[1]

在 RI[1]为 ON、RI[2]为 ON 的状态下，DO[1]的输出将得不到保证。

设置 I/O 互连的操作步骤如下：

❶ 在 FANUC 示教器的操作面板中，单击 MENU（菜单）键，在弹出的菜单中选择 I/O →“类型”→“DI->DO 互连”，显示如图 5-24 所示的界面。

❷ 单击“[选择]”按钮（F3 键），可弹出如图 5-25 所示的下拉列表。选择相应的选项后，单击回车键，或者通过数值键选择相应的选项。

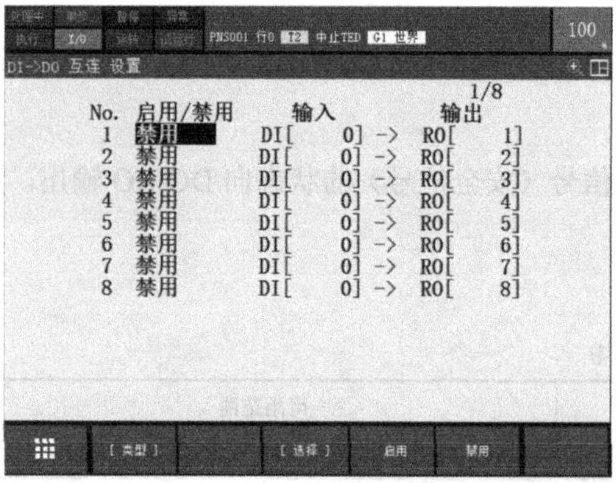

图 5-24

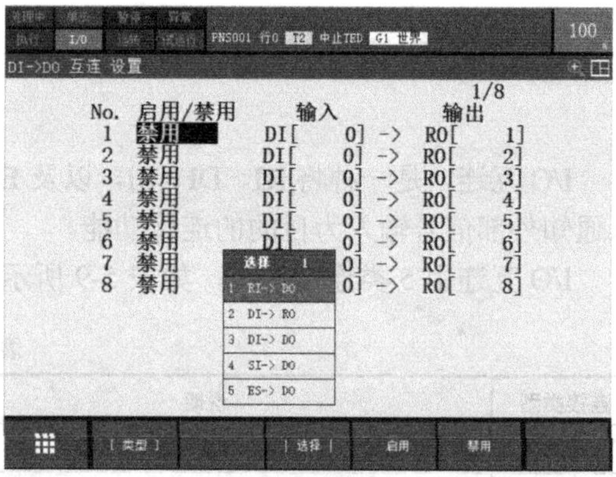

图 5-25

❸ 在需要设置的编号上输入对应的数字即可，如图 5-26 所示。

❹ 在“启用/禁用”列，进行相关的设置，如图 5-27 所示。

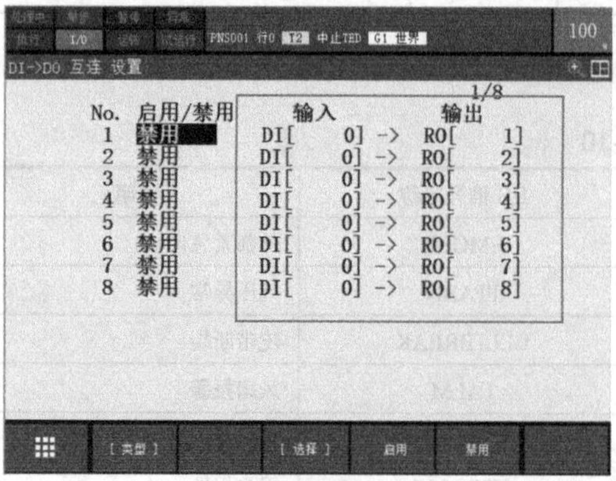

图 5-26

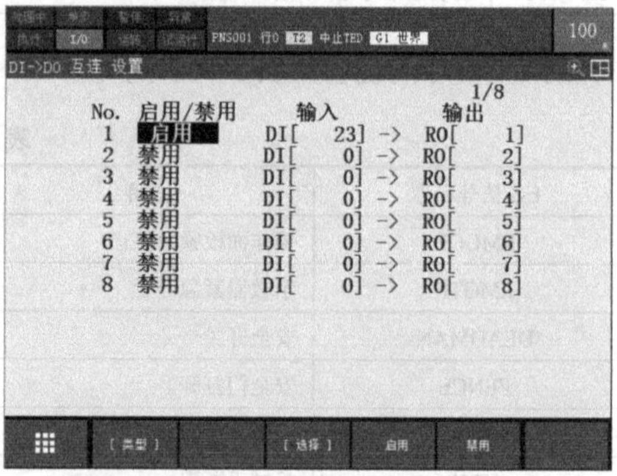

图 5-27

5.5　I/O 仿真

I/O 仿真允许在没有实际信号进入或离开控制柜的情况下，改变该信号的状态。例如，通过仿真输入信号（将该信号设为 ON），可以测试程序对输入的反应，而不需要程序从控制柜外部接收一个信号。通过仿真输入信号，即使不想将外围设备和控制柜连接起来，也可以测试程序。

当信号被仿真后，UO 硬件将不起作用，所以在正常操作发生之前，必须取消信号的仿真：通过单击 FCTN 键→IUNSIMALL I/O，取消所有 I/O 的仿真。

> **注意**：仿真输入和仿真输出是在没有信号进入或离开控制柜的情况下，强制输入和输出的。当没有设置 I/O 设备和信号时，可以用仿真输入、仿真输出测试程序的逻辑和动作。只可以仿真数字 I/O、模拟 I/O 和组 I/O，不可以仿真机器人 I/O、外围设备 I/O 或操作面板 I/O。

仿真 I/O 的操作步骤如下：

❶ 在 FANUC 示教器的操作面板中，单击 MENU（菜单）键，在弹出的菜单中选择 I/O→“类型”→“数字”，显示如图 5-28 所示的界面。

❷ 单击 IN/OUT 按钮可对数字信号进行输入与输出的切换；单击“分配”按钮可分配输入/输出信号的地址，如图 5-29 所示。

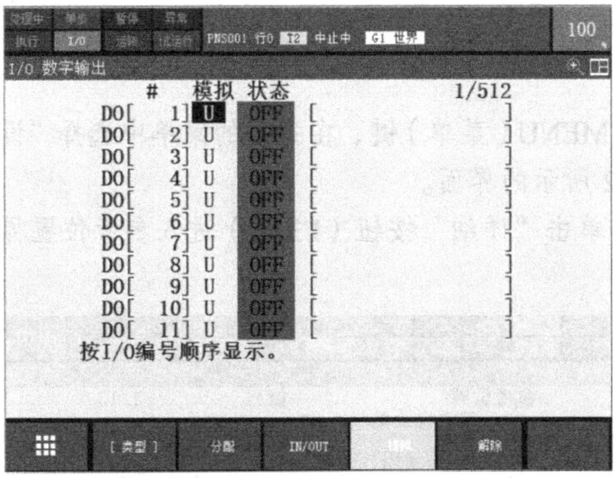

图 5-28

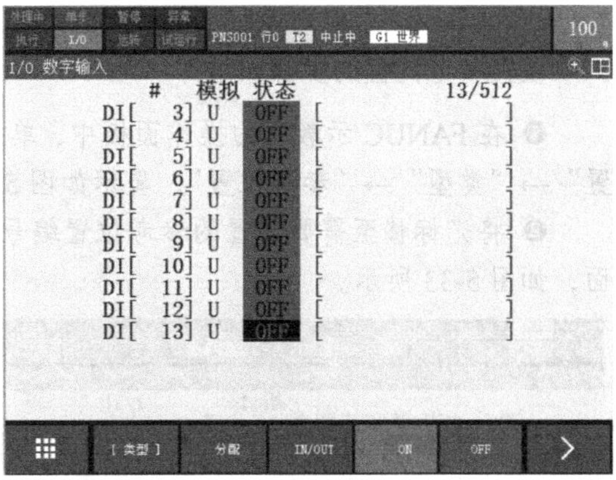

图 5-29

❸ 将光标移至需要进行仿真输入的信号中（DI[5]），单击“模拟”按钮（F4 键），此时 U 会变为 S，如图 5-30 所示。若要将 S 变为 U，则单击“解除”按钮（F5 键）。

❹ 将光标移至该信号的“状态”列，根据所需的状态，单击 ON 按钮（F4 键）或 OFF 按钮（F5 键）对该信号进行控制，如图 5-31 所示。

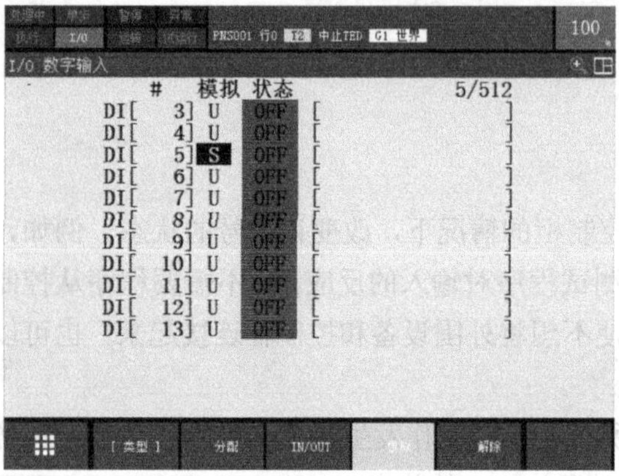

图 5-30

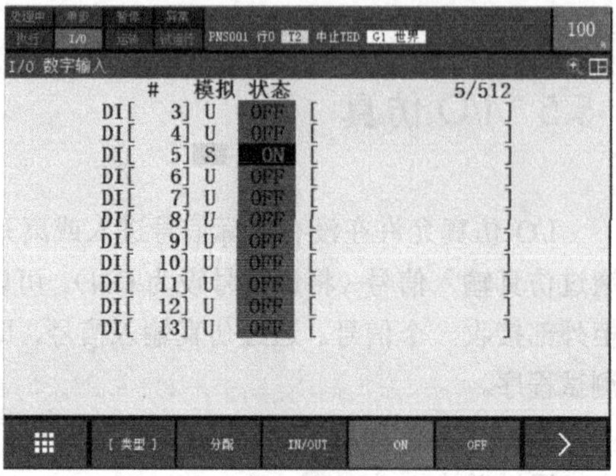

图 5-31

5.6 I/O 设置

5.6.1 参考位置设置

参考位置是在程序中或点动中频繁使用的固定位置（预先设置的位置）之一，也是离开工件和外围设备的安全位置。当机器人位于参考位置时，会输出预先设置的DO或RO。

> **注意：**当机器人位于参考位置时，UO[7]（ATPERCH）将会接收一个发送到外部设备的信号，而其他基准点位置的输出信号可由用户自定义（只支持数字输出DO与机器人输出RO）。

设置参考位置的步骤如下：

❶ 在FANUC示教器的操作面板中，单击MENU（菜单）键，在弹出的菜单中选择“设置”→“类型”→“参考位置”，显示如图5-32所示的界面。

❷ 将光标移至需要设置的参考位置编号，单击“详细”按钮（F3键）进入参考位置界面，如图5-33所示。

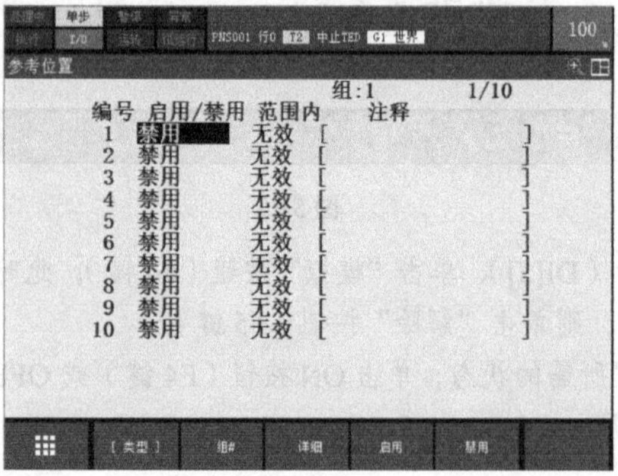

图 5-32

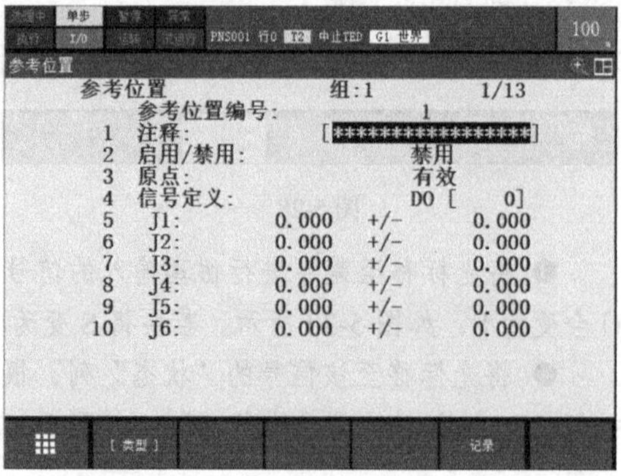

图 5-33

❸ 可以为该参考位置输入注释：将光标移至“注释:”选项，单击回车键；选择合适的输入法，如图 5-34 所示，通过 F1～F5 键选择所需的字母；输入完成后，单击回车键进行确认。

❹ 将光标移至“信号定义:”选项，通过 DO 按钮（F4 键）或 RO 按钮（F5 键）修改所需的信号，并通过示教器上的数字键输入对应信号的号码（0 代表该信号无效），如图 5-35 所示。

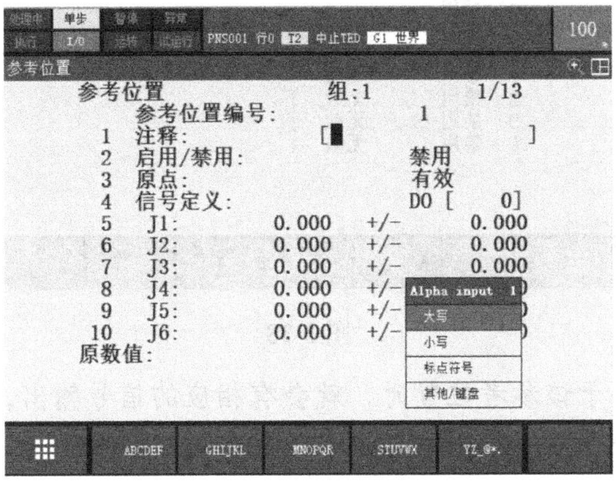

图 5-34

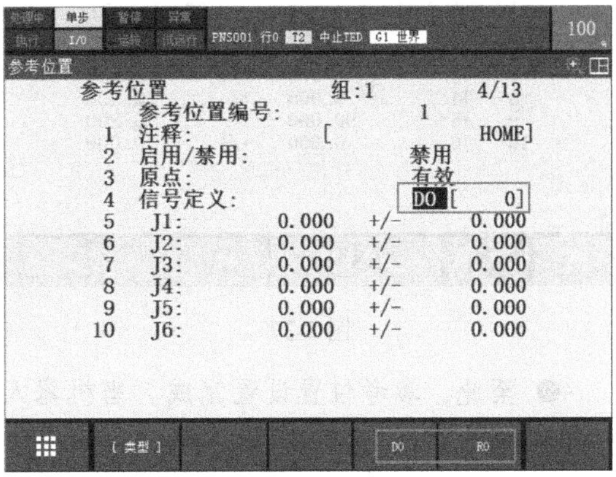

图 5-35

注意：一般情况下，不需要设置第一个参考位置的信号，该信号由系统默认分配给 UO[7]（ATPERCH）。

❺ 将光标移至 J1～J6 中的任意一项，单击 SHIFT 键和“记录”按钮（F5 键），将目前机器人所在的参考位置记录下来，如图 5-36 所示。还可以通过示教器的数字键直接输入各轴的关节数据。

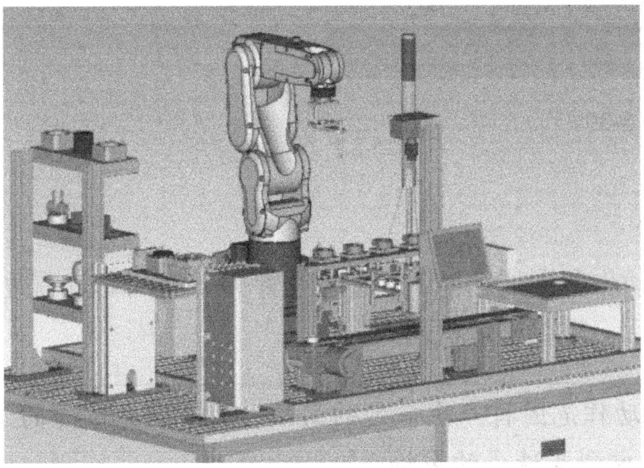

（a）机器人所在的参考位置

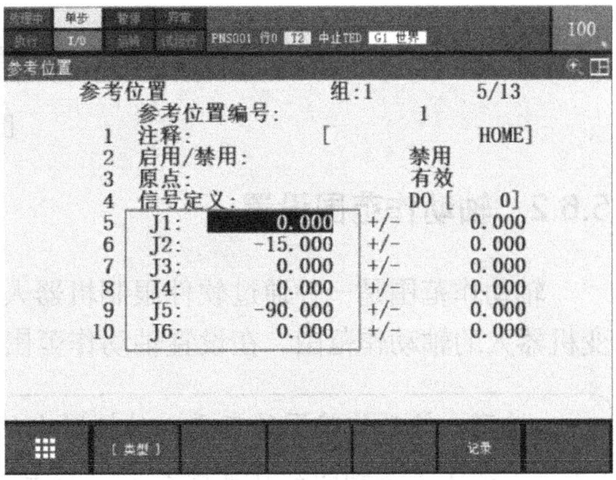

（b）记录参考位置

图 5-36

❻ 在“+/−”列可以输入允许的误差范围，一般不为 0。

❼ 将光标移至“启用/禁用:”选项，通过“启用”按钮（F4 键）或“禁用”按钮（F5 键）对该参考位置是否开启进行设置，如图 5-37 所示。

❽ 单击 PREV 键返回如图 5-38 所示的界面。

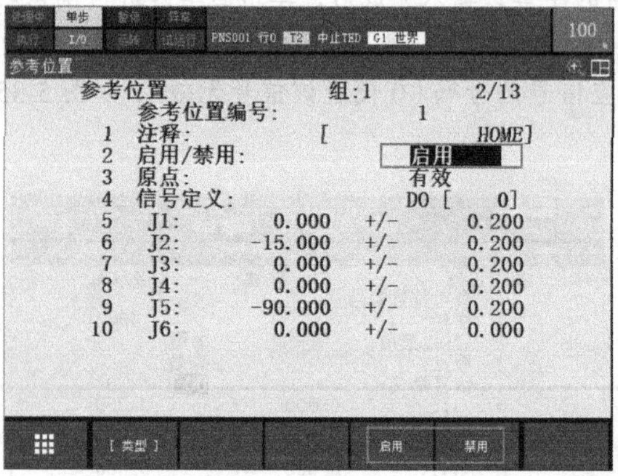

图 5-37

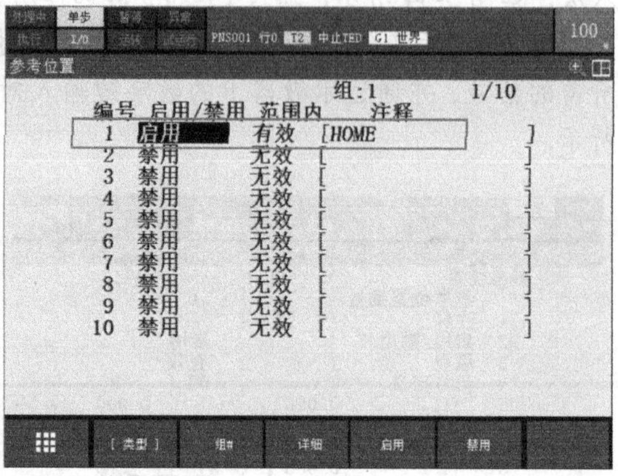

图 5-38

❾ 至此，参考位置设置完成。当机器人处于该参考位置时，就会有相应的信号输出，如图 5-39 所示。

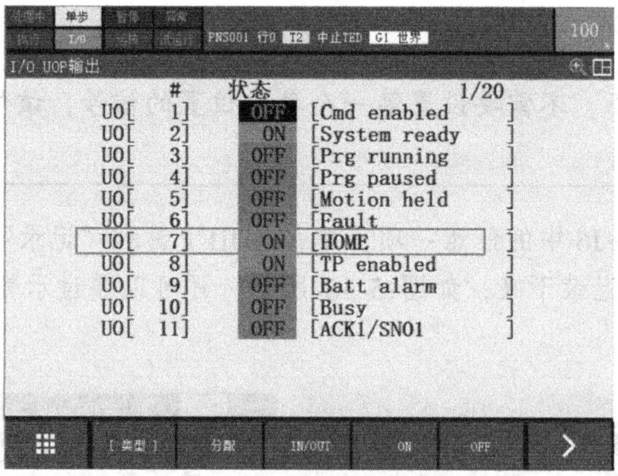

图 5-39

5.6.2 轴动作范围设置

轴动作范围是一种通过软件限制机器人动作范围的功能，即通过设置关节的可动范围改变机器人的轴动作范围。在设置轴动作范围后，需要重启机器人。

> **注意：**轴动作范围的变更，对机器人的动作范围将产生一定的影响。为了避免故障的发生，在变更各轴的动作范围之前，需要考虑到其造成的影响。

设置轴动作范围的步骤如下：

❶ 在 FANUC 示教器的操作面板中，单击 MENU（菜单）键，在弹出的菜单中选择“系统”→“类型”→“轴动作范围”，显示如图 5-40 所示的界面。

❷ 将光标移至想要改变的轴编号，利用示教器的数字键输入新的设置值：“上限”表示

关节可动范围的上限值，代表该轴的正方向；“下限”表示关节可动范围的下限值，代表该轴的负方向。例如，改变 J1 的范围，如图 5-41 所示。

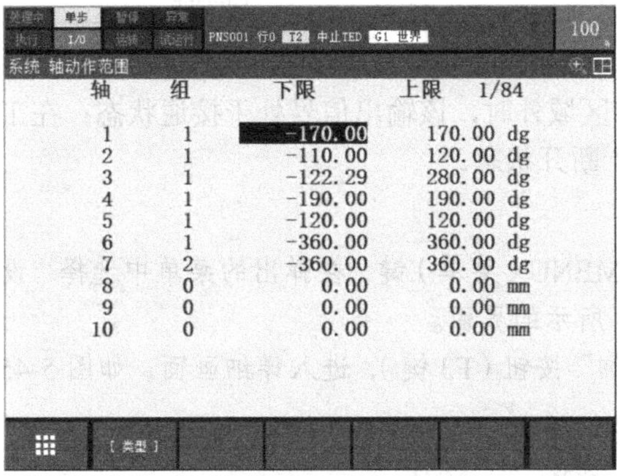

图 5-40

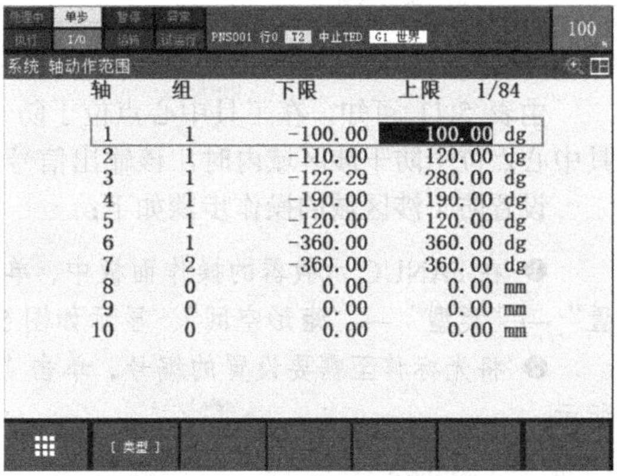

图 5-41

❸ 单击 FCTN 键→“下一页”→“重新启动”→“启动模式”→“冷启动”，如图 5-42 所示。

❹ 移动关节 J1，当 J1 移至位置 100.000 时，机器人就会报错，并且无法再向前移动，如图 5-43 所示；同理，当 J1 移至位置-100.000 时，机器人也会报错，并且机器人无法再向后移动。

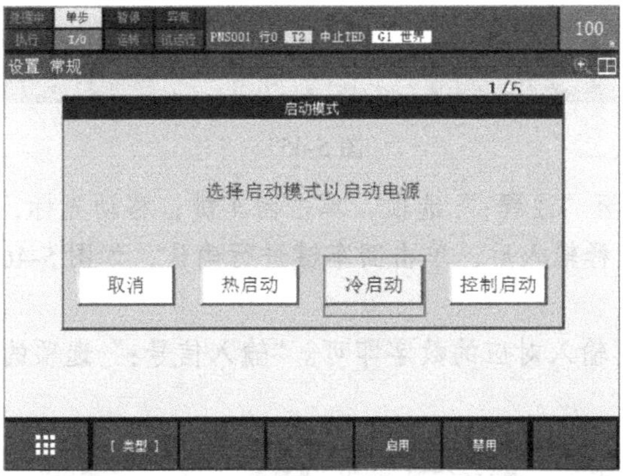

图 5-42

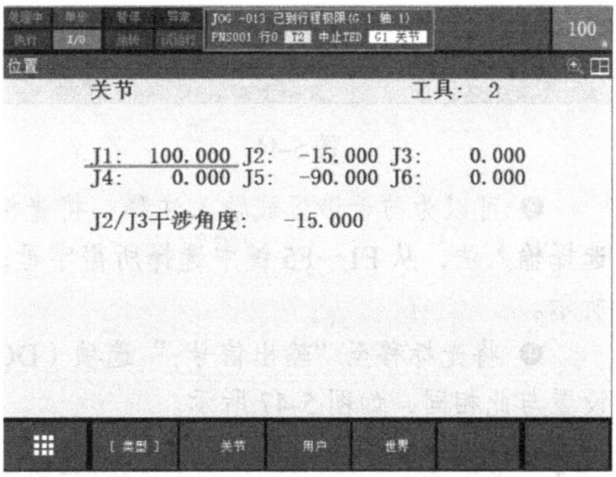

图 5-43

5.6.3　防干涉区域设置

防干涉区域是在其他机器人或其他外围设备位于预先设置的区域时，将向机器人发出不可进入防干涉区域的信号，在确认其他外围设备等已从防干涉区域移走后，可解除机器人的暂停状态，再次开始运行。

在外围设备和机器人之间，通过向一个防干涉区域分配的一个互锁信号（输入/输出各一个）进行通信。

互锁信号和机器人所在位置的关系如表 5-11 所示。

表 5-11

机器人所在位置	互锁信号	
防干涉区域外	DO=ON	DI=OFF
防干涉区域内	DO=OFF	DI=ON

由表 5-11 可知，在工具中心点位于防干涉区域外时，该输出信号处于接通状态；在工具中心点位于防干涉区域内时，该输出信号处于断开状态。

设置防干涉区域的操作步骤如下：

❶ 在 FANUC 示教器的操作面板中，单击 MENU（菜单）键，在弹出的菜单中选择“设置”→“类型”→“矩形空间”，显示如图 5-44 所示的界面。

❷ 将光标移至需要设置的编号，单击“详细”按钮（F3 键），进入详细画面，如图 5-45 所示。

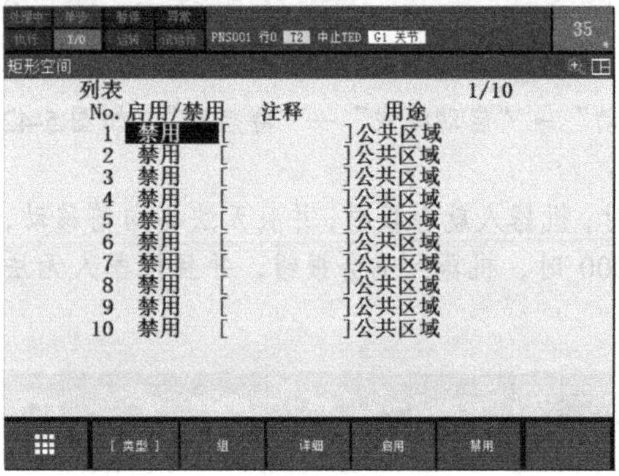

图 5-44

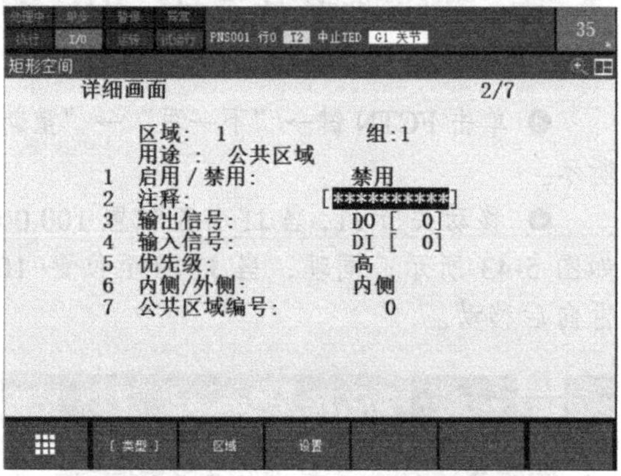

图 5-45

❸ 可以为防干涉区域输入注释：将光标移至“注释:”选项，单击回车键；移动光标，选择输入法，从 F1～F5 键中选择所需字母；注释输入后，单击回车键进行确认，如图 5-46 所示。

❹ 将光标移至“输出信号:”选项（DO），输入对应的数字即可。“输入信号:”选项的设置与此相同，如图 5-47 所示。

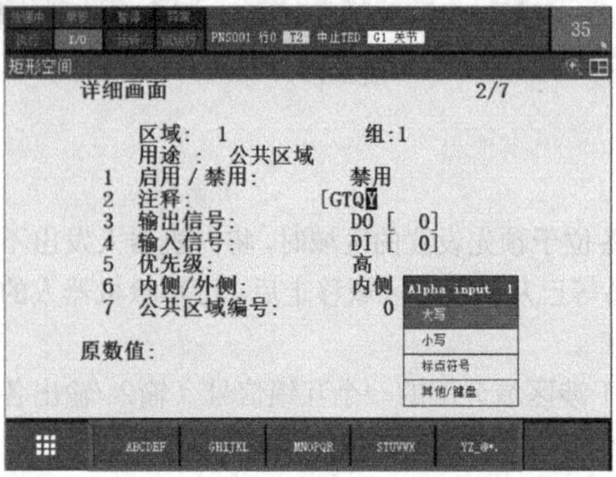

图 5-46

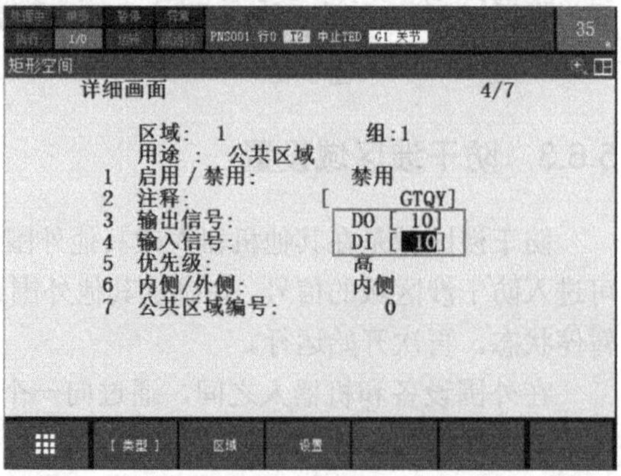

图 5-47

❺ 设置“优先级:”选项：当两台机器人试图同时进入防干涉区域时，优先级高的机器人优先进入防干涉区域。

❻ 设置“内侧/外侧:”选项：指定将该空间位置的内侧或外侧作为防干涉区域。

❼ 单击“区域”按钮（F2 键），进入区域设置界面。

❽ 将光标移至“基准顶点”选项，同时单击 SHIFT 键和“记录”按钮（F5 键），把机器人的当前位置记录下来，作为该区域的基准顶点，如图 5-48 所示。

❾ 在“[边长]”下进行相应的输入，如图 5-49 所示。

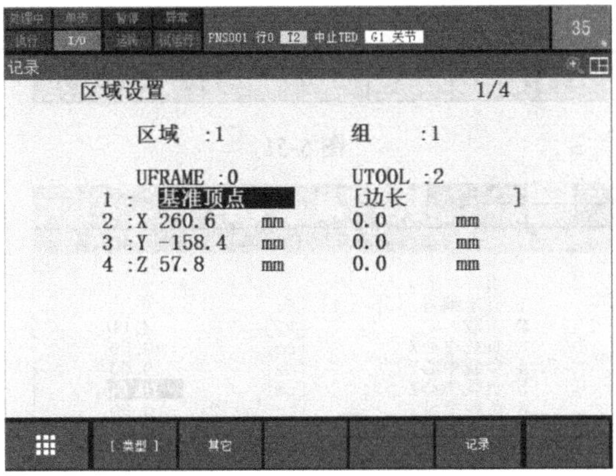

图 5-48

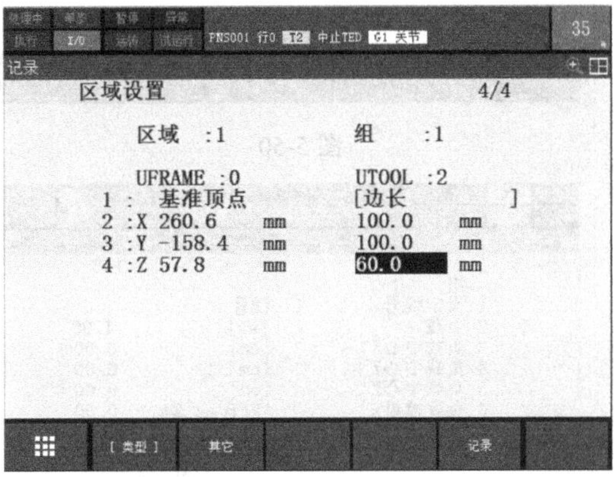

图 5-49

❿ 单击 PREV 键，返回到详细画面，通过“启用/禁用:”选项，对防干涉区域是否开启进行设置。至此，防干涉区域就设置完成了。

5.6.4 负载设置

通过适当设置配备在机器人中的负载信息，可得到如下效果：

- 提高动作性能（例如，改善循环周期等）。
- 有效发挥与动力学相关的功能（例如，提高碰撞保护功能、重力补偿功能等）。

为了更加有效地利用机器人，建议用户对配备在机械手、工件、机器臂上的设备进行负载设置。

负载设置的操作步骤如下：

❶ 在 FANUC 示教器的操作面板中，单击 MENU（菜单）键，在弹出的菜单中选择“系统”→“类型”→“动作性能”，显示如图 5-50 所示的界面。

❷ 单击“详细”按钮（F3 键），进入负载设定界面，如图 5-51 所示。

❸ 可以为负载输入注释：将光标移至“设定编号”选项，单击回车键；移动光标选择输入法，如图 5-52 所示，从 F1～F5 键中选择所需的字母；注释输入完后，单击回车键进行确认。

❹ 设置负载中心：在“负载中心 X”“负载中心 Y”“负载中心 Z”选项中输入值后，将显示“路径和周期时间将会改变。设置吗?”的询问语，单击“是”按钮（F4 键），如图 5-53 所示。

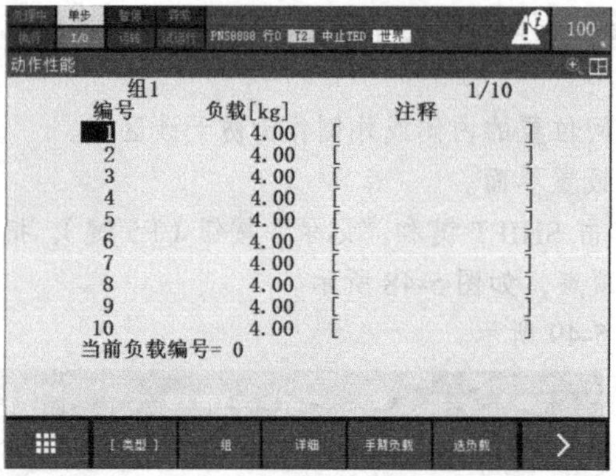

图 5-50

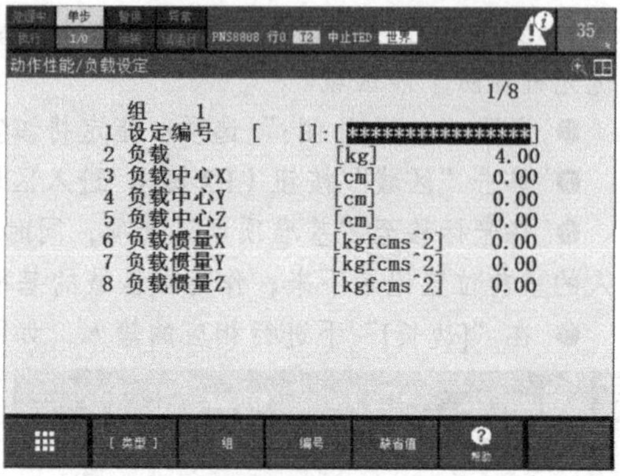

图 5-51

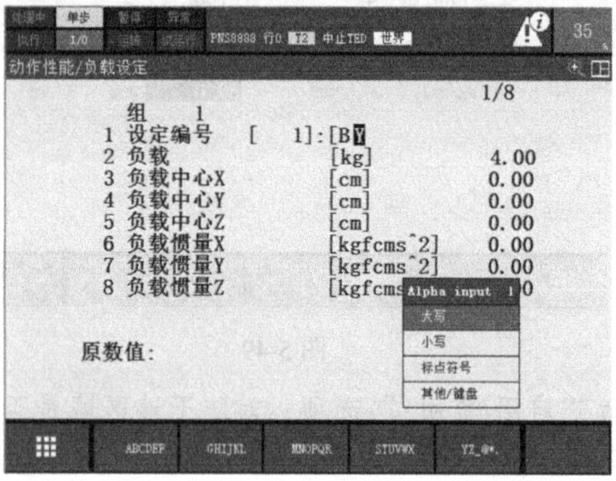

图 5-52

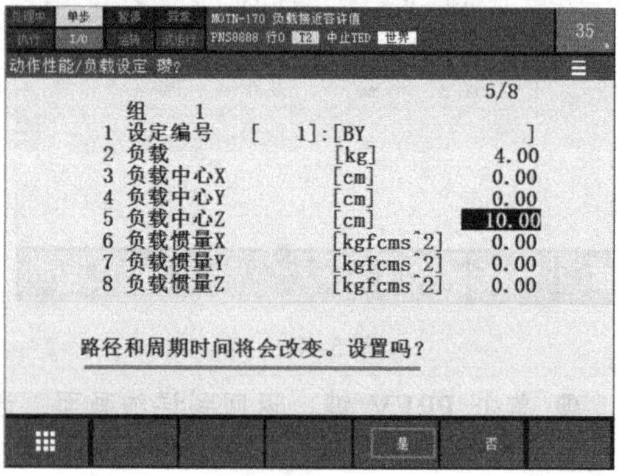

图 5-53

❺ 之后会显示"负载接近允许值！接受吗？"的询问语，单击"是"按钮（F4 键），如图 5-54 所示。

> **注意：请勿在过载状态下运行机器人，有可能会缩短减速机的寿命。**

❻ 单击"编号"按钮（F3 键），输入对应的负载编号，如图 5-55 所示。此外，如果采用多组系统，则可单击"组"按钮（F2 键）。

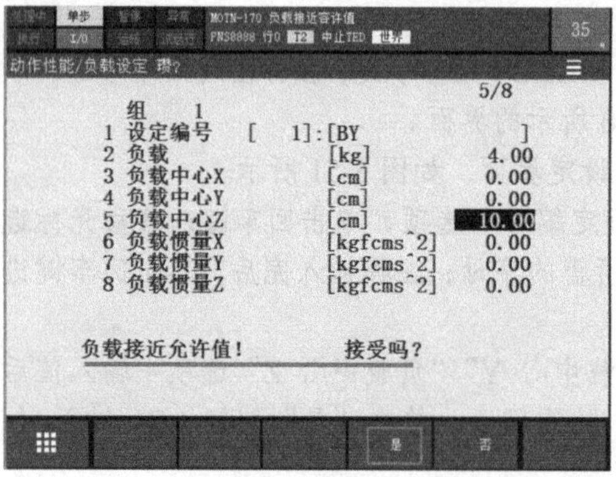

图 5-54

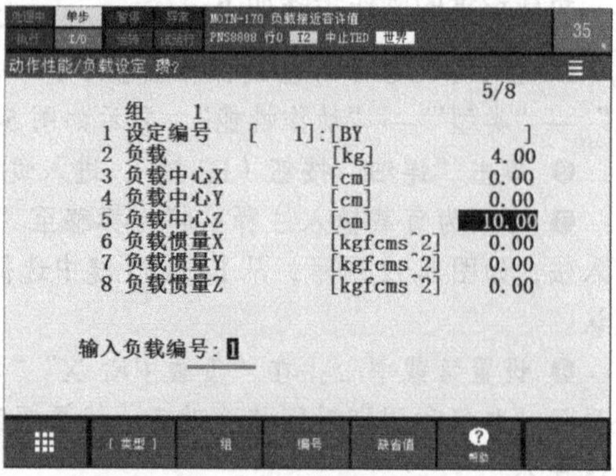

图 5-55

❼ 单击 PREV 键，返回到动作性能界面。单击“选负载”按钮（F5 键），输入负载编号，如图 5-56 所示。

❽ 单击“手臂负载”按钮（F4 键），进入手臂负载设定界面，分别设置 J1 手臂负载轴和 J3 手臂负载轴的数值。设置完成后重启系统，即可让负载的设置生效，如图 5-57 所示。

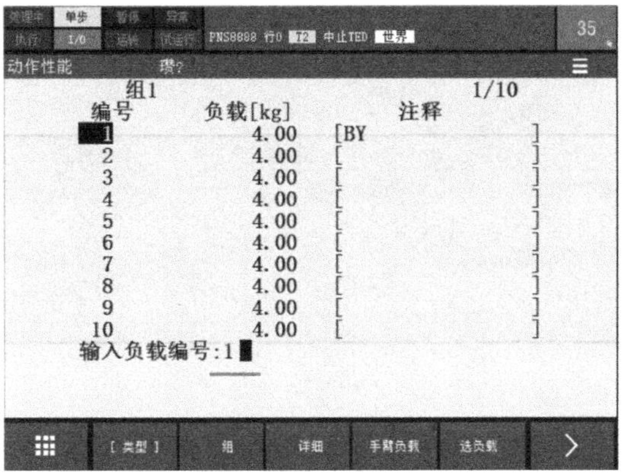

图 5-56

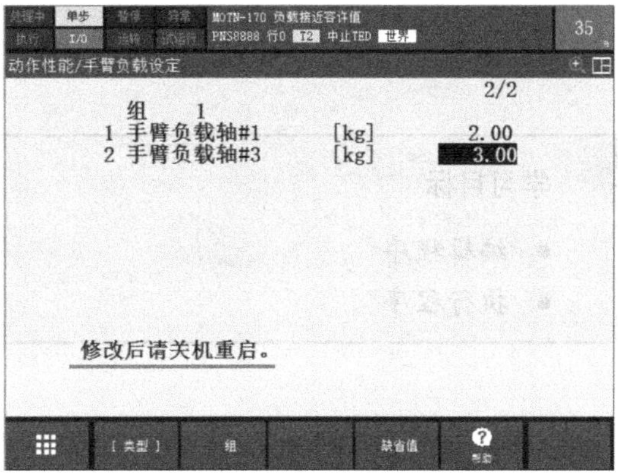

图 5-57

本章练习

❶ 如何设置机器人的参考点？

❷ 练习 I/O 分配。

❸ 练习设置轴动作范围。

❹ 练习设置防干涉区域。

第 6 章

设置程序

学习目标

- 编辑程序
- 执行程序

6.1 编辑程序

编辑程序是对程序执行创建、选择、复制、删除，以及查看程序属性等操作。

6.1.1 创建程序

创建程序的操作步骤如下。

❶ 在 FANUC 示教器的操作面板中，单击 SELECT 按钮，显示如图 6-1 所示的界面。

❷ 单击“创建”按钮，进入程序的创建界面，如图 6-2 所示。

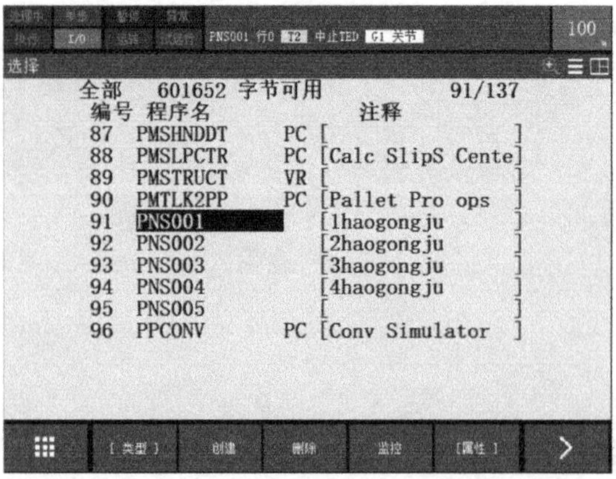

图 6-1

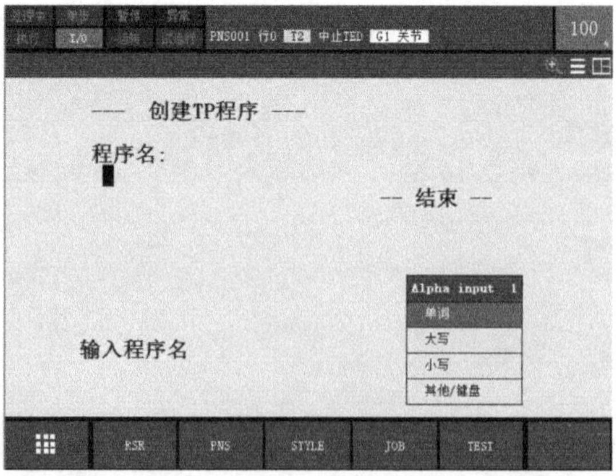

图 6-2

❸ 移动光标，选择合适的输入方式输入程序名称，单击回车键，效果如图 6-3 所示。

注意：不能以空格、符号、数字作为程序名称的开头，否则不能创建程序。

❹ 再次单击回车键，程序即可创建完成，效果如图 6-4 所示。

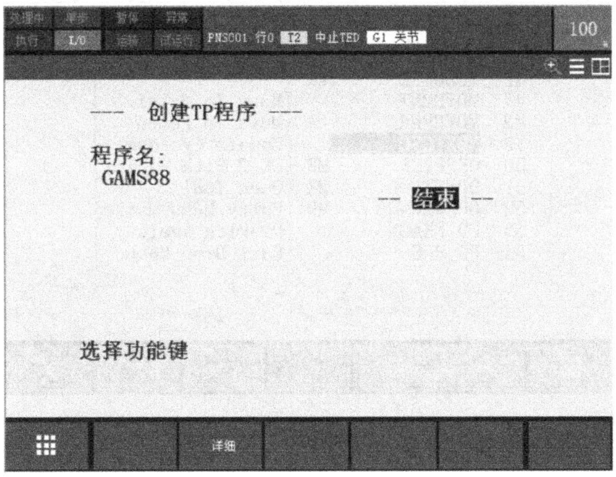

图 6-3

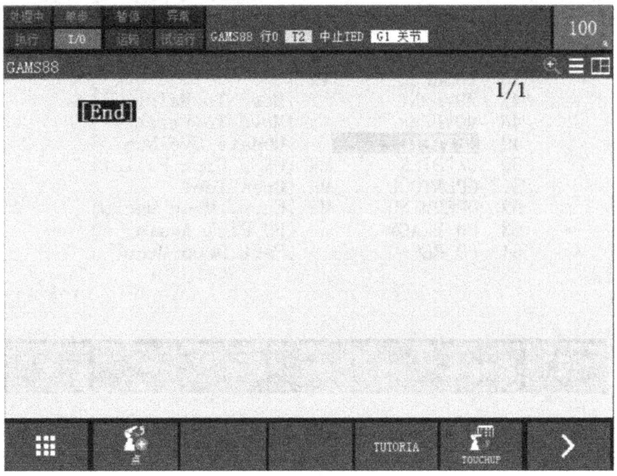

图 6-4

6.1.2 选择程序

选择程序的操作步骤如下：

❶ 在 FANUC 示教器的操作面板中，单击 SELECT 按钮，显示如图 6-1 所示的界面。通过移动光标选择所需的程序，如图 6-5 所示。

❷ 单击回车键，进入程序的编辑界面，如图 6-6 所示。

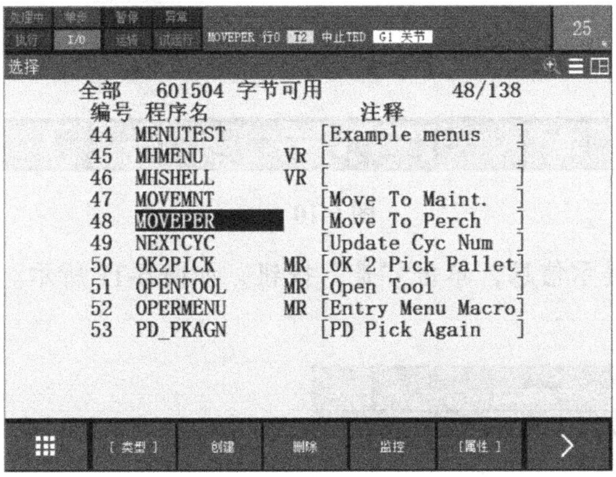

图 6-5

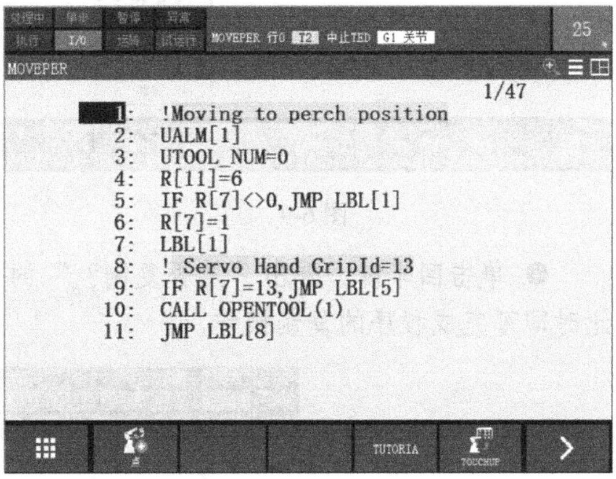

图 6-6

6.1.3 复制程序

❶ 在 FANUC 示教器的操作面板中，单击 SELECT 按钮，显示如图 6-1 所示的界面。通过移动光标选择需要复制的程序，如图 6-7 所示。

❷ 在 FANUC 示教器的操作面板中，单击 > 按钮，可进入下一个功能菜单。单击“复制”按钮，如图 6-8 所示。

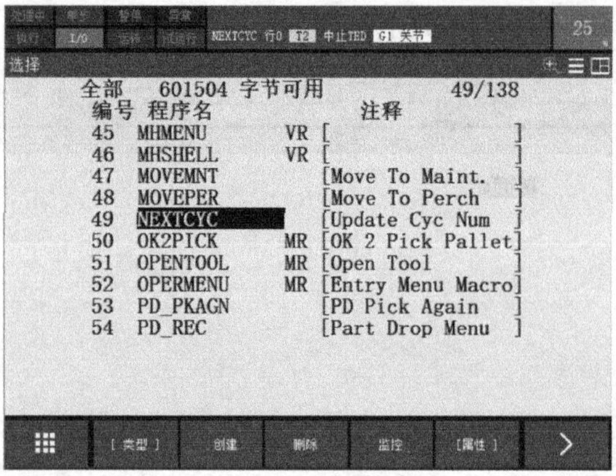

图 6-7

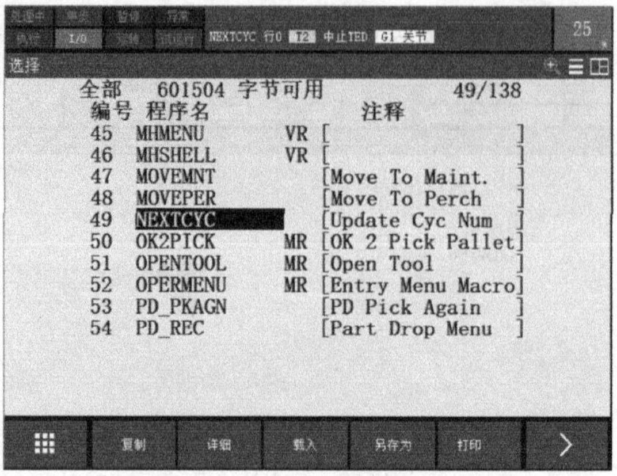

图 6-8

❸ 此时将弹出如图 6-9 所示的界面，选择需要的输入方式，完成程序名称的编辑操作，如图 6-10 所示。

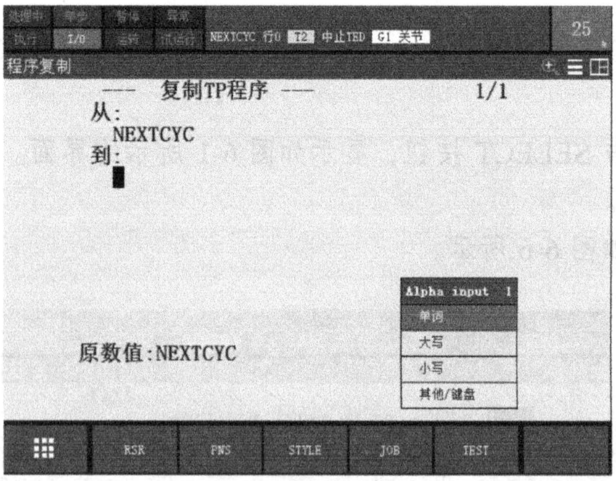

图 6-9

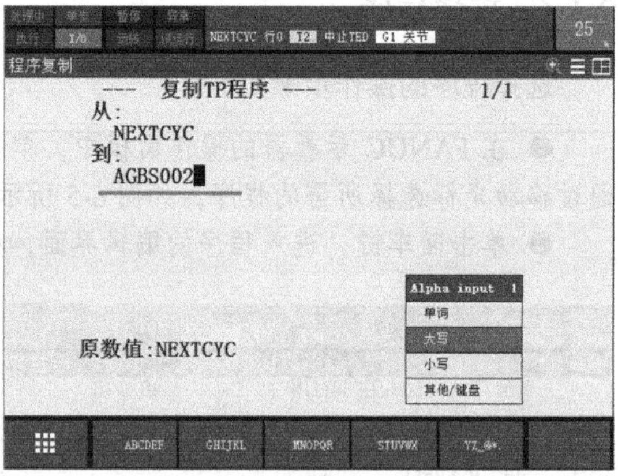

图 6-10

❹ 单击回车键，弹出“是否复制？”的提示信息，单击“是”按钮，如图 6-11 所示。此时即可完成程序的复制操作。

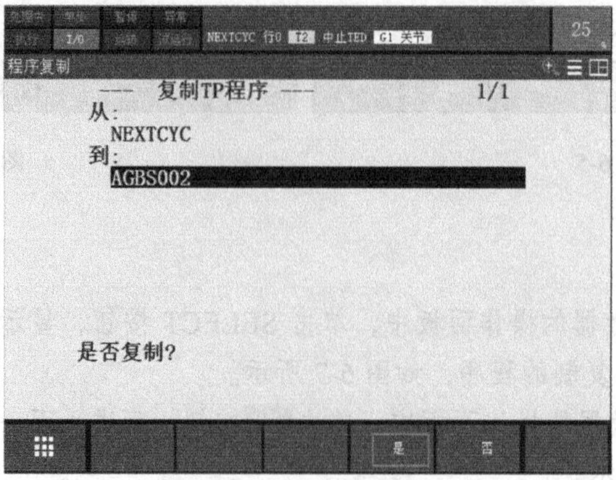

图 6-11

6.1.4 删除程序

❶ 在 FANUC 示教器的操作面板中，单击 SELECT 按钮，显示如图 6-1 所示的界面。

❷ 通过移动光标选择需要删除的程序，如图 6-12 所示。

❸ 单击“删除”按钮，弹出“是否删除？”的提示信息（若在界面中找不到“删除”按钮，可通过在 FANUC 示教器的操作面板中，单击 > 按钮，进入下一个功能菜单查找）。单击“是”按钮，如图 6-13 所示。此时即可完成程序的删除操作。

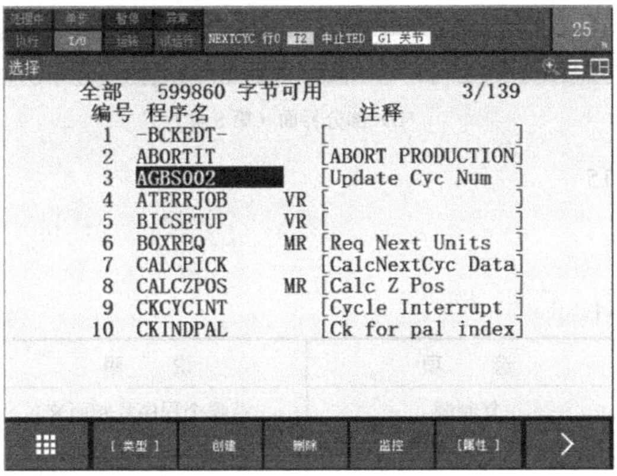

图 6-12

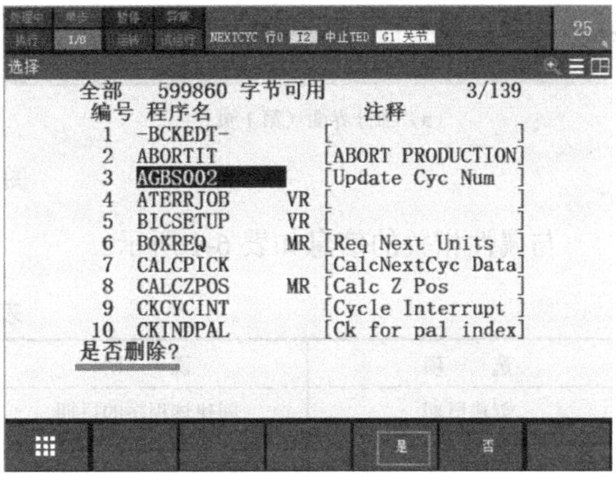

图 6-13

6.1.5 查看程序属性

❶ 在 FANUC 示教器的操作面板中，单击 SELECT 按钮，显示如图 6-1 所示的界面。

❷ 通过移动光标选择需要查看属性的程序，如图 6-14 所示。

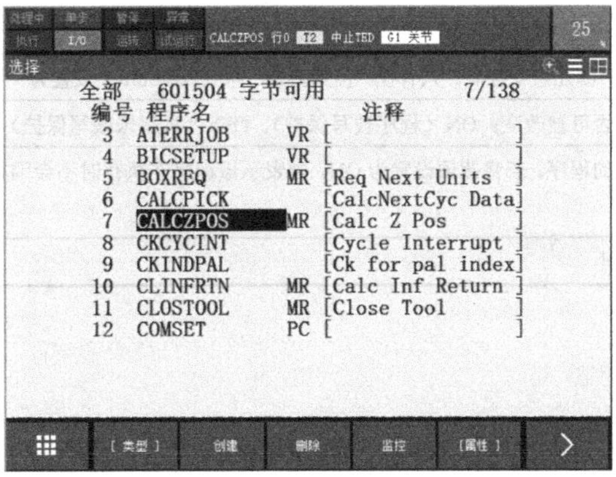

图 6-14

❸ 在 FANUC 示教器的操作面板中，单击 > 按钮，进入下一个功能菜单。单击“详细”按钮，显示如图 6-15 所示的界面。

❹ 把光标移至需要修改的选项（只有第 1～8 项可修改），单击回车键即可进行修改。

❺ 修改完毕后，单击“结束”按钮，返回如图 6-1 所示的界面。

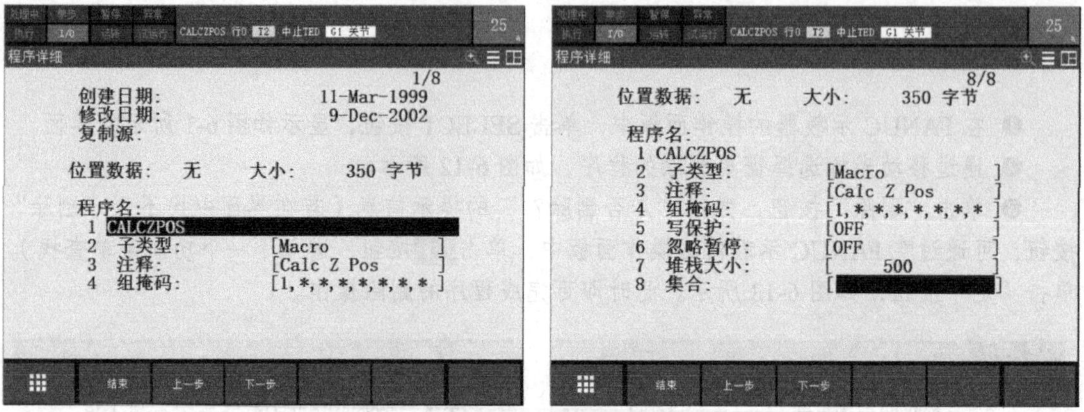

（a）部分界面（第 1 页）　　（b）部分界面（第 8 页）

图 6-15

与属性相关的信息如表 6-1 所示。

表 6-1

选　项	说　明	选　项	说　明
创建日期	创建该程序的日期	复制源	从哪个程序复制而来
修改日期	修改该程序的日期	大小	程序数据的容量

与执行环境相关的信息如表 6-2 所示。

表 6-2

选　项	说　明
程序名	最好以能够表现程序执行目的或程序功能的方式命名
子类型	包括三种子类型：NONE（无）、Macro（宏程序）、COND（条件程序）
注释	程序注释
组掩码	用于定义程序中有哪几组受控制。只有在"位置数据"项（Positions）设置为"无"（False）时，才可以修改此项
写保护	用于指定程序是否可被改变：ON（程序被写保护）、OFF（程序未被写保护）
忽略暂停	对于没有动作组的程序，若将此项设置为 ON，则表示该程序在执行时不会因重要程度在 SERVO 以下的报警、急停、暂停而中断
堆栈大小	用于表示堆栈大小

6.2 执行程序

6.2.1 启动示教器

示教器的启动方式分为两种：手动启动方式和自动启动方式。

1. 手动启动方式

手动启动方式指的是只有在 TP 为 ON，并且使能键被握紧的情况下，程序才能执行。

所以，这种方式称为程序试运行，也称为程序调试模式。

手动启动方式分为三种：顺序连续运行、顺序单步运行、逆序单步运行。

（1）顺序连续运行

当手动启动方式为顺序连续运行时，启动示教器的操作步骤如下。

❶ 将控制柜的模式开关调至 T1 或 T2（手动模式），如图 6-16 所示。

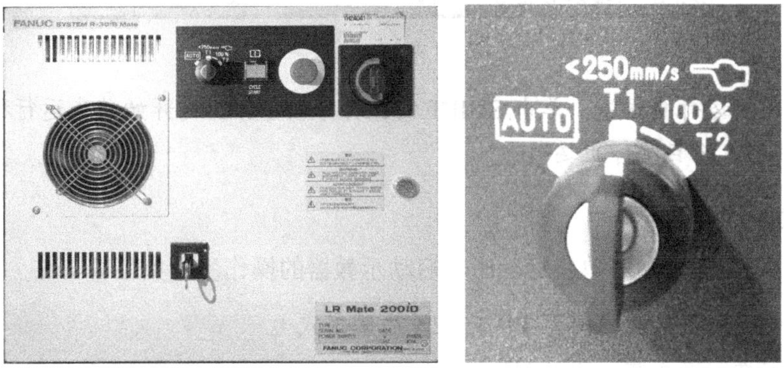

（a）控制柜　　（b）放大图

图 6-16

❷ 将示教器的模式开关调至 ON，如图 6-17 所示。

❸ 令使能键处于第一挡，如图 6-18 所示。

图 6-17

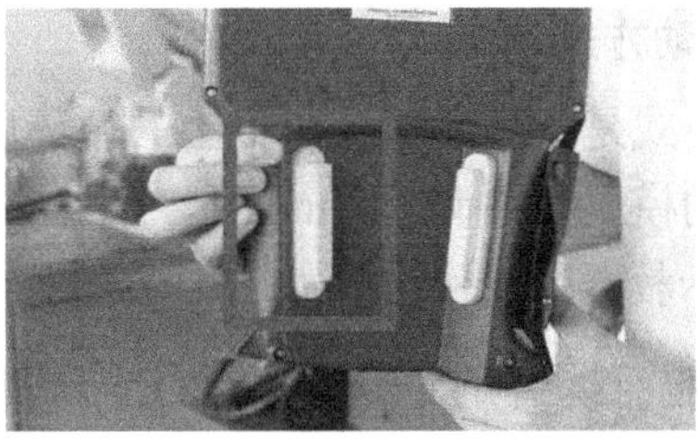

图 6-18

❹ 令示教器中的“单步”选项处于灭的状态（灰度），如图 6-19 所示。如果未处于灭的状态，则可单击 STEP 键。

图 6-19

❺ 打开需要运行的程序，单击 SHIFT 键，并单击 FWD 键开始连续运行程序。程序执行完毕后，机器人将自动停止运行。

（2）顺序单步运行

当手动启动方式为顺序单步运行时，启动示教器的操作步骤如下。

❶ 将控制柜的模式开关调至 T1 或 T2（手动模式）。

❷ 将示教器的模式开关调至 ON。

❸ 令使能键处于第一挡。

❹ 令示教器中的“单步”选项处于亮的状态，如图 6-20 所示。如果未处于亮的状态，则可单击 STEP 键。

图 6-20

❺ 打开需要运行的程序，单击 SHIFT 键，并单击 FWD 键开始单步运行程序。程序执行完毕后，机器人将自动停止运行。

（3）逆序单步运行

当手动启动方式为逆序单步运行时，启动示教器的操作步骤如下。

❶ 将控制柜的模式开关调至 T1 或 T2（手动模式）。

❷ 将示教器的模式开关调至 ON。

❸ 令使能键处于第一挡。

❹ 令示教器中的“单步”选项处于亮的状态。如果未处于亮的状态，则可单击 STEP 键。

❺ 打开需要运行的程序，单击 SHIFT 键，并单击 BWD 键开始逆序单步运行程序。程序执行完毕后，机器人将自动停止运行。

2. 自动启动方式

自动启动方式是一种通过控制柜上的循环启动按钮或远程启动信号来运行程序的方式。只有在控制柜的模式开关调至 Auto 时，才能应用自动启动方式。

自动启动示教器的操作步骤如下。

❶ 将控制柜的模式开关调至 AUTO 自动模式，如图 6-21 所示。

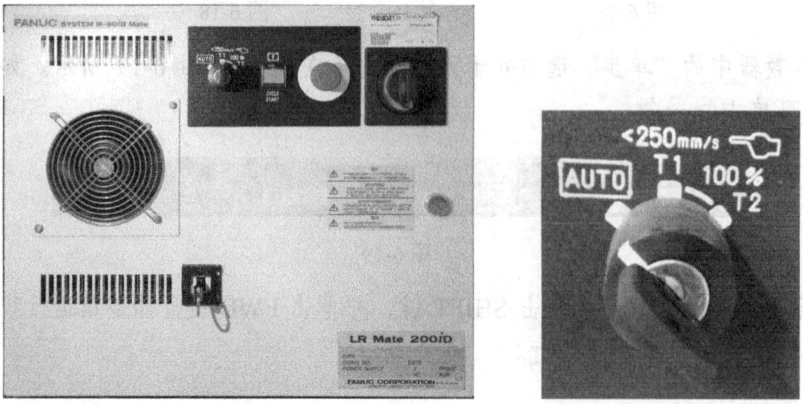

（a）控制柜　　（b）放大图

图 6-21

❷ 将示教器的模式开关调至 OFF，如图 6-22 所示。

❸ 令示教器中的“单步”选项处于灭的状态（灰度），如图 6-23 所示。如果未处于灭的状态，则可单击 STEP 键。

图 6-22

图 6-23

❹ 打开需要运行的程序，单击 SHIFT 键，并单击 FWD 键开始执行程序。程序执行完毕后，机器人将自动停止运行。

6.2.2 启动远程控制

远程控制是通过外围设备与 I/O 通信的方式启动控制程序。可进行远程控制的程序分为 RSR 程序、PNS 程序，以及宏程序。

1. RSR 程序

RSR 程序通过遥控装置启动。该程序可以使用 8 个输入信号（RSR1～RSR8）。

可根据 RSR1～RSR8 的输入判断 RSR 信号是否有效。在信号无效的情况下，信号会被忽略。RSR 的有效与否，被存储在系统变量$RSR1～$RSR8 中，可通过 RSR 的设置界面更改。

在 RSR 程序中，可以有 8 个 RSR 记录号码，在这些号码的基础上再加上基准号码即为 RSR 程序号码（4 位数的整数）。例如，在输入 RSR1 信号的情况下，选择名称为“RSR＋RSR 记录号码＋基准号码”（共 4 位数）共同组成的程序，如图 6-24 所示。

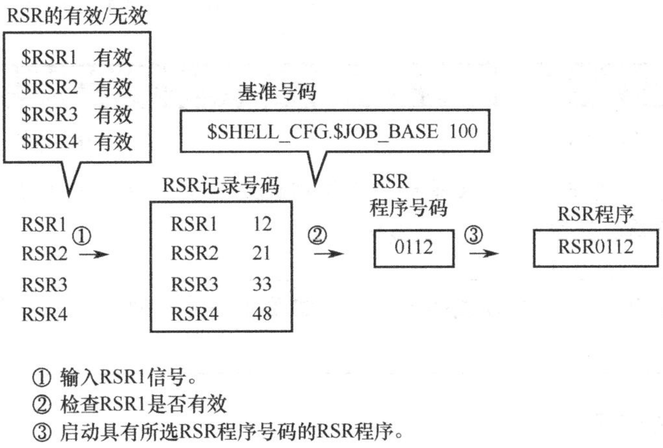

图 6-24

启动 RSR 程序的时序图如图 6-25 所示。

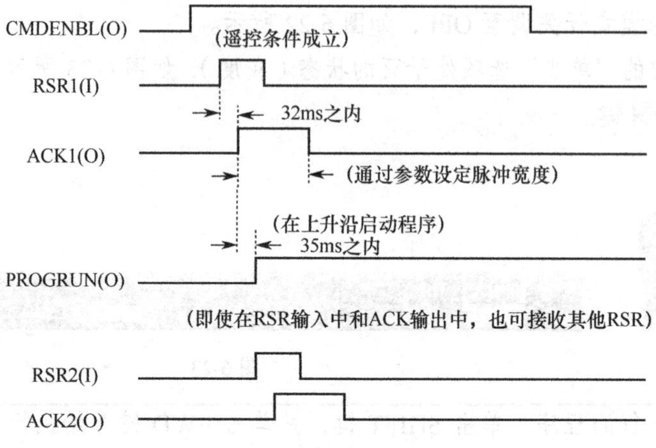

图 6-25

（1）设置 RSR 程序

设置 RSR 程序的操作步骤如下。

❶ 在 FANUC 示教器的操作面板中，单击 MENU（菜单）键，在弹出的菜单中选择“选择程序”，显示如图 6-26 所示的界面。

❷ 将光标移至“程序选择模式:”选项，单击“[选择]”按钮（F4 键），在弹出的列表中选择 RSR，如图 6-27 所示。随后重新启动机器人，更改的设置才能生效。

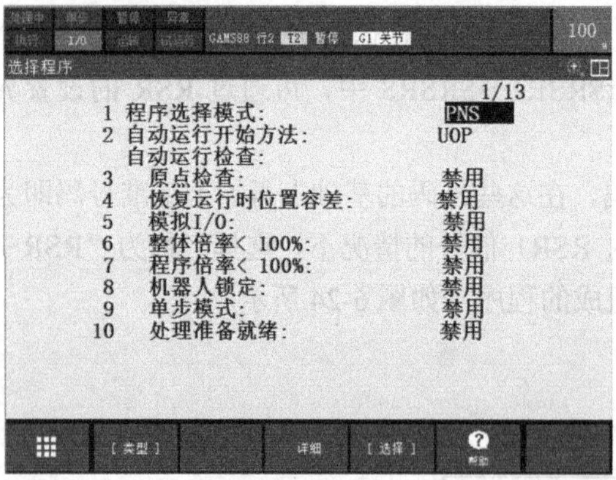

图 6-26

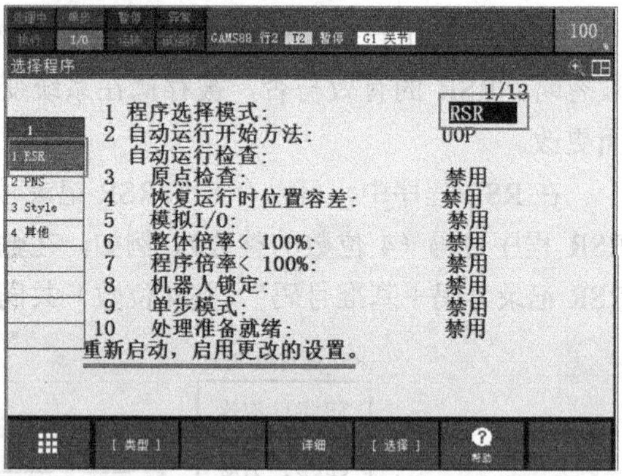

图 6-27

❸ 单击“详细”按钮，进入选择程序的详细设置界面，如图 6-28 所示。

❹ 将光标移至需要设置的选项，直接输入值即可。

注意：在改变了程序选择方式的情况下，需要重新启动机器人，否则新的设置不会被系统采用。

（2）创建 RSR 程序

创建 RSR 程序的操作步骤如下：

❶ 在 FANUC 示教器的操作面板中，单击 SELECT 键，显示如图 6-29 所示的程序一览界面。

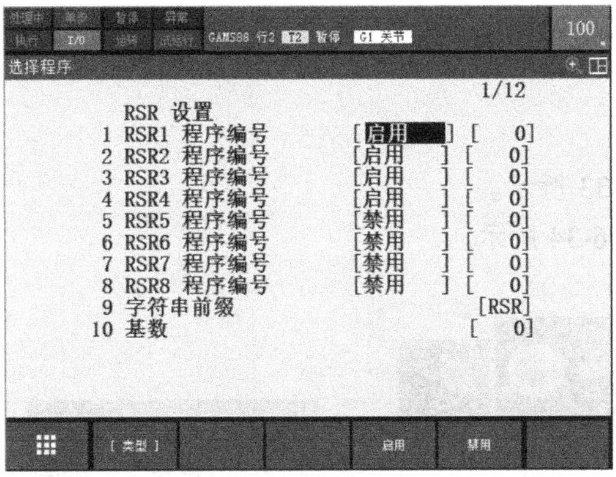

图 6-28

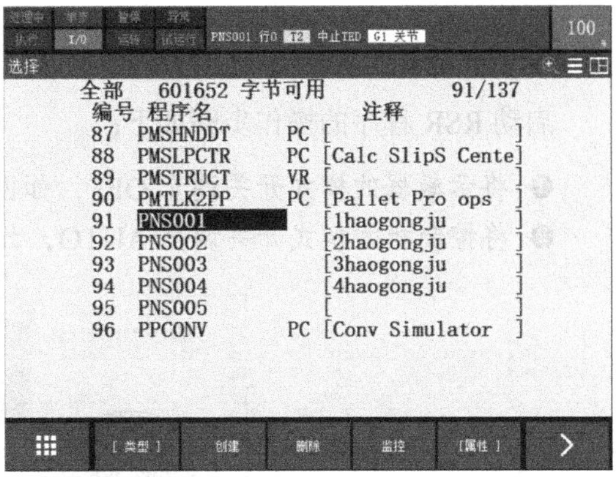

图 6-29

❷ 单击“创建”按钮（F2 键），进入程序的创建界面。

❸ 移动光标选择程序名称的命名方式，如图 6-30 所示。单击 RSR 按钮（F1 键），在输入程序名称后，单击回车键，如图 6-31 所示。

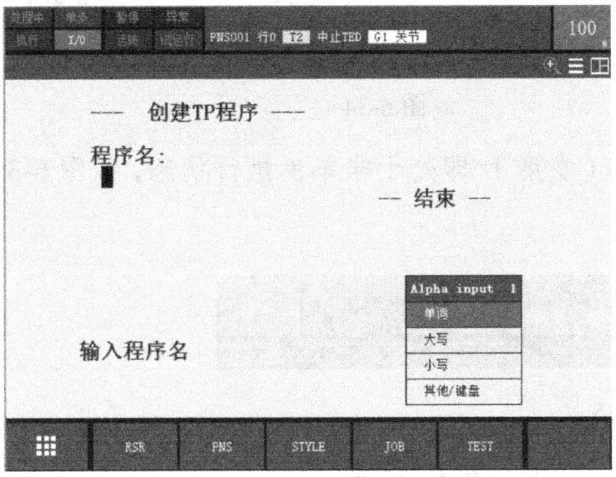

图 6-30

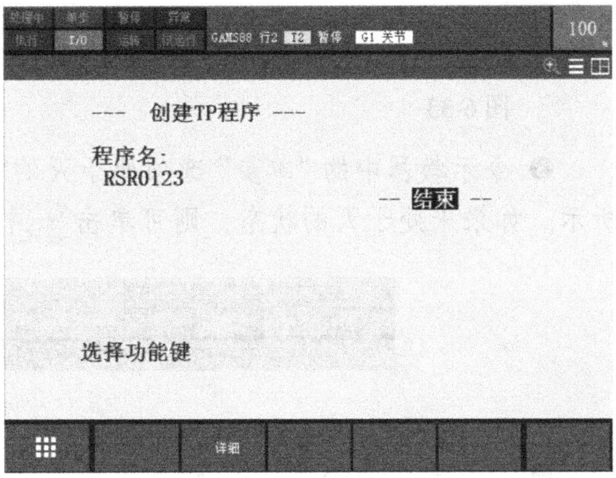

图 6-31

注意：程序名称不得以空格、符号、数字开头。

❹ 再次单击回车键，即可创建 RSR 程序，如图 6-32 所示。

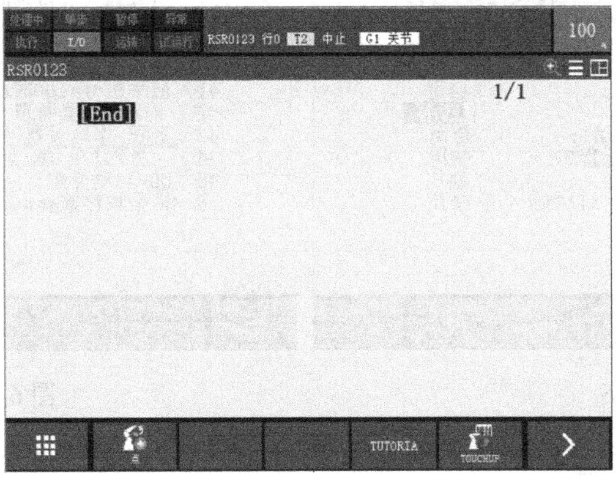

图 6-32

（3）*启动 RSR 程序*

启动 RSR 程序的操作步骤如下：

❶ 将示教器的模式开关调至 OFF，如图 6-33 所示。

❷ 将控制柜的模式开关调至 AUTO，如图 6-34 所示。

图 6-33

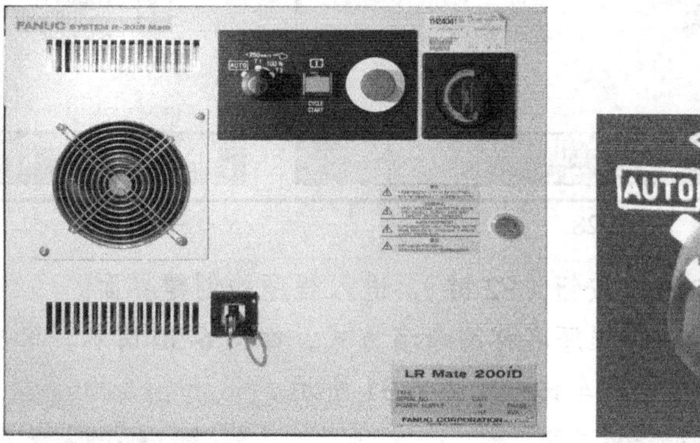

（a）控制柜　　（b）放大图

图 6-34

❸ 令示教器中的“单步”选项处于灭的状态（灰度），即处于非单步执行状态，如图 6-35 所示。如果未处于灭的状态，则可单击 STEP 键。

图 6-35

❹ 将“专用外部信号:”选项设置为“启用”，如图 6-36 所示。

❺ 将“远程/本地设置:”选项设置为“远程”，如图 6-37 所示。

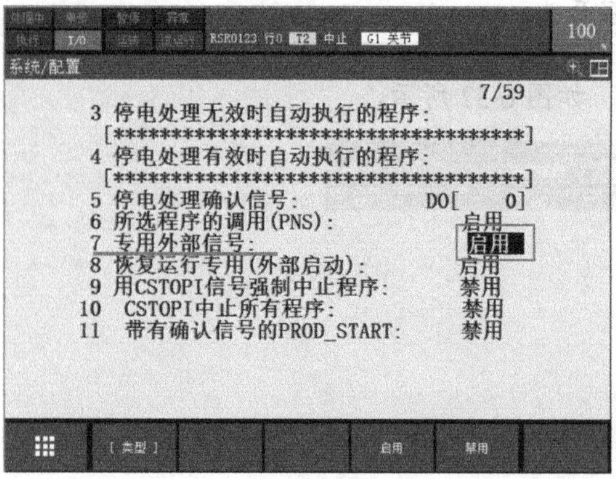

图 6-36

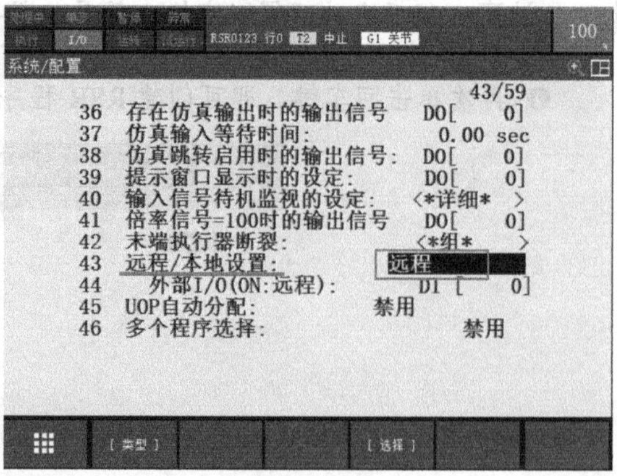

图 6-37

❻ 将系统变量$RMT_MASTER 设置为 0，如图 6-38 所示。对系统变量$RMT_MASTER 的取值说明如表 6-3 所示。

表 6-3

$RMT_MASTER 的取值	说 明
$RMT_MASTER=0	外围设备
$RMT_MASTER=1	显示器/键盘
$RMT_MASTER=2	主控计算机
$RMT_MASTER=3	无外围设备

❼ 确认 UI[1]、UI[2]、UI[3]、UI[8]的状态为 ON，如图 6-39 所示。

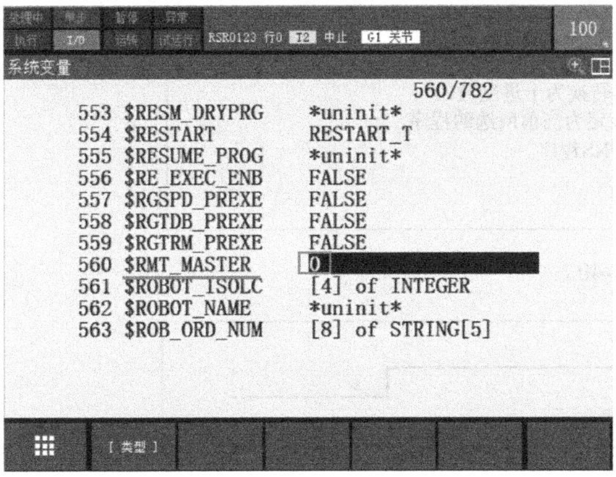

图 6-38

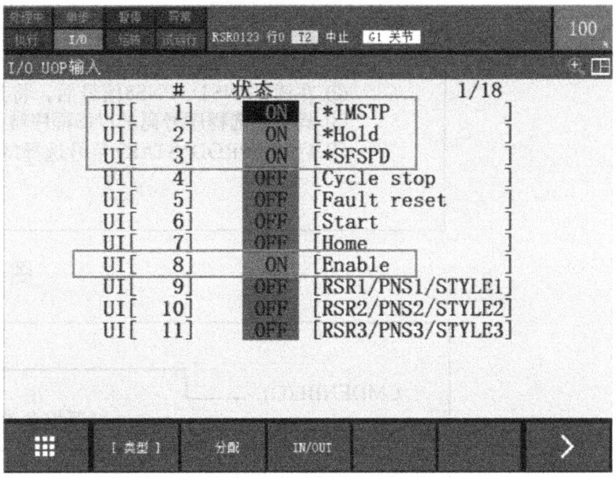

图 6-39

❽ 此时接通 UI[9]，即可启动 RSR 程序。

2. PNS 程序

启动 PNS 程序是一种通过遥控装置启动程序的方式。PNS 的程序号码通过 8 个输入信号（PNS1～PNS8）指定。

控制装置通过 PNSTROBE 将 PNS1～PNS8 作为二进制数读出。在程序处于暂停状态或执行状态时，信号将被忽略。在 PNSTROBE 为 ON 时，不能通过示教器选择程序。

将所读出的 PNS1～PNS8 信号转换为十进制数就是 PNS 号码。在该号码上的基础上添加基本号码，即为程序号码（由 4 位数组成）：程序号码＝PNS 号码＋基本号码。

> **注意：** 可自动启动的程序名称，应符合“PNS＋程序号码”的格式，当号码不足 4 位数时可用 0 补齐，否则，机器人不能启动。

在控制装置接收到 PROD_START 的输入信号后开始启动程序：在启动 PNS 程序时，若处于遥控状态，则自动启动操作有效；在启动包含动作（组）的 PNS 程序时，除了需要满足遥控条件，还应满足动作条件。在上述条件均成立时，输出 CMDENBL。

程序号码的选择如图 6-40 所示。启动 PNS 程序的流程如图 6-41 所示。

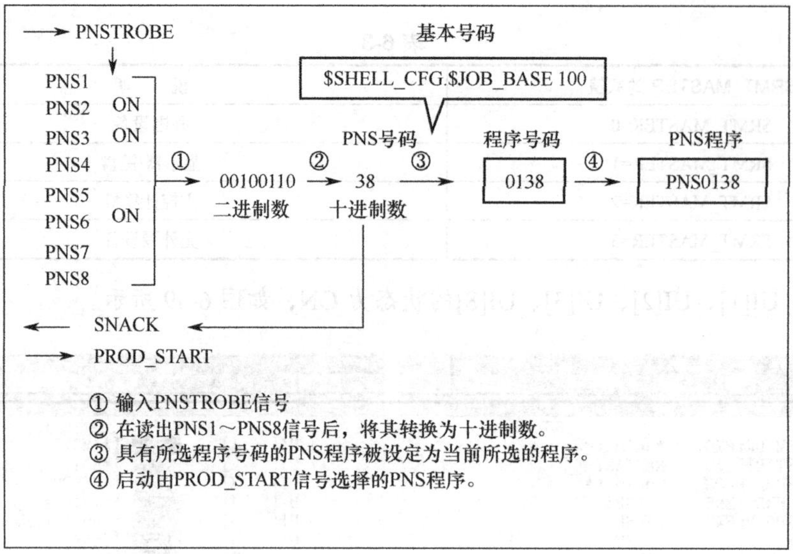

图 6-40

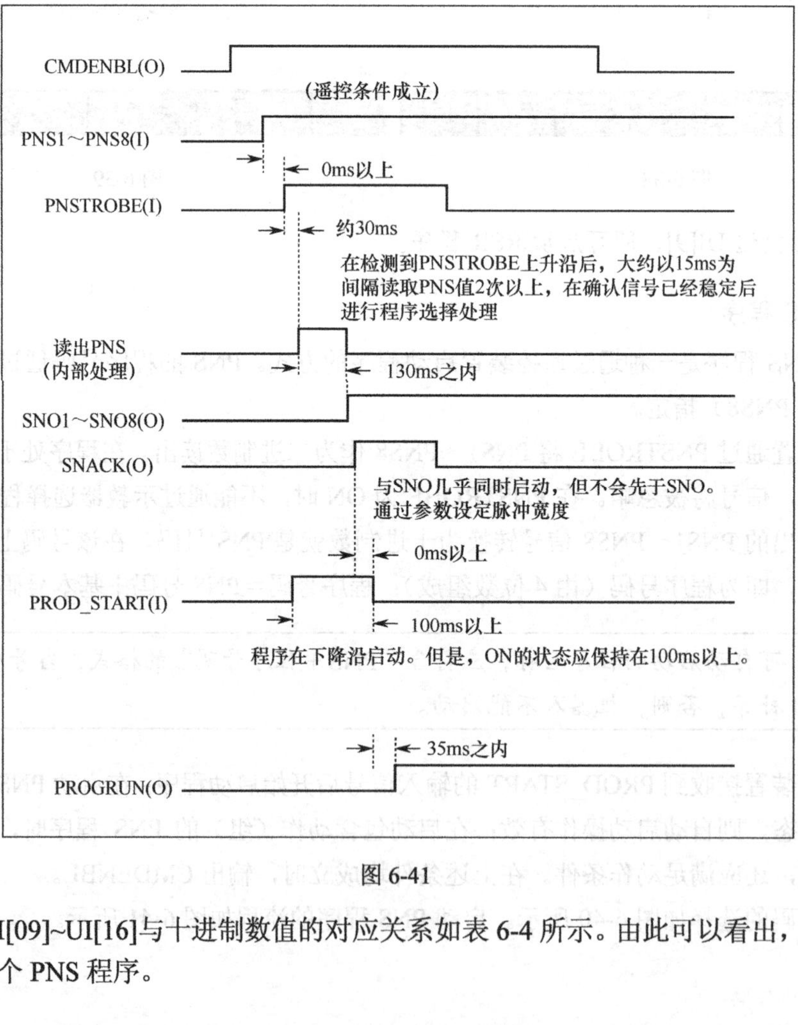

图 6-41

信号 UI[09]~UI[16]与十进制数值的对应关系如表 6-4 所示。由此可以看出，系统一共可以编写 255 个 PNS 程序。

表 6-4

UI 信号	十进制数值	UI 信号	十进制数值
UI[16]	128	UI[12]	8
UI[15]	64	UI[11]	4
UI[14]	32	UI[10]	2
UI[13]	16	UI[09]	1

（1）设置 PNS 程序

设置 PNS 程序的操作步骤如下：

❶ 在 FANUC 示教器的操作面板中，单击 MENU（菜单）键，在弹出的菜单中选择“选择程序”，显示如图 6-42 所示的界面。

❷ 将光标移至“程序选择模式:”选项，单击“[选择]”按钮（F4 键），在弹出的列表中选择 PNS，如图 6-43 所示。随后重新启动机器人，更改的设置才能生效。

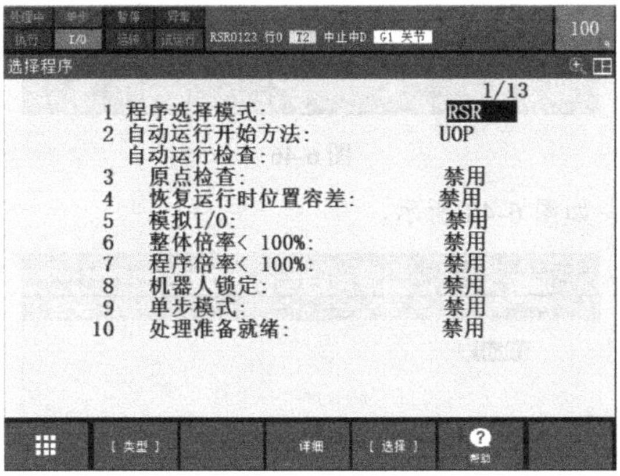

图 6-42

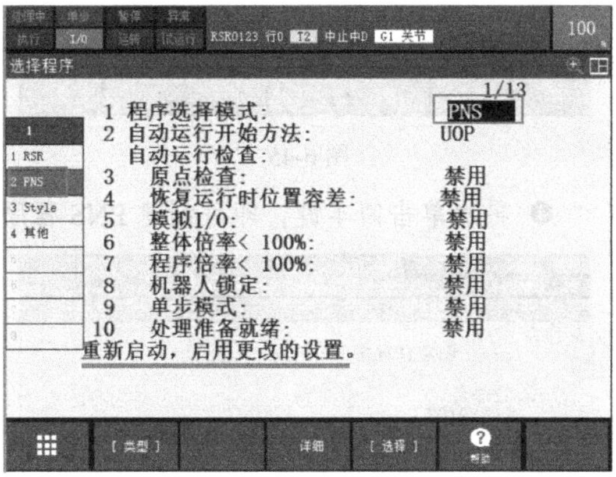

图 6-43

❸ 单击“详细”按钮，进入选择程序的详细设置界面，如图 6-44 所示。

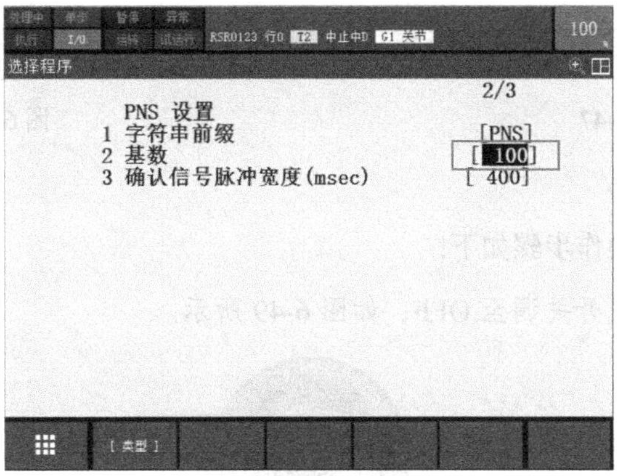

图 6-44

❹ 将光标移至需要设置的选项，直接输入值即可。

（2）创建 PNS 程序

创建 PNS 程序的操作步骤如下：

❶ 在 FANUC 示教器的操作面板中，单击 SELECT 键，显示如图 6-45 所示的程序一览界面。

❷ 单击“创建”按钮（F2 键），进入程序的创建界面。

❸ 移动光标选择程序名称的命名方式，如图 6-46 所示。单击 PNS 按钮（F2 键），在输入程序名称后，单击回车键，如图 6-47 所示。

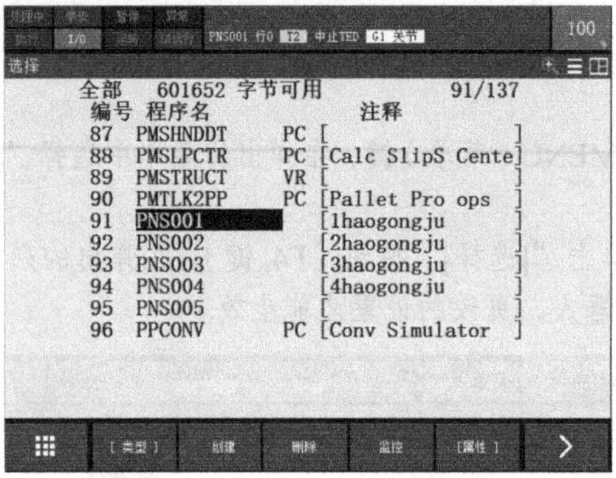

图 6-45

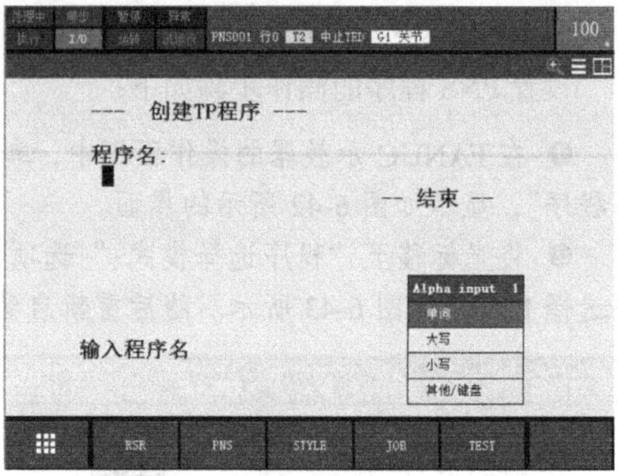

图 6-46

❹ 再次单击回车键，即可创建 PNS 程序，如图 6-48 所示。

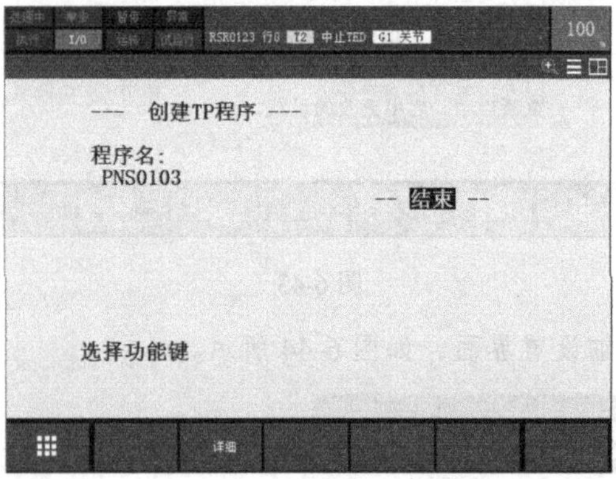

图 6-47

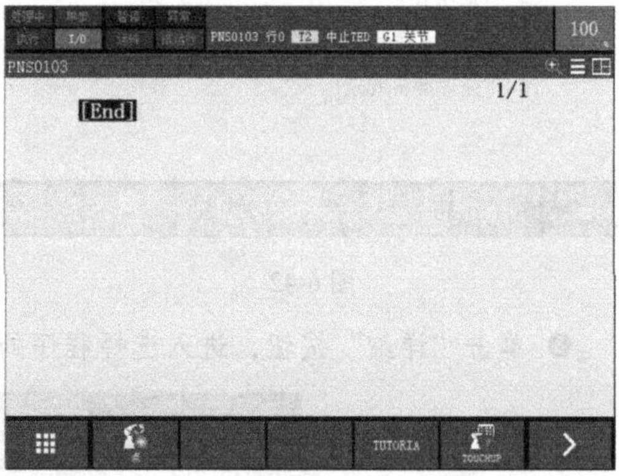

图 6-48

（3）启动 PNS 程序

启动 PNS 程序的操作步骤如下：

❶ 将示教器的模式开关调至 OFF，如图 6-49 所示。

图 6-49

❷ 将控制柜的模式开关调至 AUTO，如图 6-50 所示。

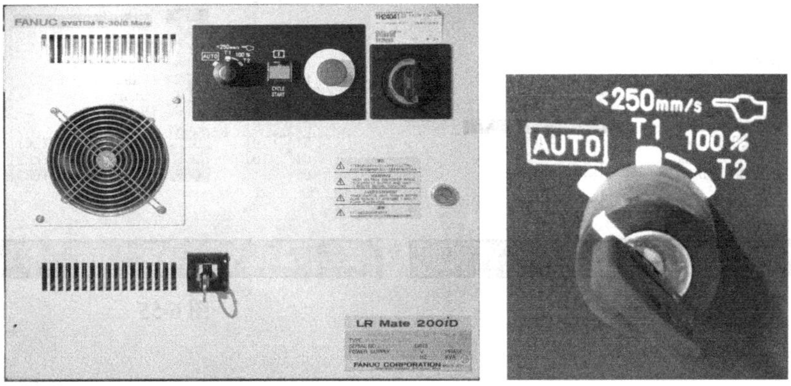

（a）控制柜　　　　（b）放大图

图 6-50

❸ 令示教器中的“单步”选项处于灭的状态（灰度），即处于非单步执行状态，如图 6-51 所示。如果未处于灭的状态，则可单击 STEP 键。

图 6-51

❹ 将“专用外部信号：”选项设置为“启用”，如图 6-52 所示。

❺ 将“远程/本地设置：”选项设置为“远程”，如图 6-53 所示。

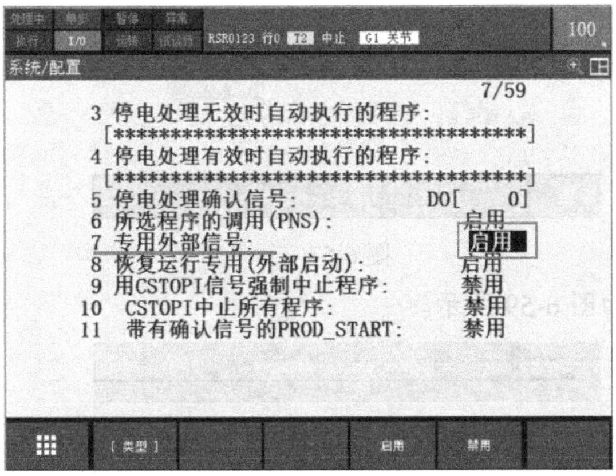

图 6-52

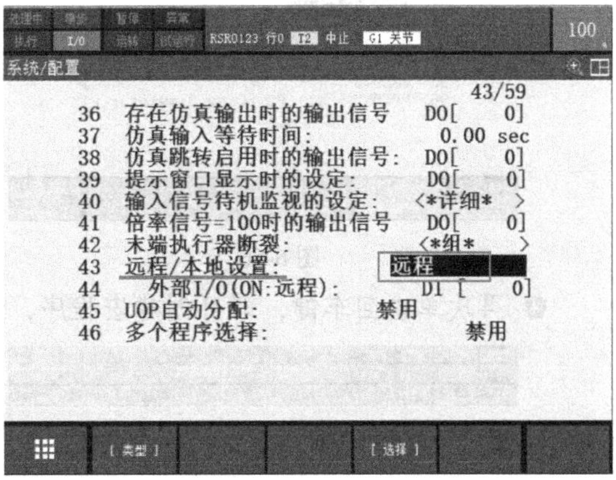

图 6-53

❻ 将系统变量$RMT_MASTER 设置为 0，如图 6-54 所示。

❼ 确认 UI[1]、UI[2]、UI[3]、UI[8]的状态为 ON，如图 6-55 所示。

❽ 先接通信号 UI[9]～UI[16]，再接通信号 UI[17]，最后给 UI[18]一个下降沿脉冲，即可启动 PNS 程序。

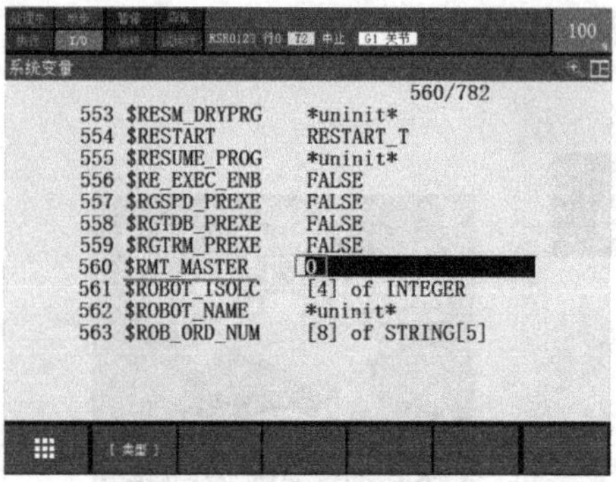

图 6-54

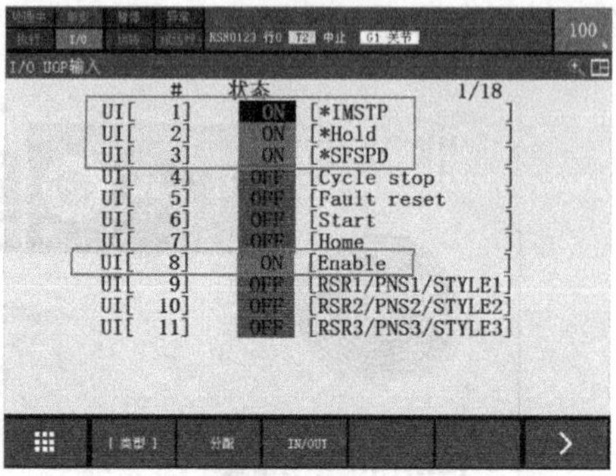

图 6-55

3. 宏程序

宏程序是通过宏指令而被启动的程序。宏程序的示教和再现方式，与一般的程序相同。

(1) 创建宏程序

创建宏程序的操作步骤如下：

❶ 在FANUC示教器的操作面板中，单击SELECT键，显示如图6-56所示的程序一览界面。

❷ 单击“创建”按钮（F2键），进入程序的创建界面。

❸ 移动光标选择程序名称的命名方式，如图6-57所示。在输入程序名称后，单击回车键，如图6-58所示。

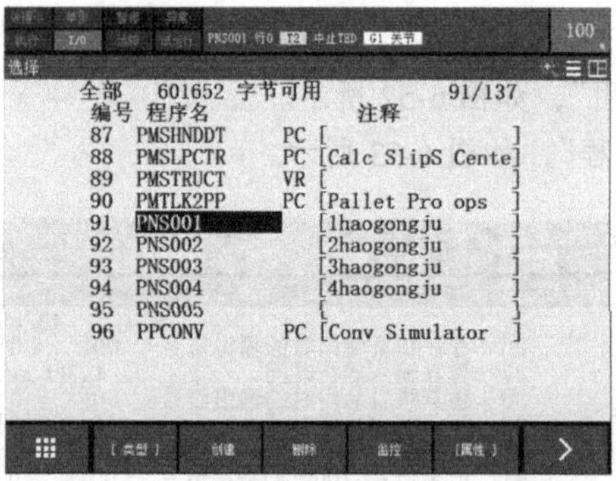

图 6-56

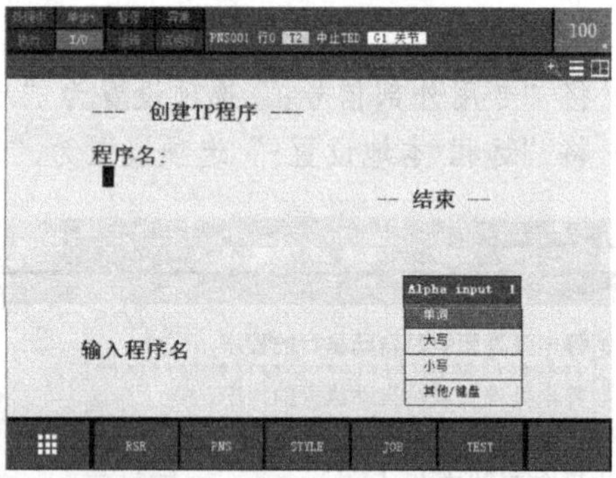

图 6-57

❹ 再次单击回车键，即可创建宏程序，如图6-59所示。

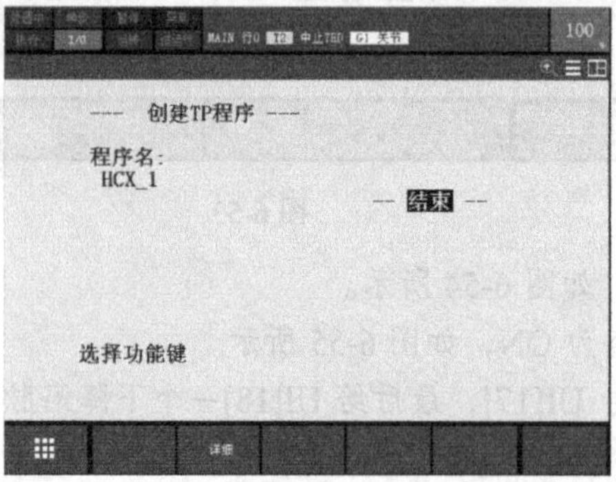

图 6-58

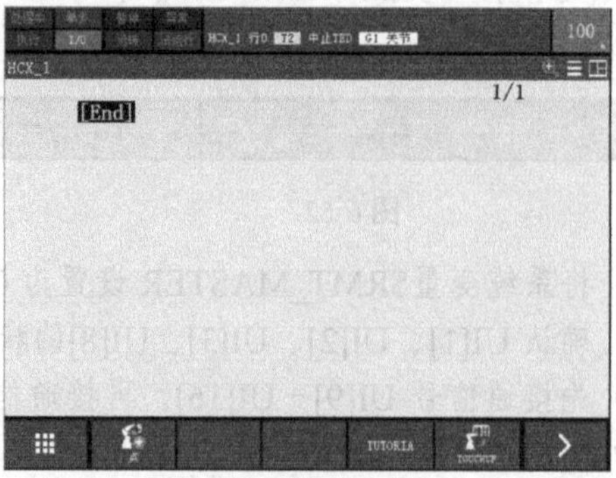

图 6-59

（2）启动宏程序

启动宏程序的操作步骤如下：

❶ 在 FANUC 示教器的操作面板中，单击 MENU（菜单）键，在弹出的菜单中选择“类型”→“宏”，显示如图 6-60 所示的界面。

❷ 将光标移至第 7 行的“指令名称”列，单击回车键，即可按照所需输入名称，如图 6-61 所示。

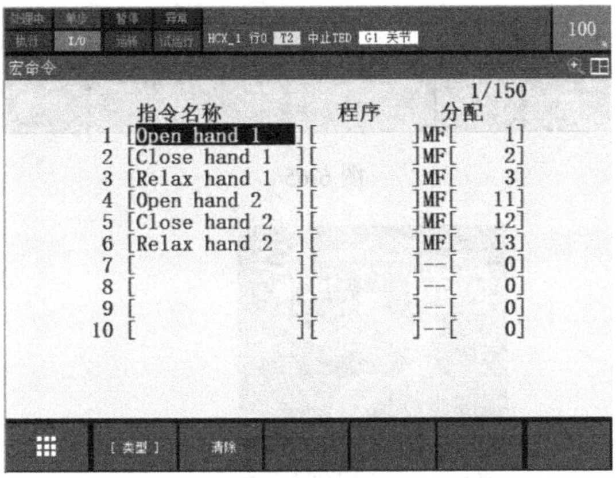

图 6-60

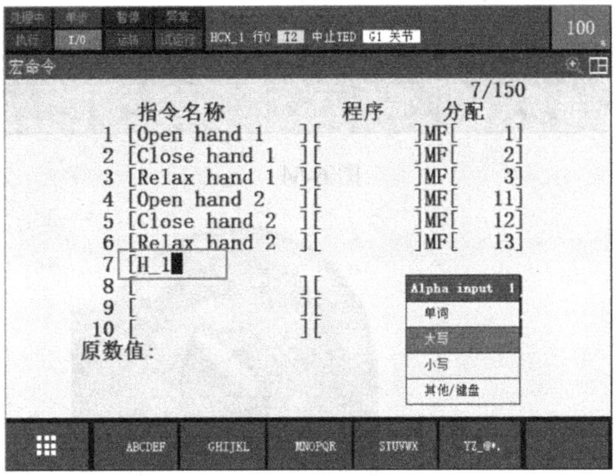

图 6-61

❸ 将光标移至第 7 行的“程序”列，单击“[选择]”按钮（F4 键），选择对应的程序，如图 6-62 所示。

❹ 将光标移至第 7 行的“分配”列，单击“[选择]”按钮（F4 键），选择执行方式（如 DI），如图 6-63 所示。该执行方式还可以为 UK、SU、MF、SP、RI、UI 等。

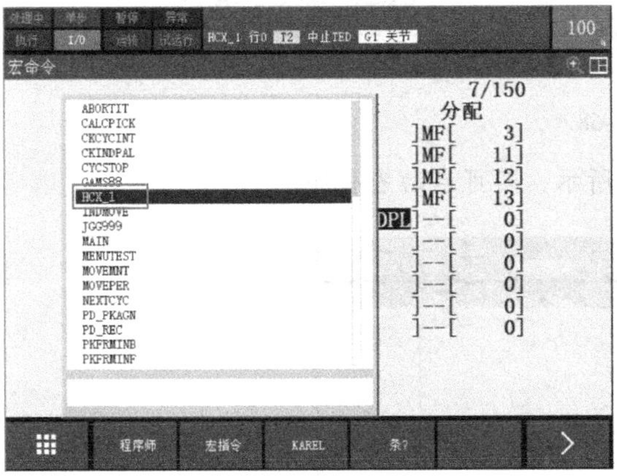

图 6-62

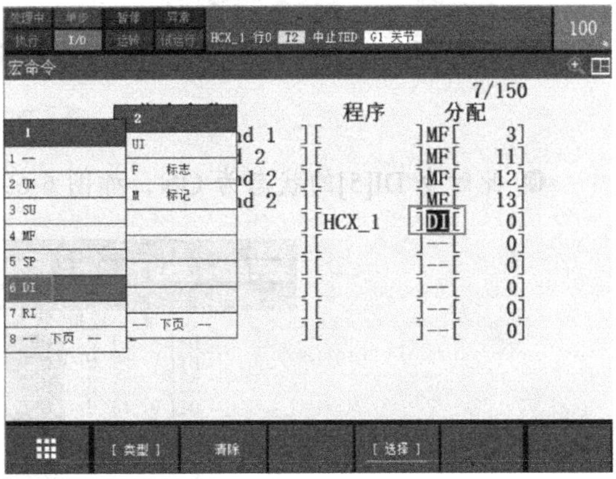

图 6-63

❺ 单击键，移至[0]处，直接输入对应的 DI 号码，如图 6-64 所示。

❻ 单击键，在弹出的下拉菜单中选择“中止程序”，如图 6-65 所示。

❼ 将示教器的模式开关调至 OFF，如图 6-66 所示。

❽ 将控制柜的模式开关调至 AUTO，如图 6-67 所示。

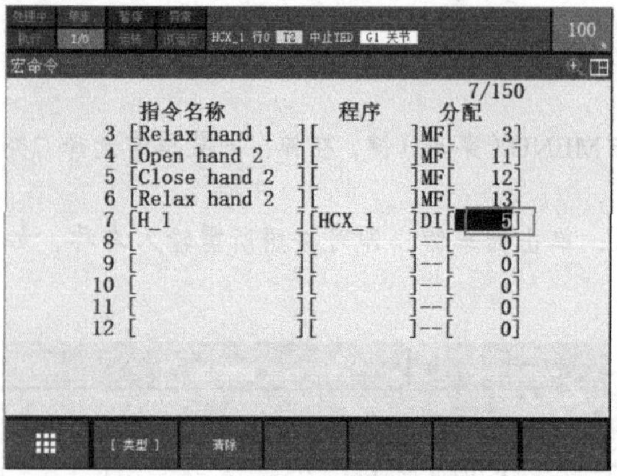

图 6-64

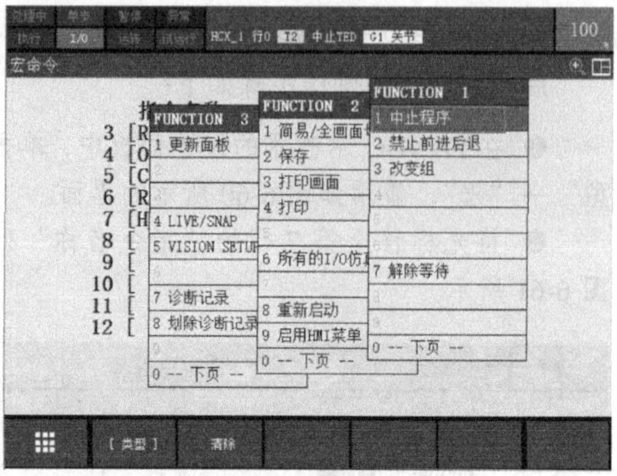

图 6-65

图 6-66

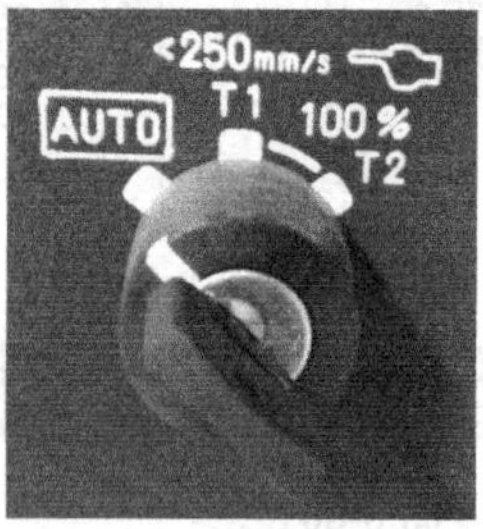

图 6-67

❾ 令示教器中的“单步”选项处于灭的状态(灰度),即处于非单步执行状态,如图 6-68 所示。如果未处于灭的状态,则可单击 STEP 键。

图 6-68

❿ 此时令 DI[5]的状态为 ON,如图 6-69 所示,即可启动宏程序。

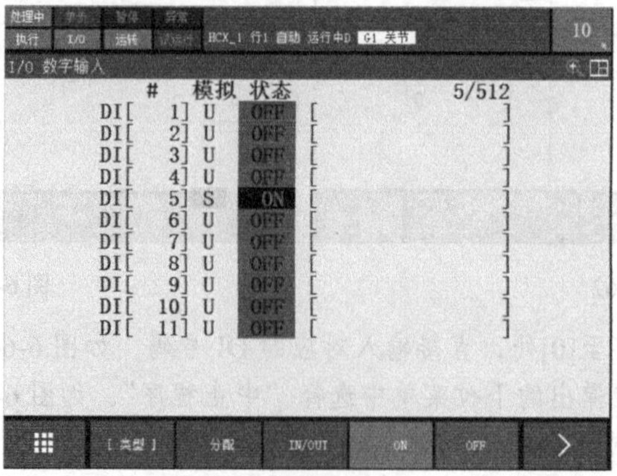

图 6-69

6.2.3　执行中断程序

引起程序中断的原因很多。例如，操作人员停止程序运行（人为中止）；程序在运行过程中遇到报警（由故障引起）等。

程序的状态包括如下三种。

- 执行状态：此时，系统将程序的执行状态显示为 RUNNING（执行），如图 6-70 所示。

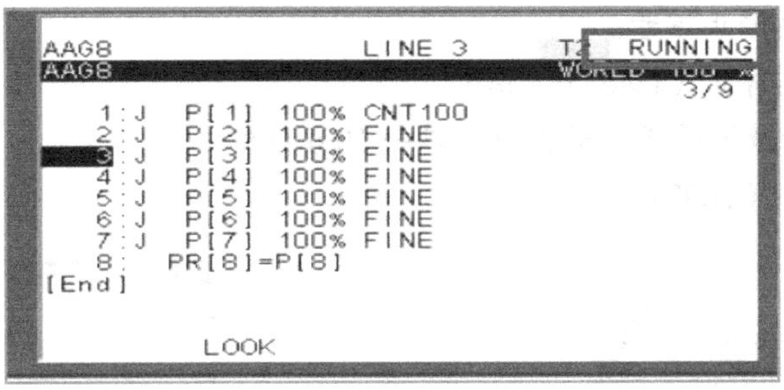

图 6-70

- 强制终止状态：此时，系统将显示程序的执行状态为 ABORTED（结束），如图 6-71 所示。

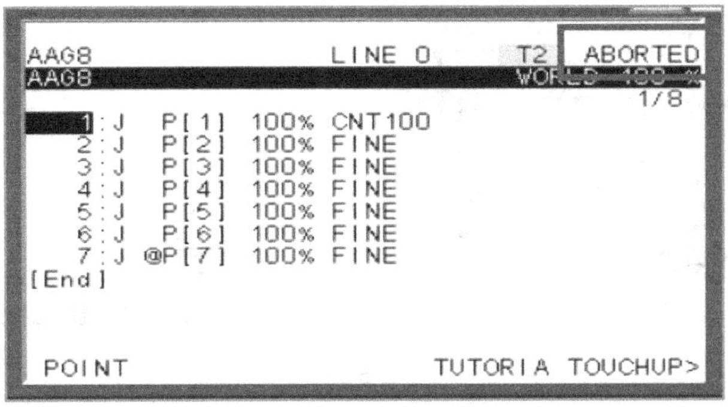

图 6-71

- 暂停状态：此时，系统将显示程序的执行状态为 PAUSED（暂停），如图 6-72 所示。

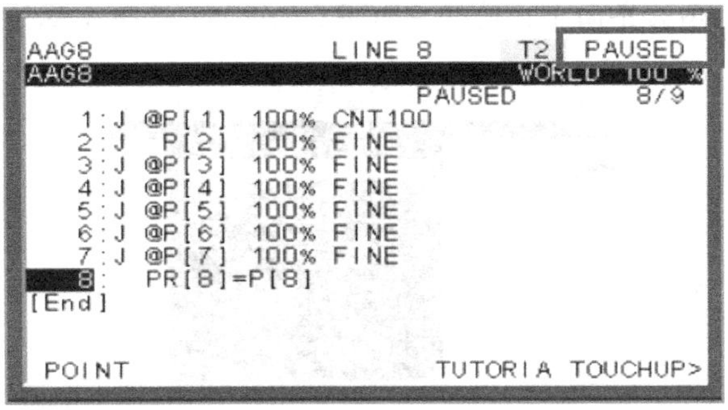

图 6-72

中断程序的方法有如下两种。

1．暂停程序（PAUSED）

暂停程序的方法如下，与暂停程序相关的按钮如图 6-73 所示。

- 在 FANUC 示教器的操作面板中，单击紧急停止按钮。
- 单击控制面板上的紧急停止按钮。
- 释放使能键开关。
- 输入外部紧急停止信号。
- 输入系统紧急停止（IMSTP）信号。
- 在 FANUC 示教器的操作面板中，单击 HOLD 键。
- 输入系统暂停（HOLD）信号。

（a）操作面板中的紧急停止按钮

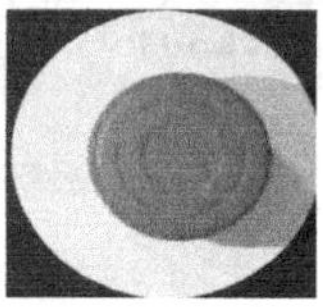

（b）控制面板上的紧急停止按钮

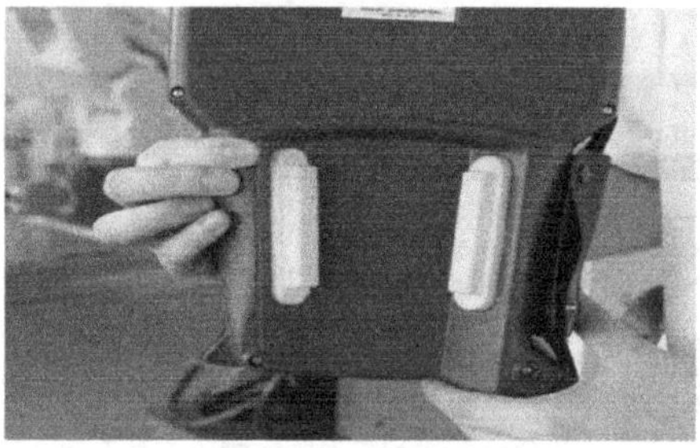

（c）使能键开关

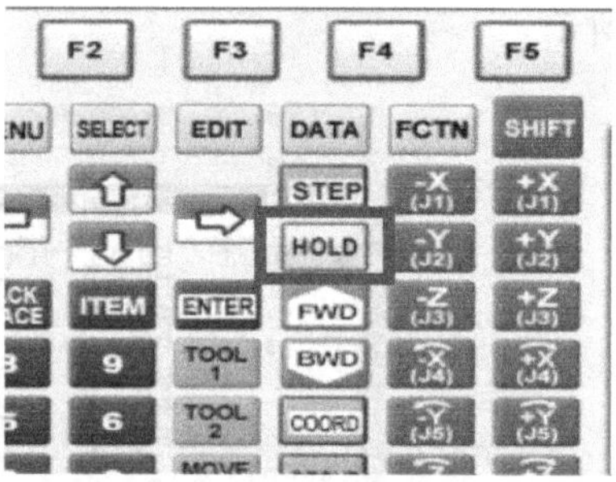

（d）操作面板中的 HOLD 键

图 6-73

2．终止程序（ABORTED）

终止程序的方法如下。

- 在如图 6-74 所示的界面中，选择 ABORT（ALL）选项（程序结束）。

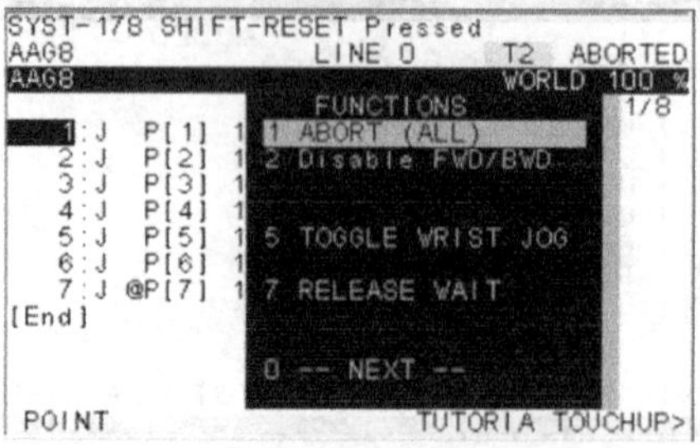

图 6-74

- 在 FANUC 示教器的操作面板中，单击 FCTN 键，在弹出的下拉列表中选择 ABORT（ALL）选项（程序结束）。
- 输入系统终止（CSTOP）信号。

6.2.4　执行恢复程序

在单击紧急停止按钮后，机器人将立即停止运行、中断程序、发出报警信号，并且关闭伺服系统。在此种情况下，执行恢复程序的步骤：松开紧急停止按钮；单击操作面板上的 RESET 键，消除报警代码，此时 FAULT 指示灯灭。

在程序运行或机器人操作的过程中，若有错误发生，则会产生报警代码，并使机器人停止执行任务，以确保安全。

实时的报警代码会出现在操作面板上（操作面板上只能显示一条报警代码）。若要查看报警记录，需要依次进行如下操作：

❶ 在 FANUC 示教器的操作面板中，单击 MENU（菜单）键，在弹出的菜单中选择 Alarm→Hist，显示如图 6-75 所示的界面。

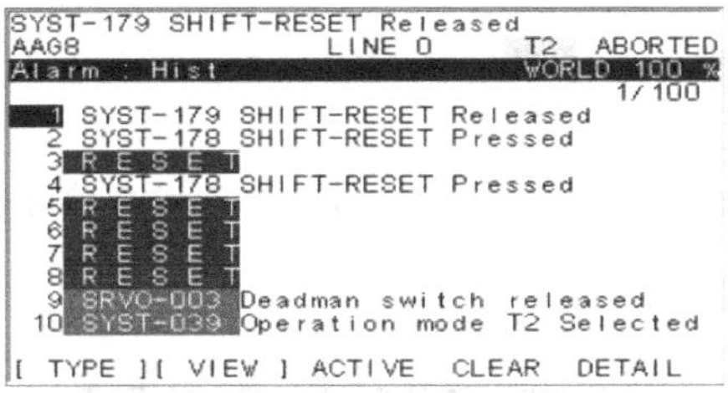

图 6-75

❷ 单击 F4 键（CLEAR，删除）即可清除报警代码的历史记录。

❸ 单击 F5（DETAIL，细节）即可查看报警代码的详细内容。

一定要将故障消除（单击 RESET 键才能真正消除报警）。有时，示教器的操作面板上实时显示的报警代码并不是真正的故障原因，这时要通过查看报警记录才能找到引起问题的报警代码。在此种情况下，执行恢复程序的操作步骤如下。

❶ 在 FANUC 示教器的操作面板中，单击 MENU（菜单）键，在弹出的菜单中选择 NEXT 选项（下一页），如图 6-76 所示。

❷ 在下一页中，选择 STATUS 选项（状态），如图 6-77 所示，单击 F1 键（Type，类型）。

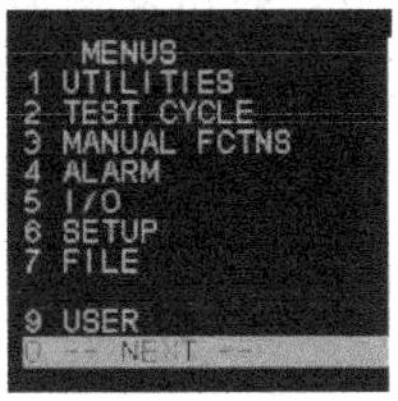

图 6-76

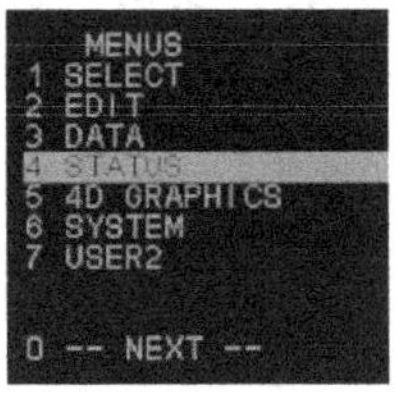

图 6-77

❸ 在弹出的界面中，选择 Exec-hist 选项（查看历史记录），如图 6-78 所示。此时将弹

出如图 6-79 所示的界面。

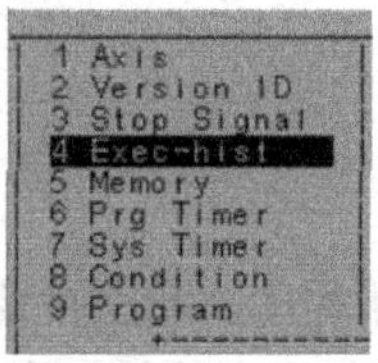

图 6-78

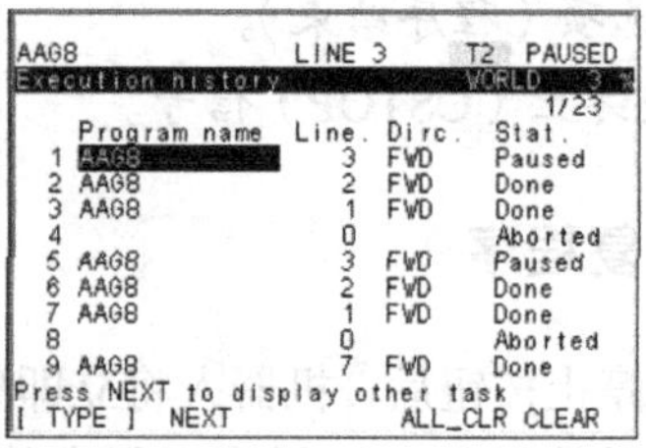

图 6-79

注意：

- Execution history：程序执行的历史情况，当前程序执行的状态将显示在第一行。
- Program name：程序名称。
- Line.：行。
- Dirc.：方向。
- Stat.：状态。

❹ 在图 6-79 中，找出暂停程序当前执行的行号：可以看到程序在顺序执行到第 3 行时被暂停了。

❺ 进入对应的程序编辑界面，手动执行到暂停行或顺序执行到暂停程序的上一行，通过启动信号，继续执行程序，如图 6-80 所示。

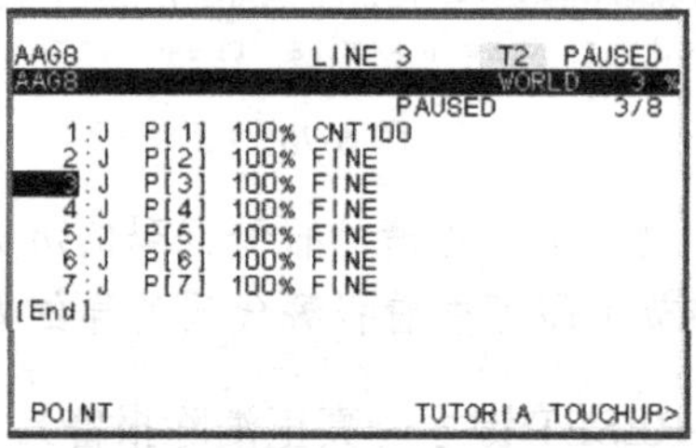

图 6-80

本章练习

❶ 创建一个程序，并将其复制三份。复制完成后，将所复制的程序删除。

❷ 创建一个程序，并在其中执行中断程序和恢复程序。

第 7 章

设置指令

学习目标

- 编辑指令
- 动作指令
- 控制指令
- 码垛堆积指令
- 弧焊指令
- 其他指令

7.1 编辑指令

本节讲解指令的编辑操作，包括“插入”指令、“删除”指令、“复制/剪切”指令、“查找”指令、“替换”指令、“变更编号”指令、“注释”指令、“取消”指令、“改为备注”指令、“图标编辑器”指令、“命令颜色”指令、“I/O 状态”指令。

执行编辑指令的操作步骤如下：

❶ 在 FANUC 示教器的操作面板中，单击 EDIT 按钮，显示如图 7-1 所示的程序编辑界面。

❷ 单击 > 键（下一页），可对不同程序进行查看。

❸ 单击“编辑”按钮（F5 键），如图 7-2 所示。

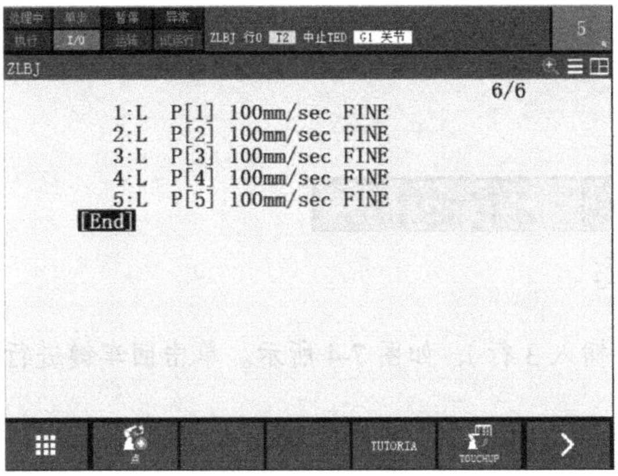

图 7-1

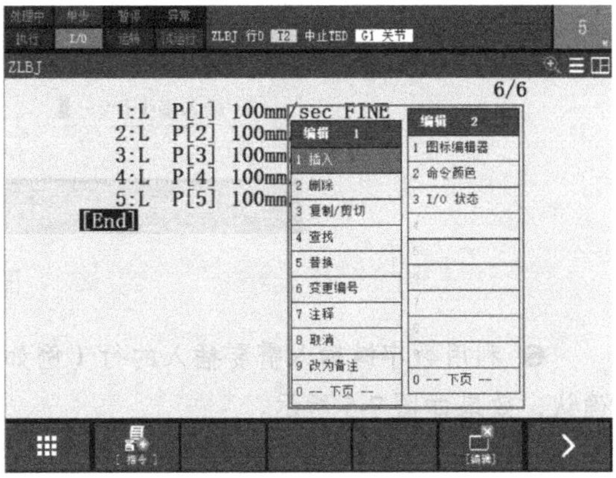

图 7-2

❹ 弹出“编辑”列表，对其说明如表 7-1 所示。

表 7-1

命　令	解　释
插入	插入指定的空白行数。在插入空白行后，行数将自动编号
删除	将指定的程序删除。在删除程序后，行数将自动编号
复制/剪切	复制/剪切所选指令行至需要的地方
查找	可以快速搜索较长程序指定的要素
替换	将指定程序指令的要素替换为其他要素
变更编号	重新赋予程序编号（升序）
注释	对注释进行显示/隐藏切换，但不能对注释进行编辑
取消	取消上一步的编辑操作
改为备注	屏蔽该行程序
图标编辑器	执行图形化编程
命令颜色	给信号标识颜色
I/O 状态	显示当前的信号状态

7.1.1 “插入”指令

执行“插入”指令的操作步骤如下：

❶ 在图 7-2 中，移动光标至“插入”选项，单击回车键进行确认。此时屏幕下方会出现“插入多少行？：”的提示信息，如图 7-3 所示。

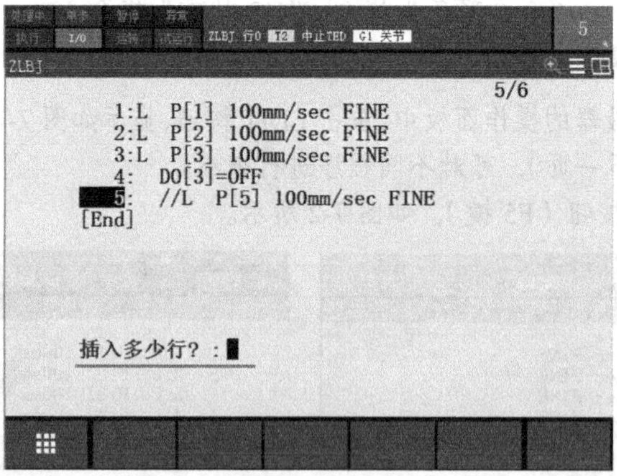

图 7-3

❷ 利用数字键输入需要插入的行（例如，插入 3 行），如图 7-4 所示。单击回车键进行确认，效果如图 7-5 所示。

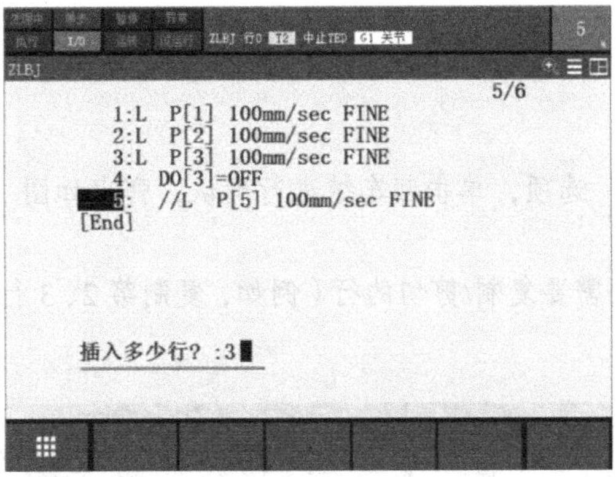

图 7-4

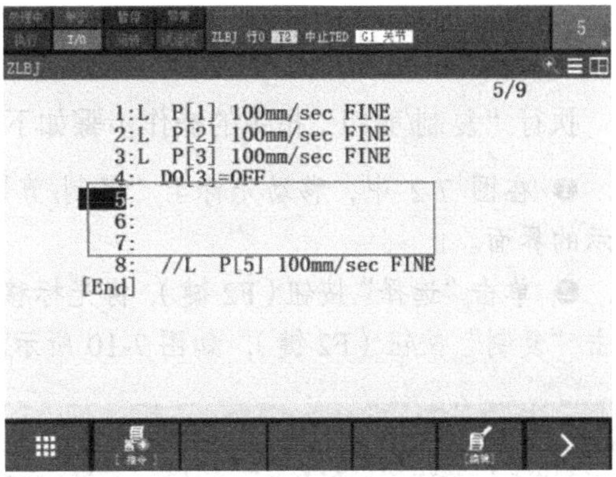

图 7-5

7.1.2 “删除”指令

执行“删除”指令的操作步骤如下：

❶ 在图 7-2 中，移动光标至“删除”选项，单击回车键进行确认，弹出如图 7-6 所示的界面。

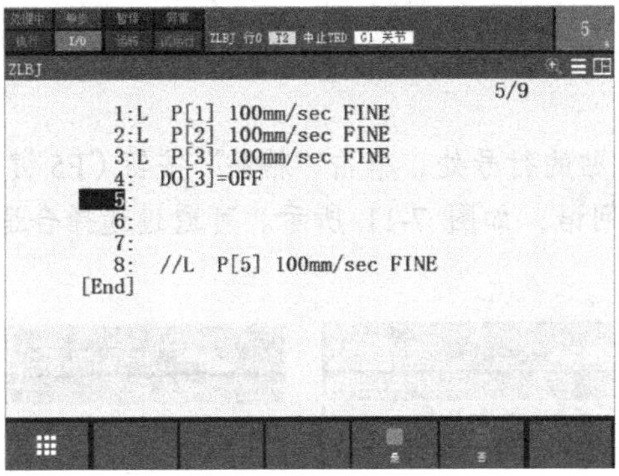

图 7-6

❷ 将光标移至需要删除的行（例如，删除第 5~7 行），如图 7-7 所示，单击“是”按钮（F4 键），效果如图 7-8 所示。

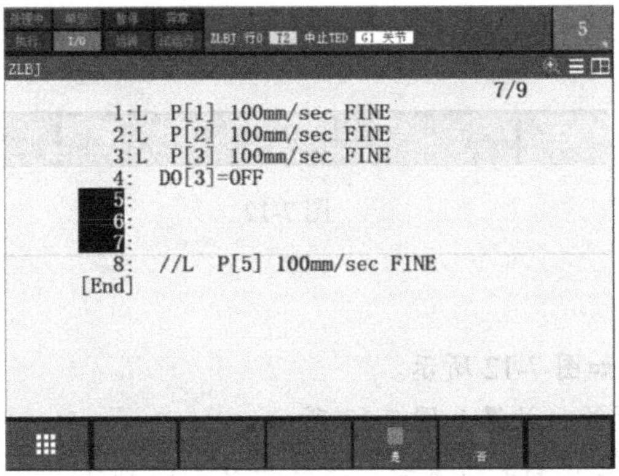

图 7-7

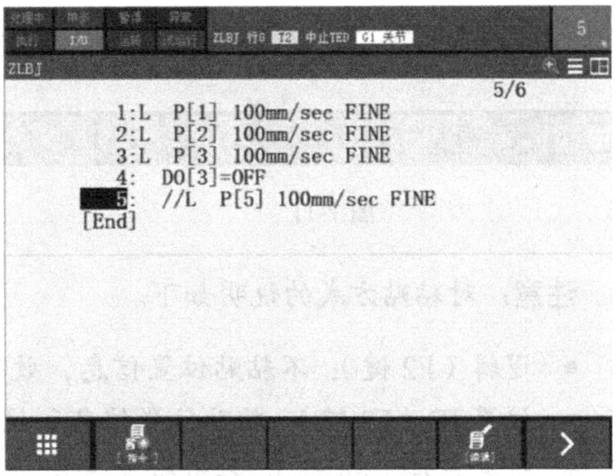

图 7-8

7.1.3 “复制/剪切”指令

执行“复制/剪切”指令的操作步骤如下：

❶ 在图 7-2 中，移动光标至“复制/剪切”选项，单击回车键进行确认，弹出如图 7-9 所示的界面。

❷ 单击“选择”按钮（F2 键），将光标移至需要复制/剪切的行（例如，复制第 2、3 行），单击“复制”按钮（F2 键），如图 7-10 所示。

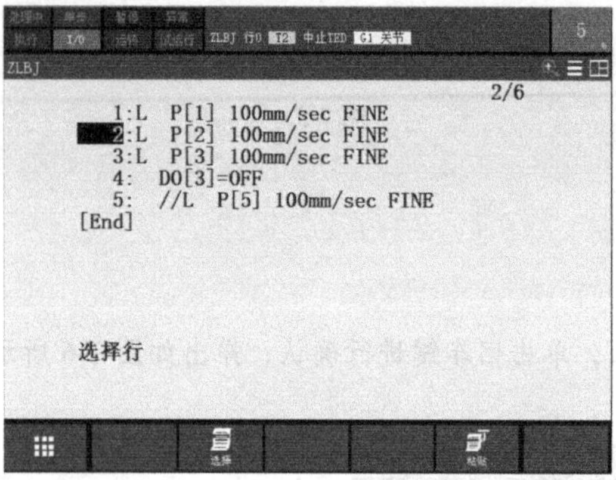

图 7-9

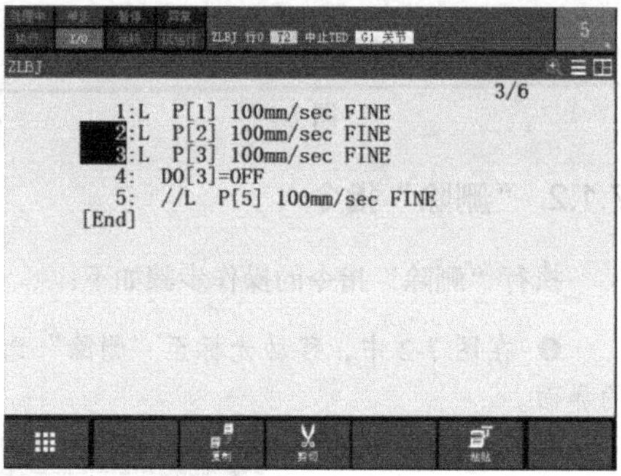

图 7-10

❸ 将光标移至需要粘贴的行号处，单击“粘贴”按钮（F5 键），界面下方将会出现“在该行之前粘贴吗？”的询问语，如图 7-11 所示。可通过选择合适的粘贴方式进行粘贴，效果如图 7-12 所示。

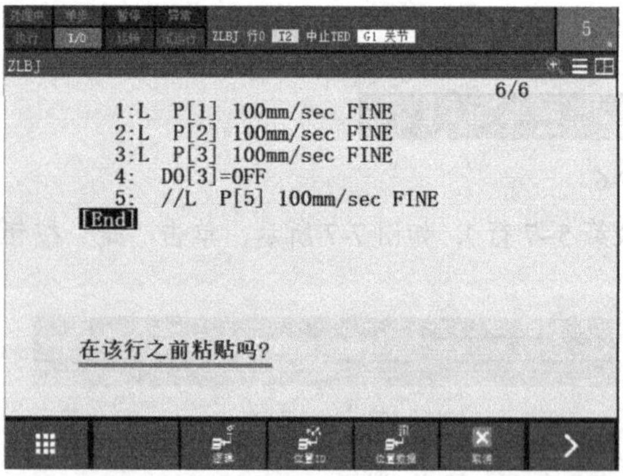

图 7-11

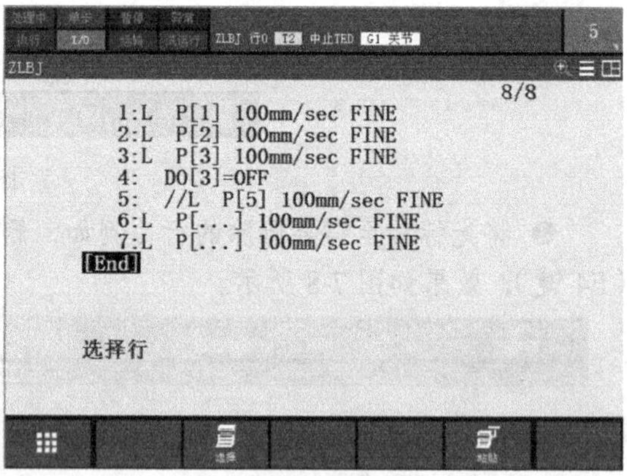

图 7-12

注意：对粘贴方式的说明如下。

- 逻辑（F2 键）：不粘贴位置信息，效果如图 7-12 所示。
- 位置 ID（F3 键）：粘贴位置信息和位置号，效果如图 7-13 所示。
- 位置数据（F4 键）：粘贴位置信息，并生成新的位置号，效果如图 7-14 所示。

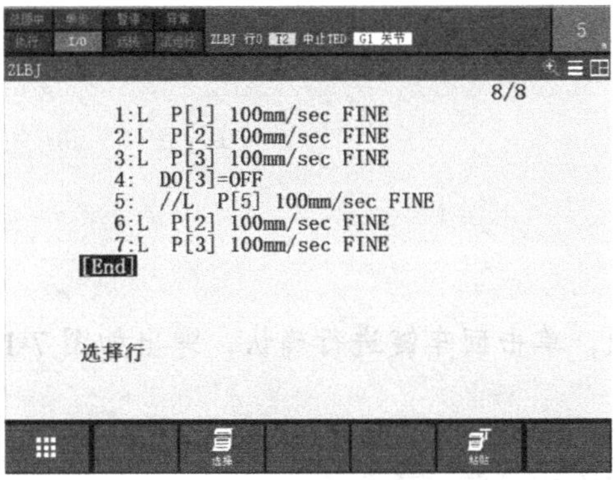

图 7-13

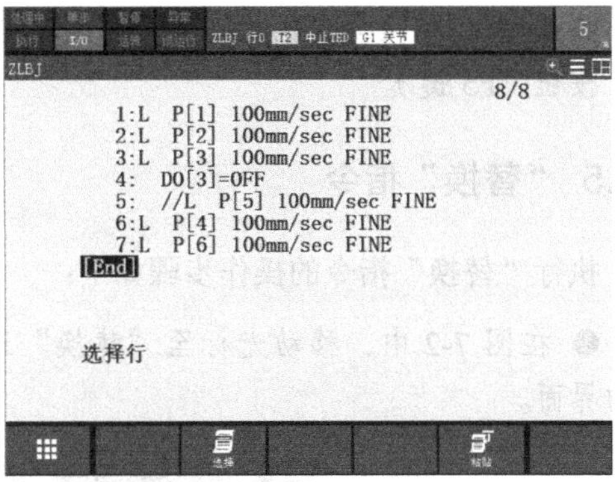

图 7-14

7.1.4 “查找”指令

执行“查找”指令的操作步骤如下：

❶ 在图 7-2 中，移动光标至“查找”选项，单击回车键进行确认，弹出如图 7-15 所示的界面。

❷ 单击“数值寄存器”选项，单击回车键，弹出如图 7-16 所示的界面。单击 R[]选项，单击回车键，弹出如图 7-17 所示的界面。

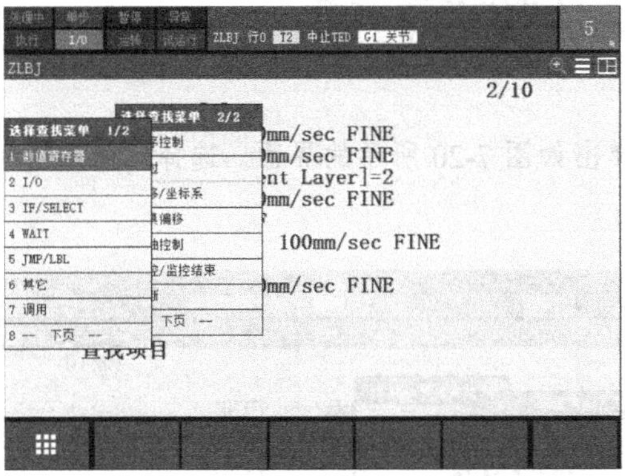

图 7-15

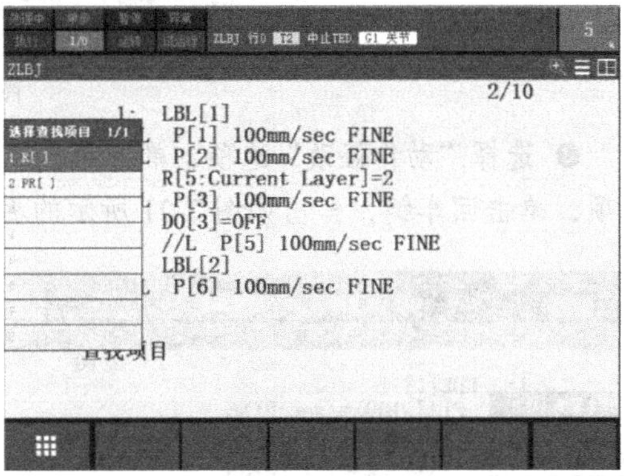

图 7-16

❸ 输入需要查找的索引值，例如，查找 R[5]，输入 5 即可，单击回车键，效果如图 7-18 所示。

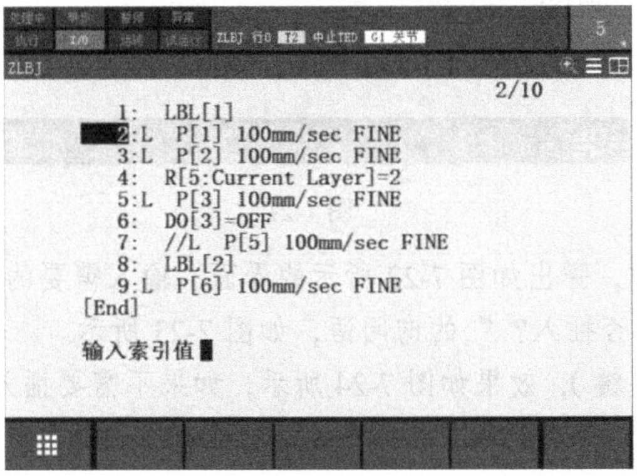

图 7-17

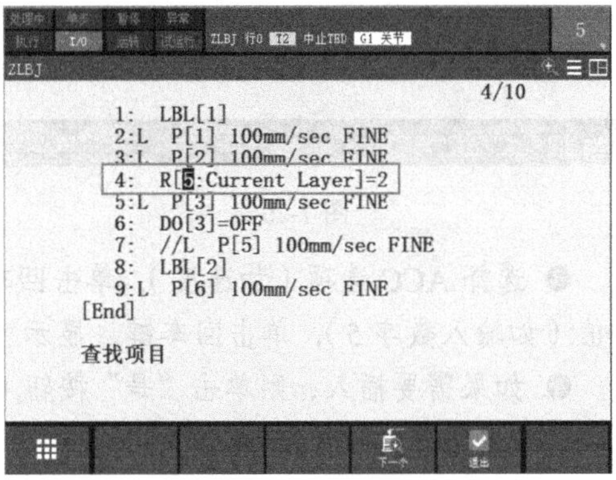

图 7-18

❹ 如果还要继续查找，则单击“下一个”按钮（F4 键）；如果不再查找，则单击“退出”按钮（F5 键）。

7.1.5 “替换”指令

执行“替换”指令的操作步骤如下：

❶ 在图 7-2 中，移动光标至“替换”选项，单击回车键进行确认，弹出如图 7-19 所示的界面。

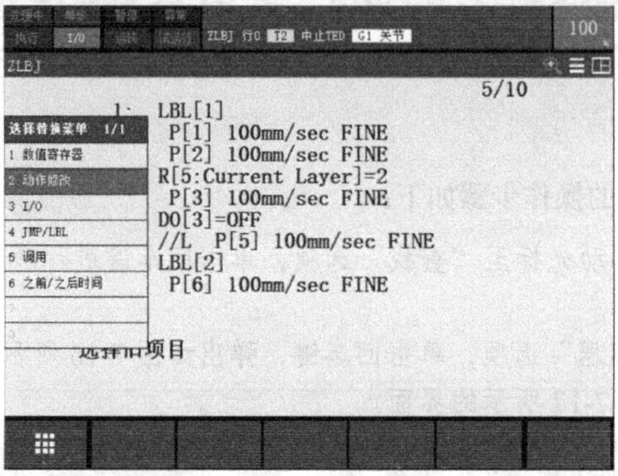

图 7-19

❷ 选择“动作修改”选项，单击回车键，弹出如图 7-20 所示的界面。选择“插入选项”选项，单击回车键，弹出如图 7-21 所示的界面。

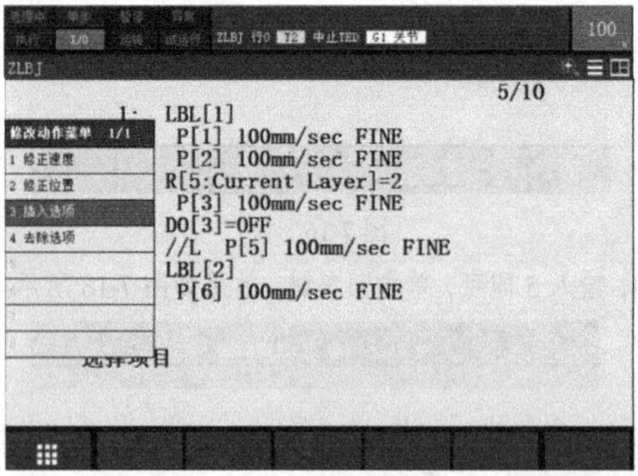

图 7-20

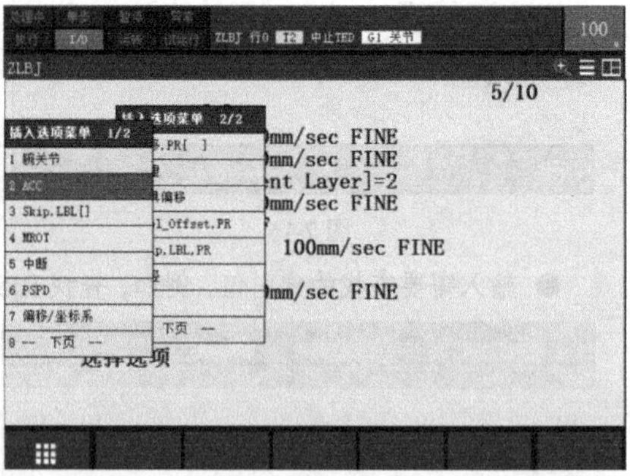

图 7-21

❸ 选择 ACC 选项（加速度），单击回车键，弹出如图 7-22 所示的界面。输入需要的速度值（如输入数字 5），单击回车键，显示“是否插入？”的询问语，如图 7-23 所示。

❹ 如果需要插入，则单击“是”按钮（F3 键），效果如图 7-24 所示；如果不需要插入，则单击“退出”按钮（F5 键）。

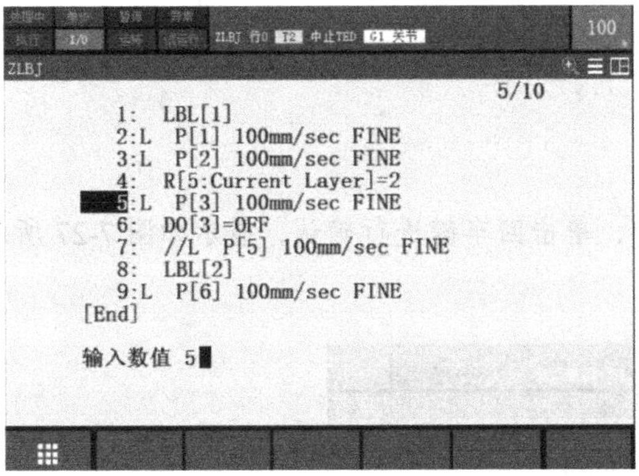

图 7-22

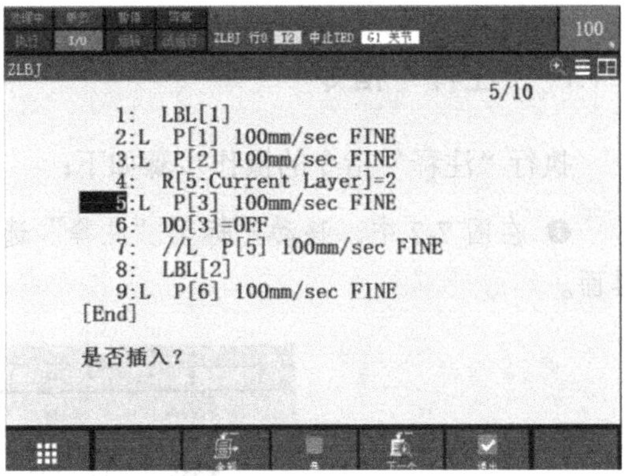

图 7-23

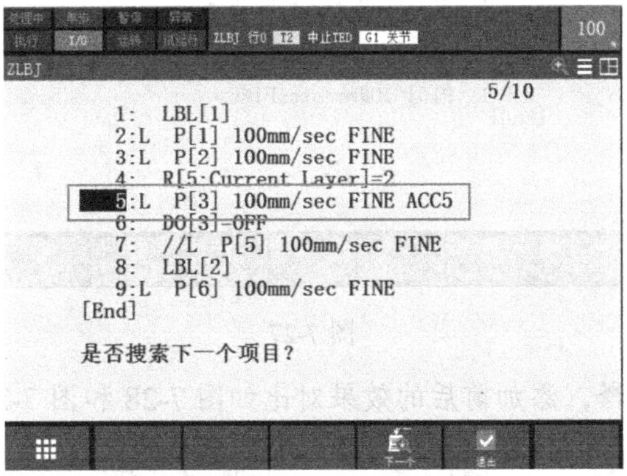

图 7-24

7.1.6 “变更编号”指令

执行“变更编号”指令的操作步骤如下：

❶ 在图 7-2 中，移动光标至“变更编号”选项，单击回车键进行确认。选中需要变更编号的行，单击回车键，显示“是否改变编号？”的询问语，如图 7-25 所示。

❷ 如果单击“是”按钮（F4 键），则编号将自动变更，效果如图 7-26 所示；如果不需要变更编号，则单击“否”按钮。

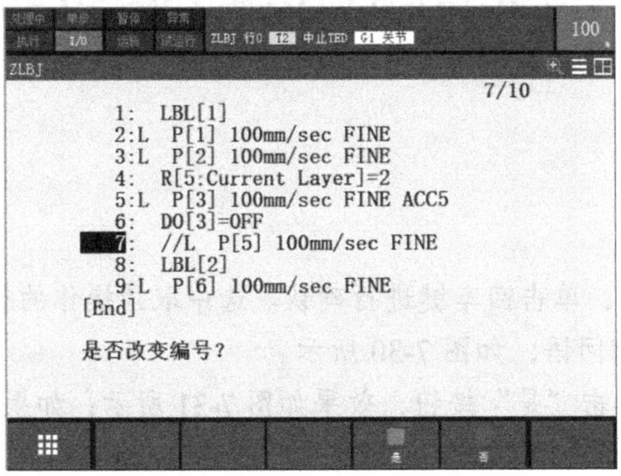

图 7-25

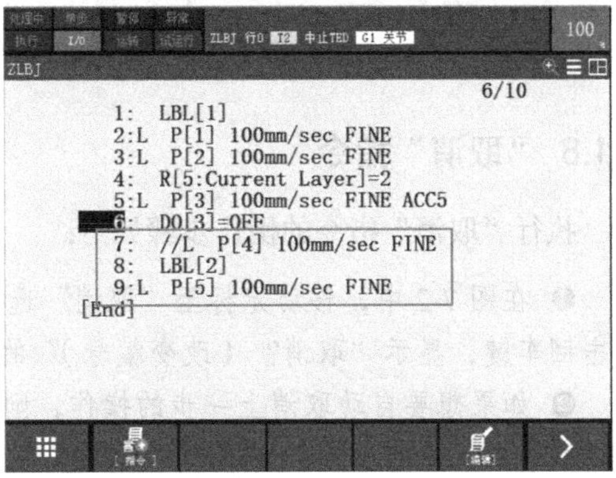

图 7-26

7.1.7 “注释”指令

执行“注释”指令的操作步骤如下：

❶ 在图 7-2 中，移动光标至“注释”选项，单击回车键进行确认，显示如图 7-27 所示界面。

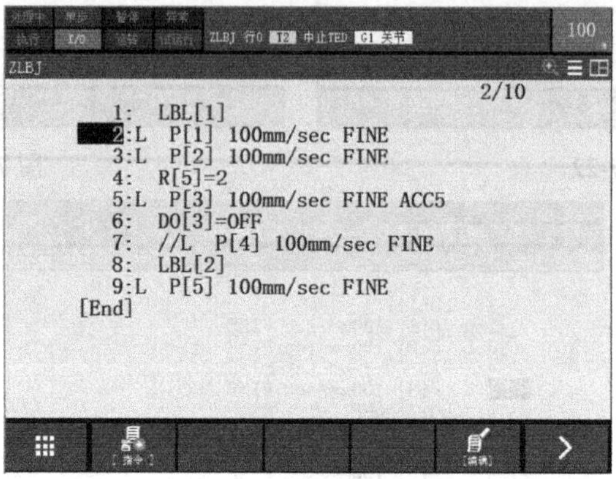

图 7-27

❷ 按照需求添加注释，添加前后的效果对比如图 7-28 和图 7-29 所示。

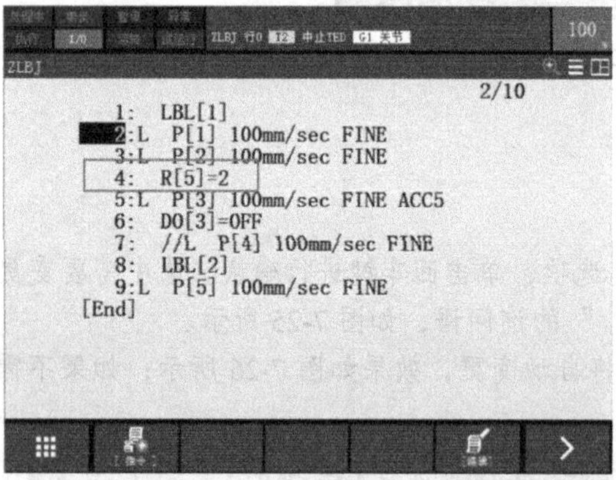

图 7-28

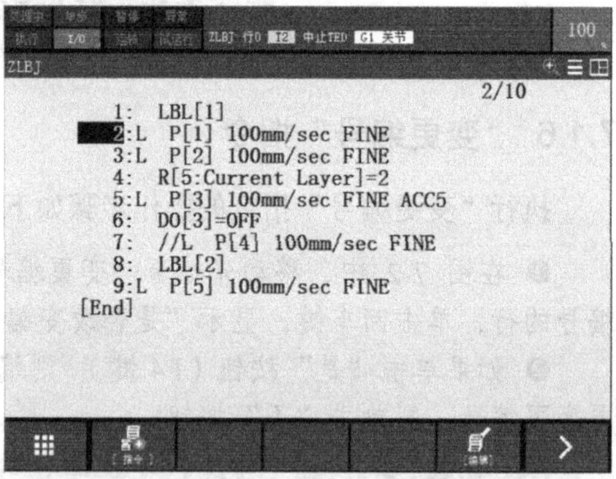

图 7-29

7.1.8 “取消”指令

执行“取消”指令的操作步骤如下：

❶ 在图 7-2 中，移动光标至“取消”选项，单击回车键进行确认。选中取消操作的行，单击回车键，显示“取消？（改变编号）”的询问语，如图 7-30 所示。

❷ 如果想要自动取消上一步的操作，则单击“是”按钮，效果如图 7-31 所示；如果不需要取消上一步的操作，则单击“否”按钮。

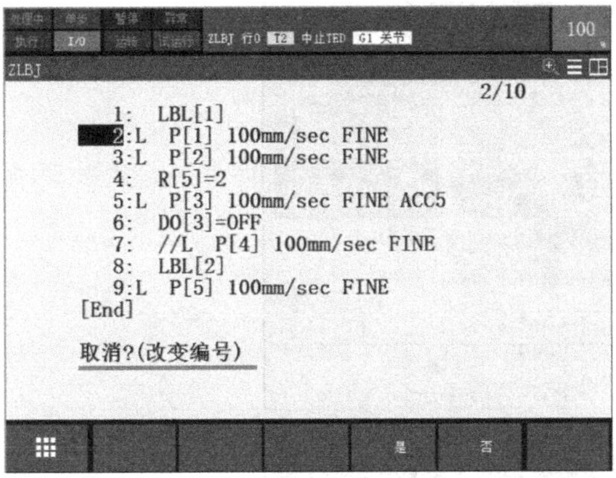

图 7-30

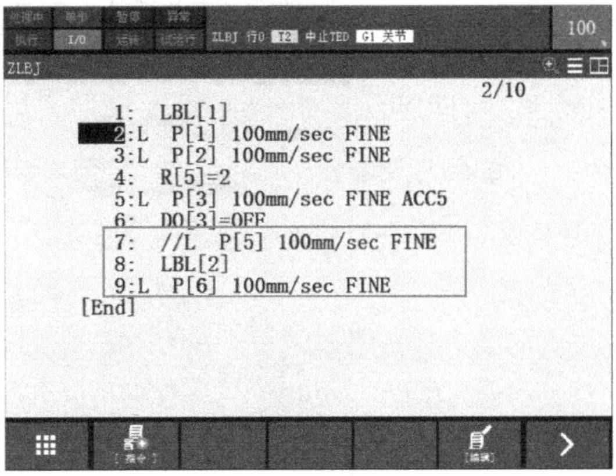

图 7-31

7.1.9 “改为备注”指令

执行“改为备注”指令的操作步骤如下：

❶ 在图 7-2 中，移动光标至“改为备注”选项，单击回车键进行确认。显示“选择需要改为备注或取消备注的行”的询问语，如图 7-32 所示。

❷ 选中需要修改的行后，单击“为备注”按钮（F4 键），则该行指令将被改为备注，如图 7-33 所示；若不需要改为备注，则单击“取消备注”按钮（F5 键）。

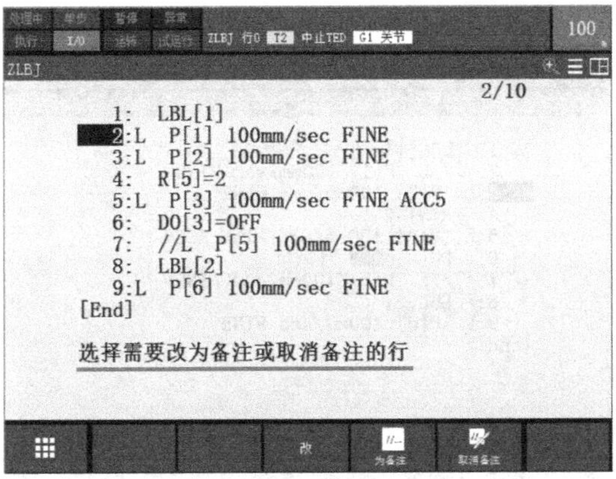

图 7-32

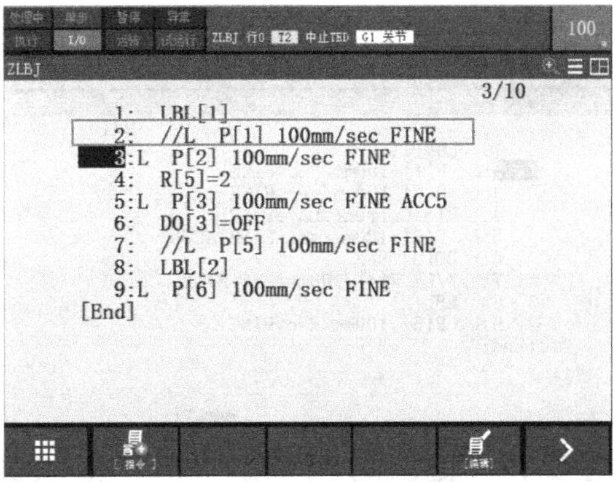

图 7-33

7.1.10 “图标编辑器”指令

执行“图标编辑器”指令的操作步骤如下：

❶ 在图 7-2 中，移动光标至“图标编辑器”选项，单击回车键进行确认，显示如图 7-34 所示的界面。

❷ 在图 7-34 中，可按照提示进行相关的编辑操作。若要退出，则单击示教器操作面板中的 EXIT 键即可。

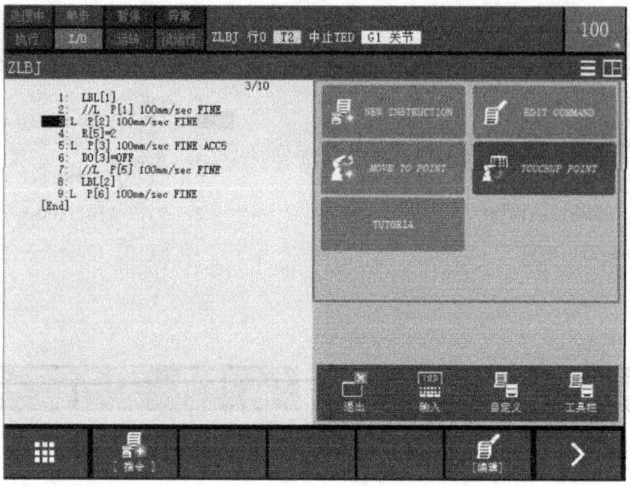

图 7-34

7.1.11 “命令颜色”指令

执行“命令颜色”指令的操作步骤如下：

❶ 在图 7-2 中，移动光标至“命令颜色”选项，单击回车键进行确认，显示如图 7-35 所示的界面。

❷ 可对命令的颜色进行修改，效果如图 7-36 所示。

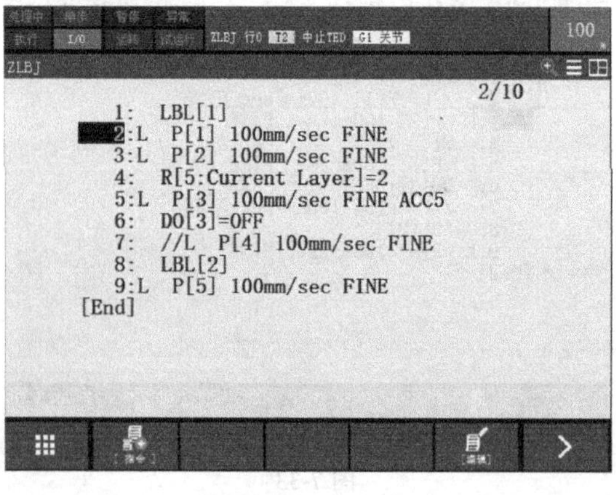

图 7-35

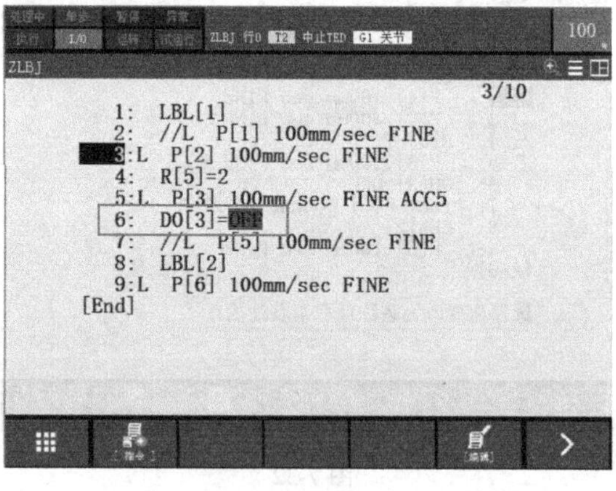

图 7-36

7.1.12 “I/O 状态”指令

执行“I/O 状态”指令的操作步骤如下：

❶ 在图 7-2 中，移动光标至“I/O 状态”选项，单击回车键进行确认，显示如图 7-37 所示的界面。

❷ 对 I/O 状态进行相应的修改，效果如图 7-38 所示。

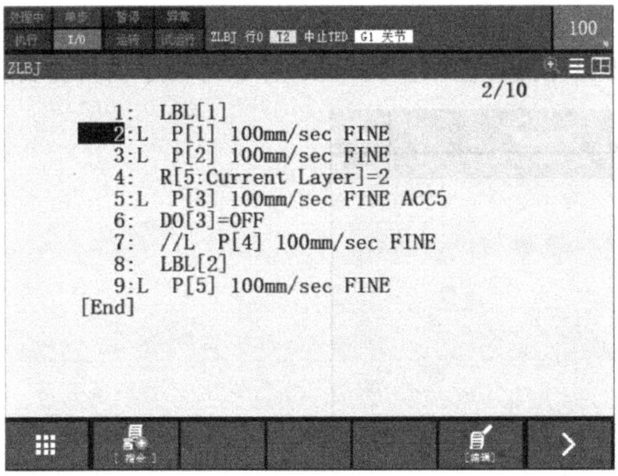

图 7-37

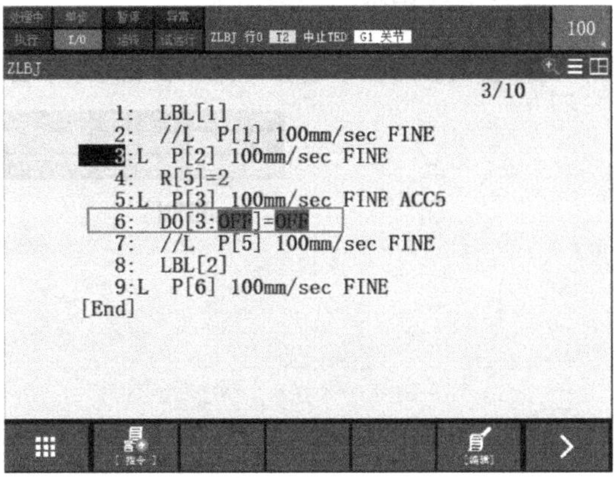

图 7-38

7.2　动作指令

本节主要介绍动作指令的编写方法，包括关节指令、直线指令、圆弧指令，并介绍其动作效果。

对动作指令的说明如图 7-39 所示。

- 动作类型：动作类型有三种，包括 J（关节）、L（直线）、C（圆弧）。
- 位置数据：对机器人将要移动的位置进行示教。
- 移动速度：表示机器人的移动速度。
- 定位类型：设置是否在指定位置定位。
- 动作附加指令：指定在动作中执行的附加指令。

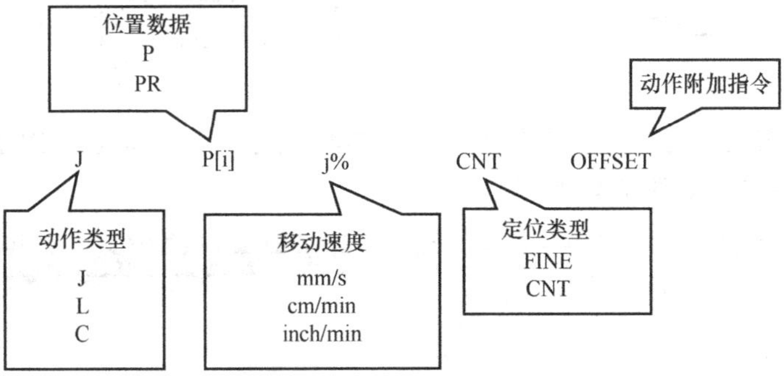

图 7-39

7.2.1　关节指令

关节指令是将机器人移动到指定位置的基本移动方法。机器人沿着所在轴加速，按照指定的移动速度移动，并在减速后停止移动。其移动轨迹通常为非线性。在对结束点进行示教时记录定位类型（FINE/CNT）。在关节移动时，工具的姿势不受控制。

编写关节指令的步骤如下：

❶ 在 FANUC 示教器的操作面板中，单击 EDIT 按钮，显示如图 7-40 所示的程序编辑界面。

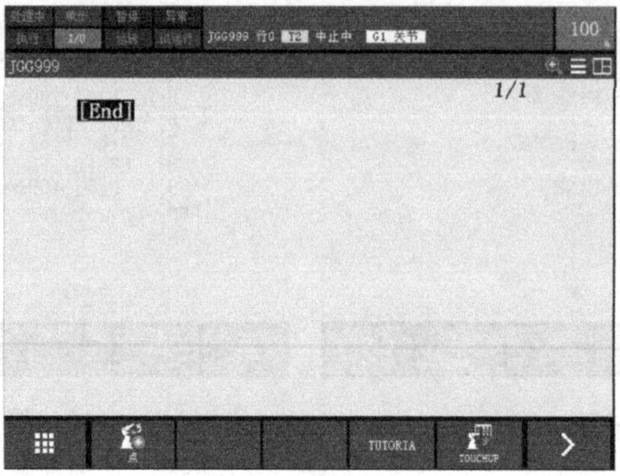

图 7-40

❷ 将机器人移动到所需位置，如图 7-41 所示，同时单击 SHIFT 键和“点”按钮（F1 键）指定开始点，如图 7-42 所示。

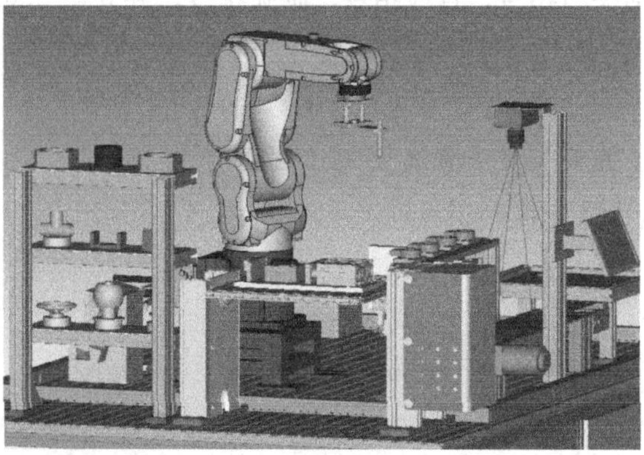

图 7-41

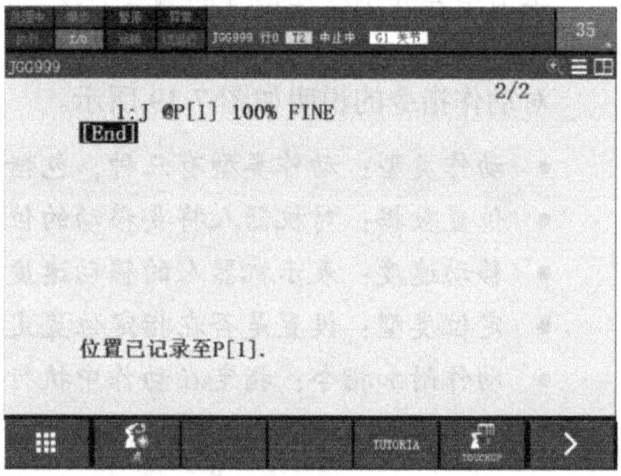

图 7-42

❸ 将机器人移动到另一个所需位置，如图 7-43 所示，同时单击 SHIFT 键和“点”按钮（F1 键）指定目标点，如图 7-44 所示。

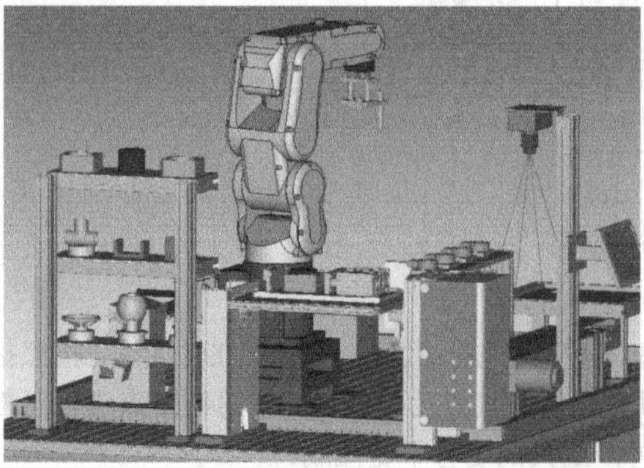

图 7-43

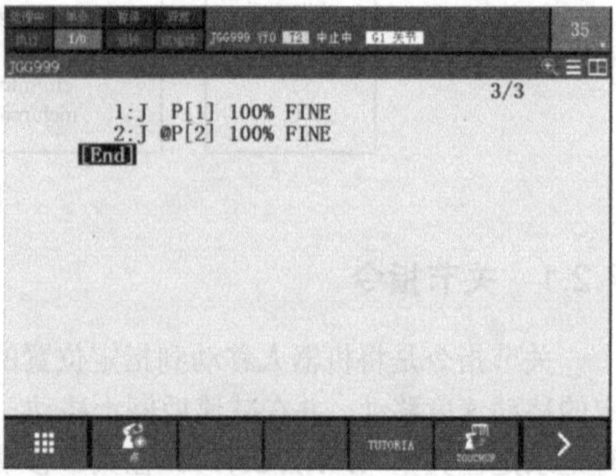

图 7-44

❹ 设置完成后，工具将在两个指定的点之间任意移动，移动轨迹为非线性，如图 7-45 所示。

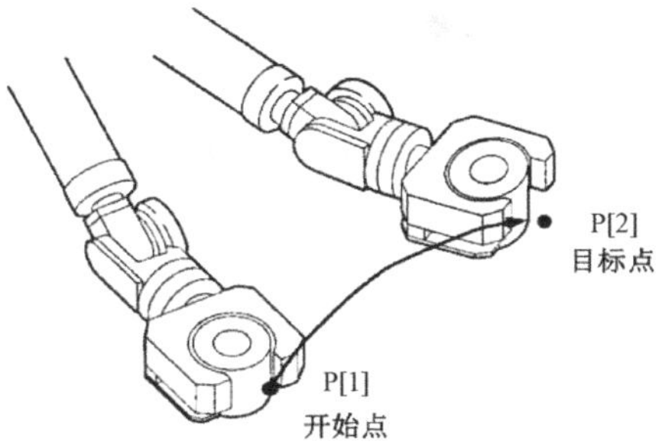

图 7-45

拓展知识：更改指令格式

更改指令格式的操作步骤如下：

❶ 在 FANUC 示教器的操作面板中，单击 EDIT 按钮，显示程序编辑界面。

❷ 单击“点”按钮（F1 键），进入下一界面。

❸ 在下一界面中，单击“标准”按钮（F1 键），将弹出“标准动作”下拉列表，如图 7-46 所示。将光标移至需要修改的指令后，单击“[选择]”按钮（F4 键），将弹出“动作修改”下拉列表，如图 7-47 所示。

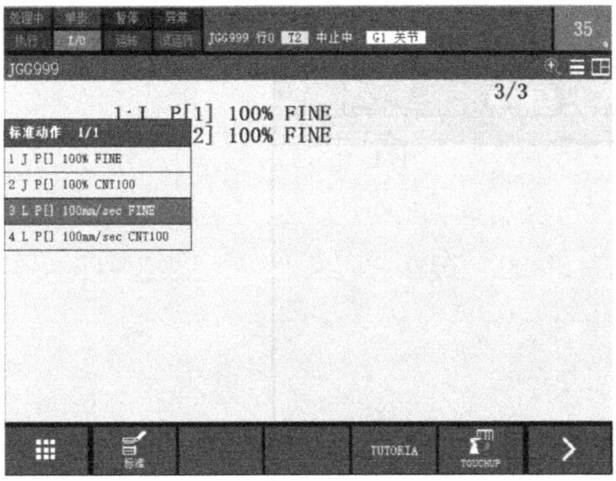

图 7-46

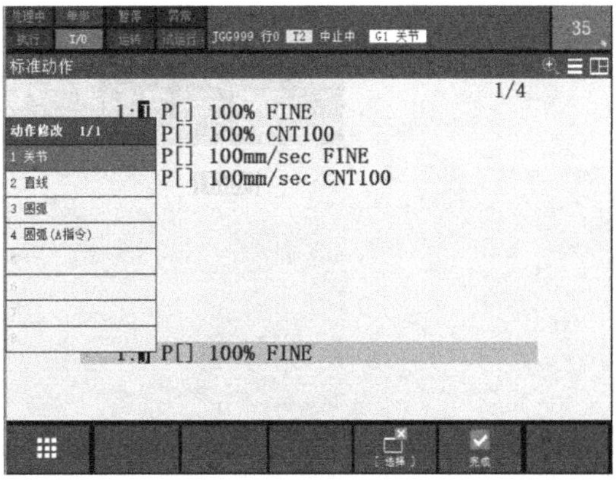

图 7-47

❹ 选择需要修改格式的动作指令，例如，修改圆弧指令的格式，可将光标移至“圆弧”选项，单击回车键，即可弹出如图 7-48 所示的圆弧指令修改界面。

❺ 进行相关修改后，单击“完成”按钮（F5 键）即可。

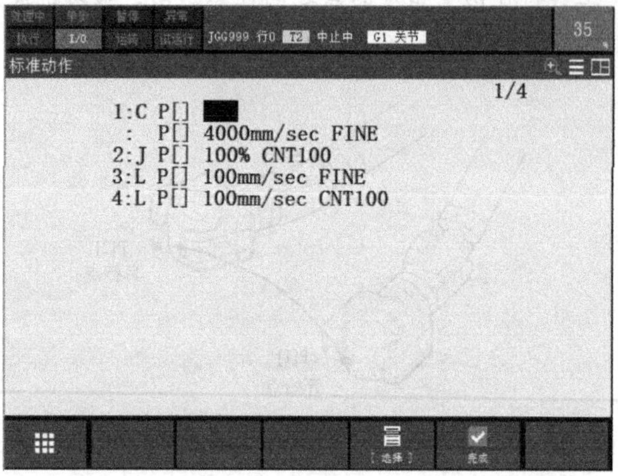

图 7-48

7.2.2 直线指令

直线指令是一种以线性方式控制工具中心点移动轨迹（从开始点到目标点）的移动方法。在对目标点进行示教时记录定位类型（FINE/CNT）。在将开始点和目标点的姿势进行分割后，可控制移动中的工具姿势。

应用直线指令的操作步骤如下：

❶ 在 FANUC 示教器的操作面板中，单击 EDIT 按钮，显示如图 7-49 所示的程序编辑界面。

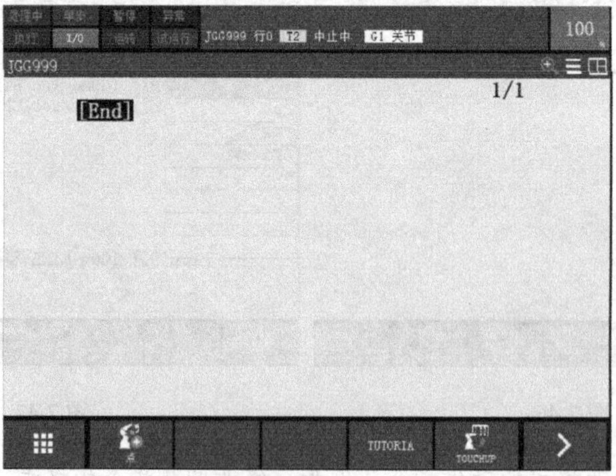

图 7-49

❷ 将机器人移动到所需位置，如图 7-50 所示，同时单击 SHIFT 键和“点”按钮（F1 键），弹出如图 7-51 所示的下拉列表。通过光标选择 L P[] 100mm/sec FINE。

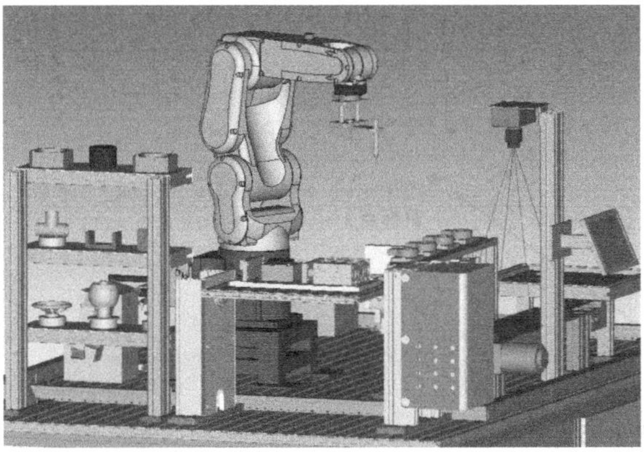

图 7-50

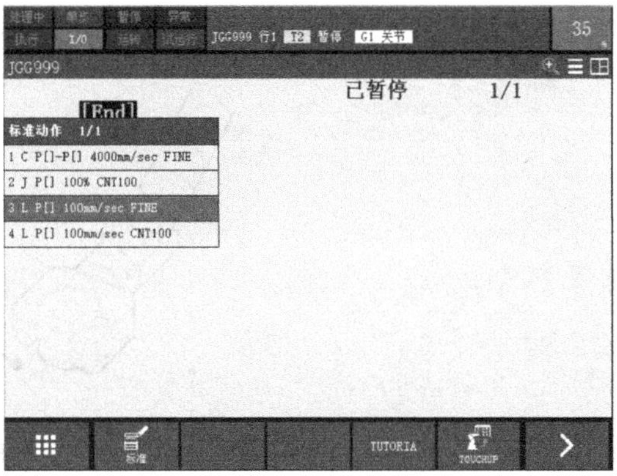

图 7-51

❸ 单击回车键，即可完成此指令的编辑操作，并指定开始点，如图 7-52 所示。在接下来的操作中，直线指令都会以此指令格式为基准进行编写。

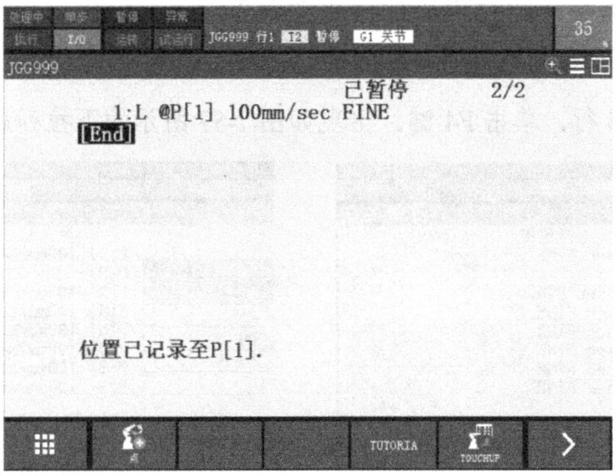

图 7-52

❹ 将机器人移动到另一个所需位置，如图 7-53 所示，同时单击 SHIFT 键和“点”按钮（F1 键）指定目标点，如图 7-54 所示。

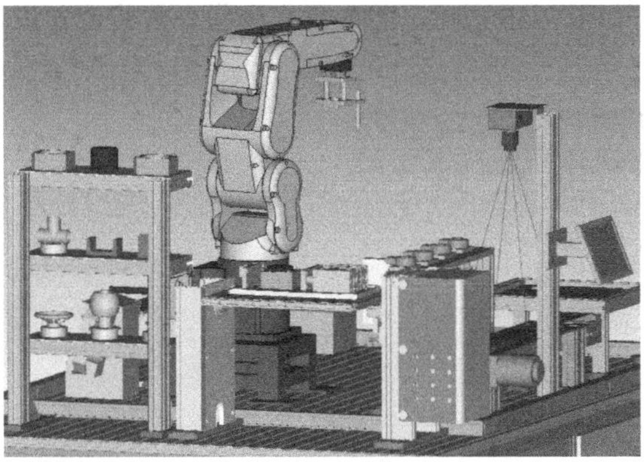

图 7-53

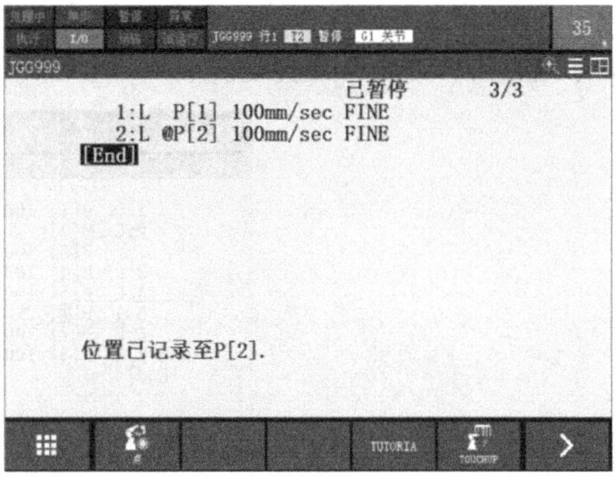

图 7-54

❺ 设置完成后，工具将在两个指定的点之间沿直线移动，如图 7-55 所示。

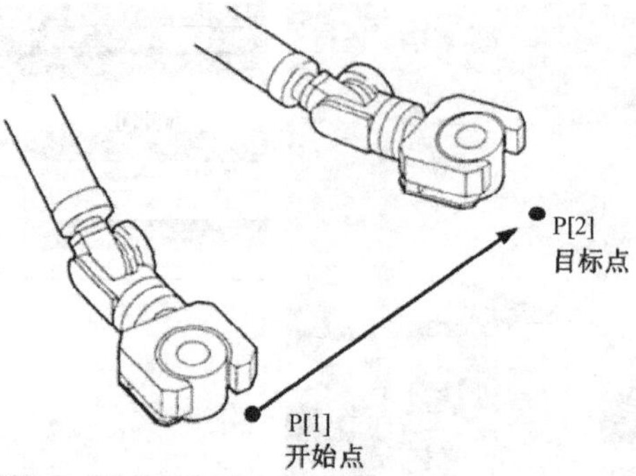

图 7-55

拓展知识：修改动作类型

在程序中所有的点位都记录完毕后，若发现某个点位需要以关节指令的方式运行，但本身使用的却是直线指令，此时应该如何更改呢？

例如，需要把图 7-56 中的第 5、6 行的直线指令更改为关节指令，操作步骤如下。

❶ 将光标移至第 5 行，单击 F4 键，出现如图 7-57 所示的下拉列表，选择“关节”选项。

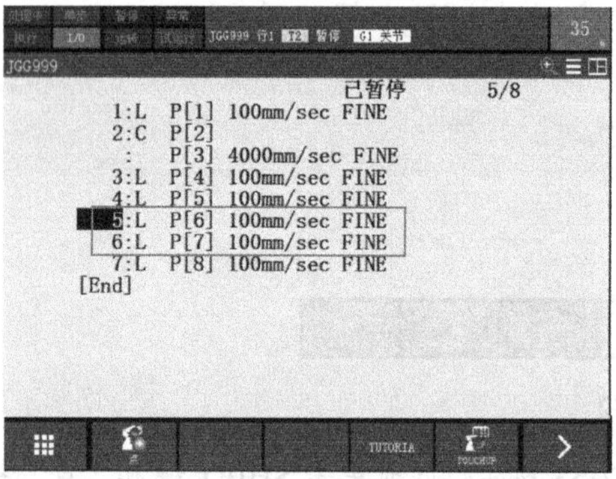

图 7-56

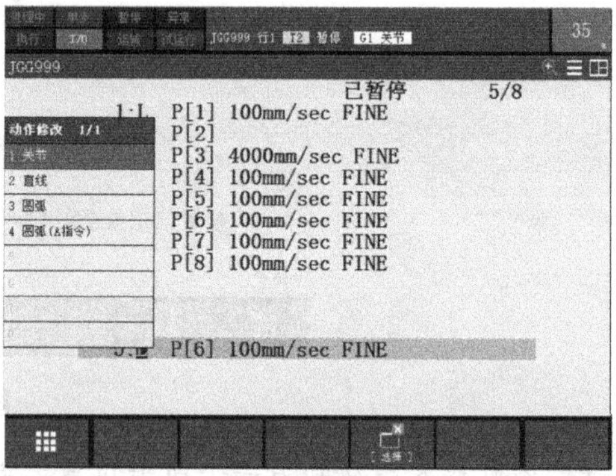

图 7-57

❷ 单击回车键，该指令即可修改完成，如图 7-58 所示。第 6 行直线指令的修改方法与此相同，这里不再赘述。

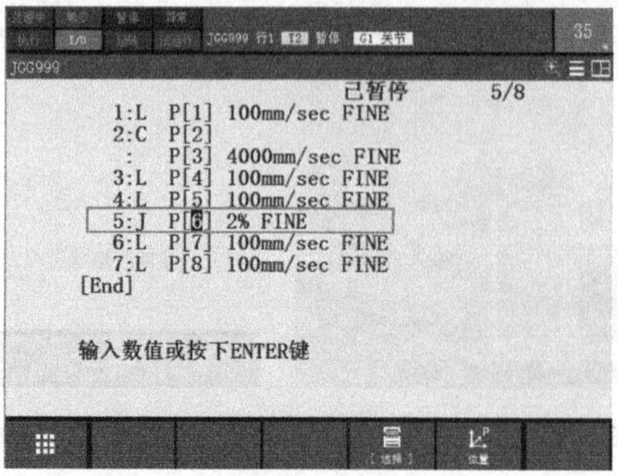

图 7-58

7.2.3　圆弧指令

圆弧指令是一种以圆弧方式对工具中心点的移动轨迹（从开始点通过经由点，到达目标点）进行控制的移动方法。在将开始点、经由点、目标点的姿势进行分割后，可对移动中的工具姿势进行控制。

> **注意：**在圆弧指令下，需要在 1 行中示教两个位置，即经由点和目标点；在 C 圆弧指令下，只需要在 1 行中示教 1 个位置。

应用圆弧指令的操作步骤如下。

❶ 在 FANUC 示教器的操作面板中，单击 EDIT 按钮，显示如图 7-59 所示的程序编辑界面。

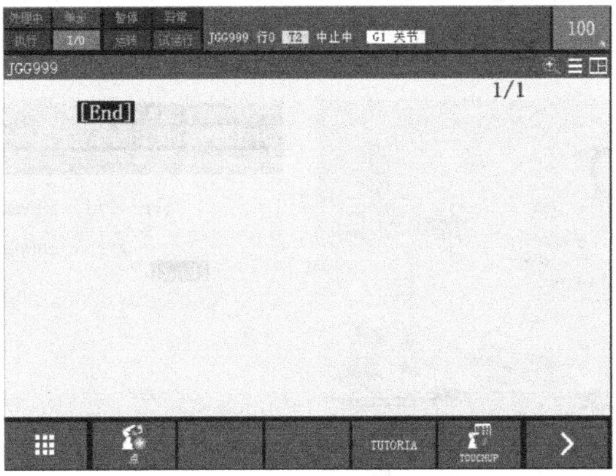

图 7-59

❷ 将机器人移动到所需位置，如图 7-60 所示，同时单击 SHIFT 键和“点”按钮（F1 键），弹出如图 7-61 所示的下拉列表。通过光标选择 L P[] 100mm/sec FINE。

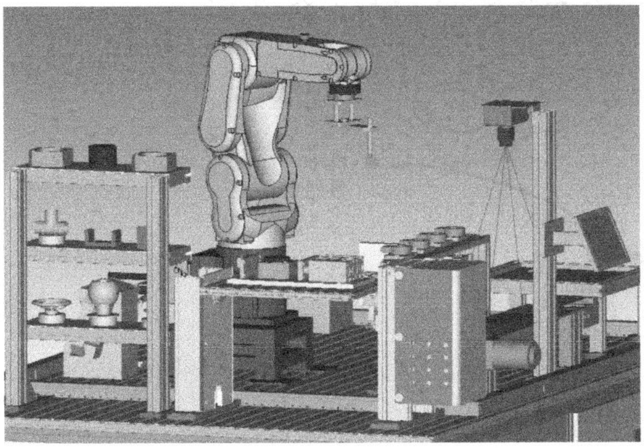

图 7-60

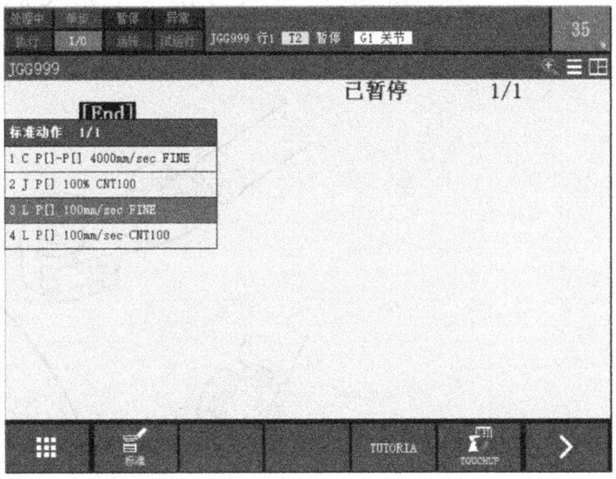

图 7-61

❸ 单击回车键，即可完成此指令的编辑操作，并指定开始点，如图 7-62 所示。

❹ 通过指令格式，选择圆弧指令，如图 7-63 所示。

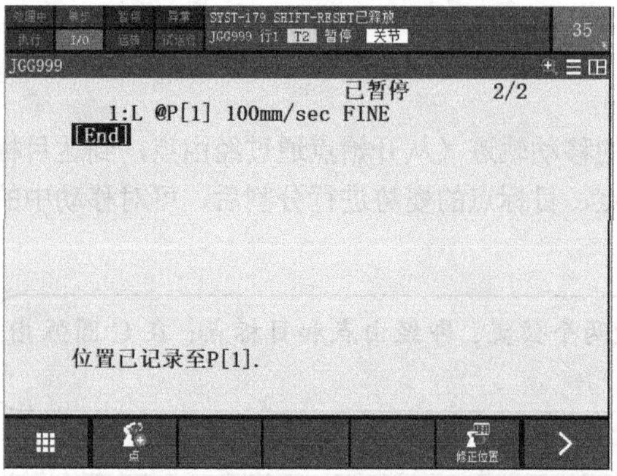

图 7-62

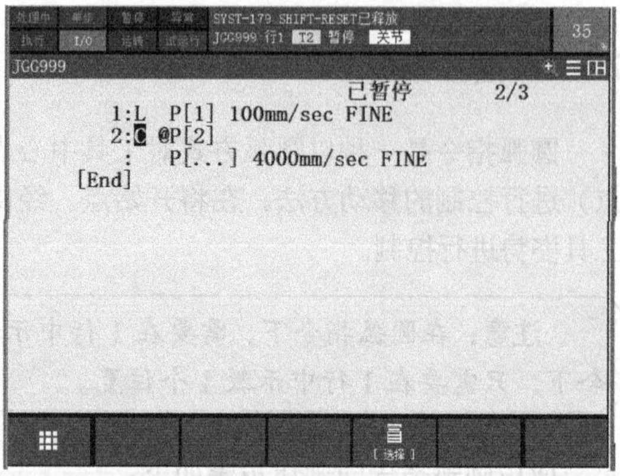

图 7-63

❺ 将机器人移动到所需位置，如图 7-64 所示，同时单击 SHIFT 键和 TOUCHUP 按钮（F5 键）指定目标点，该指令即可示教完成，如图 7-65 所示。

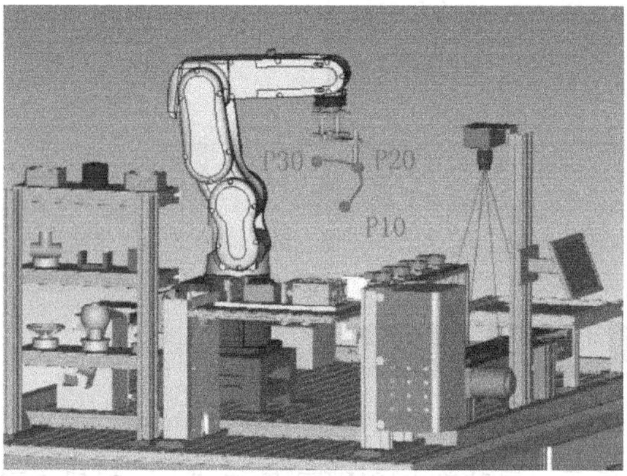

图 7-64

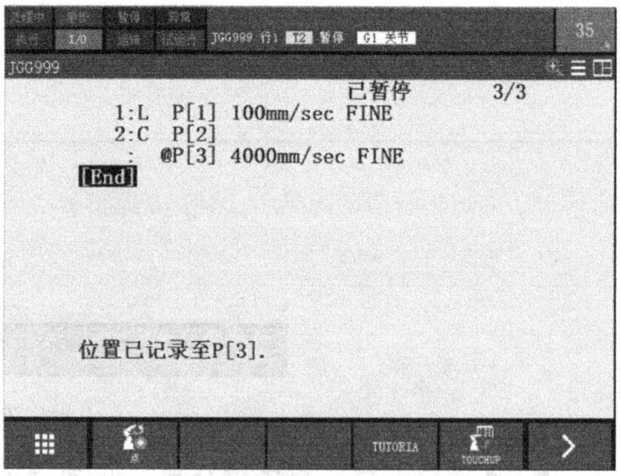

图 7-65

❻ 设置完成后，工具将在三个指定点之间沿圆弧移动，如图 7-66 所示。

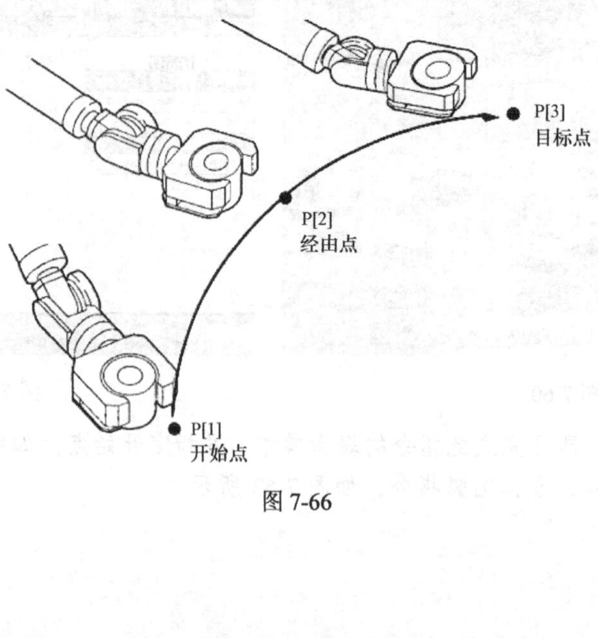

图 7-66

拓展知识：修改点位、移动速度和定位类型

1. 修改点位

若在设置好程序指令后，在运行中发现某个点位有偏差，则可重新定义该点位。修改点位的操作步骤：将机器人移动到所需位置，同时单击 SHIFT 键和 TOUCHUP 按钮，该点位即可被重新记录，如图 7-67 所示。

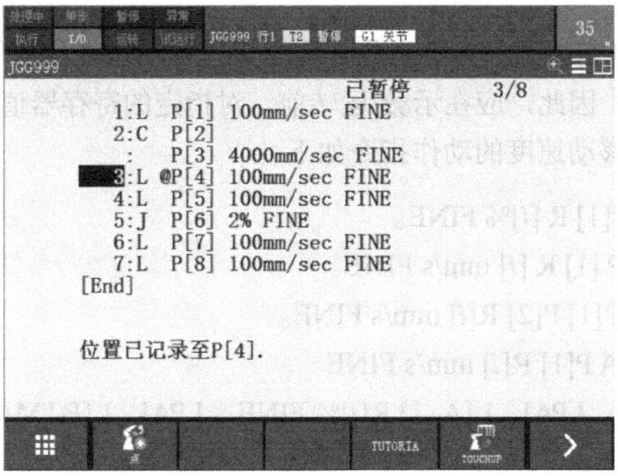

图 7-67

2. 修改移动速度

在程序的执行过程中，移动速度受到速度倍率的限制。速度倍率值的范围为 1%～100%。在移动速度中指定的单位，可根据动作类型的不同而不同。

> **注意：** 示教时的移动速度，不可超出机器人的允许值。在示教速度不匹配的情况下，系统将发出报警信号。

（1）J P[1] 50% FINE

在动作类型为关节动作的情况下，可按如下方式进行设置。

- 在 1%～100%的范围内，指定相对最大的速度倍率。
- 单位为 s 时，可在 0.1～3200 s 的范围内指定移动所需时间。
- 单位为 ms 时，可在 1～32000 ms 的范围内指定移动所需时间。

（2）L P[1] 100mm/s FINE

在动作类型为直线、圆弧或 C 圆弧的情况下，可按如下方式进行设置。

- 单位为 mm/s 时，可在 1～2000 mm/s 的范围内指定移动所需时间。
- 单位为 cm/min 时，可在 1～12000 cm/min 的范围内指定移动所需时间。
- 单位为 inch/min 时，可在 0.1～4724.4 inch/min 的范围内指定移动所需时间。
- 单位为 s 时，可在 0.1～3200s 的范围内指定移动所需时间。

- 单位为 ms 时，可在 1～32000 ms 的范围内指定移动所需时间。

（3）L P[1] 50 deg/s FINE

在工具中心点附近回转移动的情况下，可按如下方式进行设置。

- 单位为 deg/s 时，可在 1～272 deg/s 的范围内指定移动所需时间。
- 单位为 s 时，可在 0.1～3200 s 的范围内指定移动所需时间。
- 单位为 ms 时，可在 1～32000 ms 的范围内指定移动所需时间。

除了上述方法，还可以通过寄存器指定机器人的移动速度，但有时会导致机器人按照意想不到的速度移动。因此，应在示教/运转前，对指定的寄存器值进行充分确认。

通过寄存器指定移动速度的动作指令如下。

- 关节指令：J P[1] R [*i*]% FINE。
- 直线指令：L P [1] R [*i*] mm/s FINE。
- 圆弧指令：C P[1] P[2] R[*i*] mm/s FINE。
- C 圆弧指令：A P[1] R[*i*] mm/s FINE。
- 码垛堆积指令：J PAL_1 [A_1] R[*i*]% FINE、J PAL_1 [BTM] R[*i*]% FINE、J PAL_1 [R_1] R[*i*]% FINE。

若感觉图 7-67 中第 5 个指令的速度太慢，需要改快一些，应该如何操作呢？修改指令中移动速度的操作步骤：将光标移至第 5 个指令中的“2%”处，单击“选择”按钮（F4 键），即可修改该速度单位，如图 7-68 所示；也可以将光标移至该数字处，直接输入所需的速度值，单击回车键即可，如图 7-69 所示（注意：不能超过 100%）。

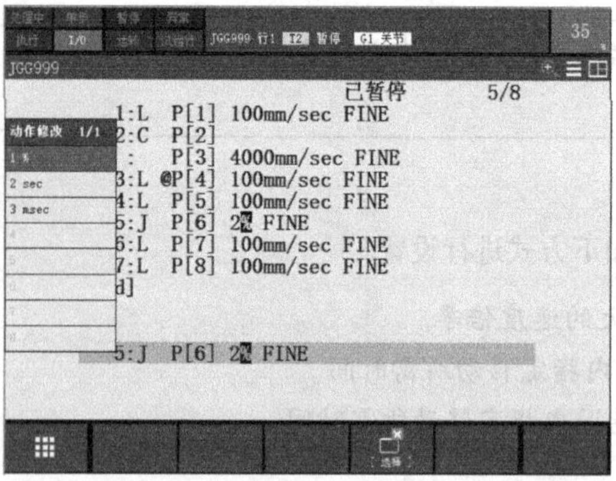

图 7-68

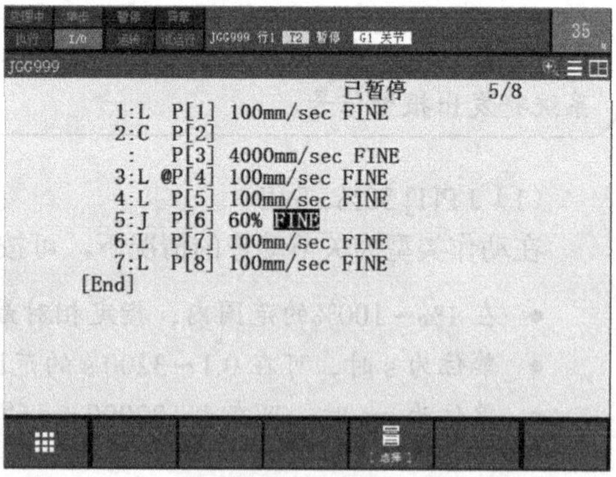

图 7-69

3．修改定位类型

定位类型是在定义动作指令的过程中机器人的动作结束方法。定位类型有两种：FINE 和 CNT。

（1）FINE

FINE 表示在机器人精准到达目标点后，电机重新上电，并向下一个目标位置移动。

当定位类型为 FINE 时，动作指令如下（仅用于举例）。

```
J P[1] 50% FINE
```

（2）CNT

CNT 表示在机器人接近目标点后，开始向下一个目标位置移动。机器人靠近目标点的程度，由 0～100 之间的值表示。

- 值为 0：机器人的移动轨迹与 FINE 的移动轨迹相同，但电机不减速，会提前预读下一指令。
- 值为 100：机器人在目标位置附近不减速，并马上朝下一个目标点移动（通过离目标最远的点）。

当定位类型为 CNT 时，动作指令如下（仅用于举例）。

```
J P[1]50% CNT50
```

定位类型为 FINE 和 CNT 的效果对比如图 7-70 所示。

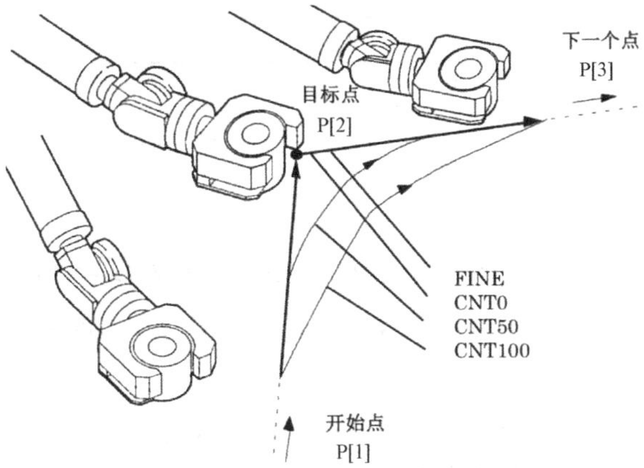

图 7-70

7.3 控制指令

本节需要介绍寄存器指令、I/O 指令、跳转指令、标签指令、调用指令、条件比较指令、条件选择指令、等待指令、循环指令、偏移条件指令、工具坐标系调用指令、用户坐标系调用指令的应用方法。

7.3.1 寄存器指令

寄存器指令是用于寄存器算术运算的指令。寄存器包括数值寄存器、位置寄存器和码垛寄存器。

> **注意：**寄存器支持“+”“－”“*”“/”四则运算和多项式运算；一行中最多只支持 5 个运算符，运算符“+”和“－”可以在同行中混合使用；“*”和“/”也可以混合使用，但“+”“－”，以及“*”“/”不可混合使用。

应用寄存器指令的操作步骤如下。

❶ 在 FANUC 示教器的操作面板中，单击 EDIT 按钮，显示程序编辑界面。

❷ 单击 NEXT 键→INST（F1 键）→“寄存器”，如图 7-71 所示。可选择需要的算法，如图 7-72 所示。

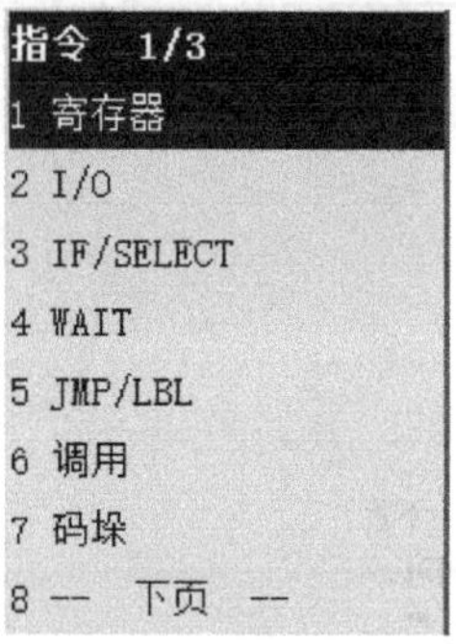

图 7-71

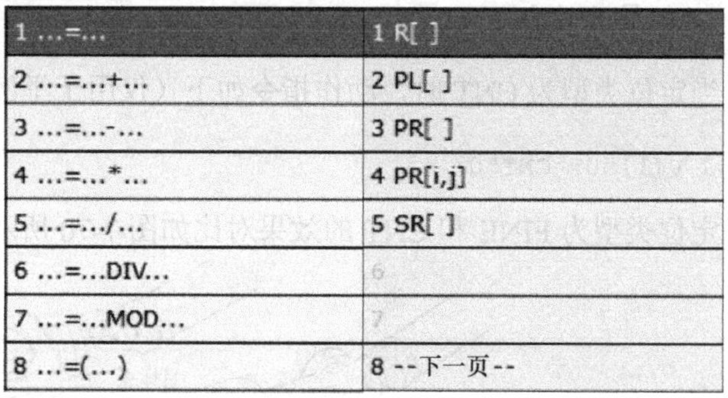

1 ...=...
1 R[ ]
2 ...=...+...
2 PL[ ]
3 ...=...-...
3 PR[ ]
4 ...=...*...
4 PR[i,j]
5 ...=.../...
5 SR[ ]
6 ...=...DIV...
6
7 ...=...MOD...
7
8 ...=(...)
8 --下一页--

图 7-72

1．数值寄存器

数值寄存器可以进行寄存器的算术运算，也可以用来存储整数或小数值的变量。应用数值寄存器的指令格式：R[*i*]=（值）。其中，*i* 代表该数值寄存器的编号；“值”可以为常数，也可以为另一个数值寄存器。

- R[*i*]=（值）+（值）：表示将两个值的和代入数值寄存器。
- R[*i*]=（值）-（值）：表示将两个值的差代入数值寄存器。
- R[*i*]=（值）*（值）：表示将两个值的积代入数值寄存器。
- R[*i*]=（值）/（值）：表示将两个值的商代入数值寄存器。
- R[*i*]=（值）MOD（值）：表示将两个值的余数代入数值寄存器。
- R[*i*]=（值）DIV（值）：表示将两个值的商的整数部分代入数值寄存器。

（1）指令说明及举例

对应用数值寄存器的指令应用举例如下。

```
R[1]=RI[3]
R[R[4]]=AI[R[1]]
```

对应用数值寄存器的指令说明如图 7-73 所示。应用数值寄存器进行运算的指令如图 7-74 所示。

R[i]=值

数值寄存器号码（1～200）

- AR[i]
- 常数
- R[i]：数值寄存器[i]的值
- PR[i, j]：位置寄存器要素[i, j]的值
- GI[i]：组输入信号
- GO[i]：组输出信号
- AI[i]：模拟输入信号
- AO[i]：模拟输出信号
- DI[i]：数字输入信号
- DO[i]：数字输出信号
- RI[i]：机器人输入信号
- RO[i]：机器人输出信号
- SI[i]：操作面板输入信号
- SO[i]：操作面板输出信号
- UI[i]：外围设备输入信号
- UO[i]：外围设备输出信号
- TIMER[i]：程序计时器[i]的值
- TIMER_OVERFLOW[i]：判断程序计时器[i]是否溢出

图 7-73

数值寄存器号码（1～200）

R[i]=（值）　（运算符）　（值）　（运算符）……

运算符：

- +
- -
- *
- /
- MOD
- DIV

值：

- AR[i]
- 常数
- R[i]：寄存器[i]的值
- PR[i, j]：位置寄存器要素[i, j]的值
- GI[i]：组输入信号
- GO[i]：组输出信号
- AI[i]：模拟输入信号
- AO[i]：模拟输出信号
- DI[i]：数字输入信号
- DO[i]：数字输出信号
- RI[i]：机器人输入信号
- RO[i]：机器人输出信号
- SI[i]：操作面板输入信号
- SO[i]：操作面板输出信号
- UI[i]：外围设备输入信号
- UO[i]：外围设备输出信号
- TIMER[i]：程序计时器[i]的值
- TIMER_OVERFLOW[i]：判断程序计时器[i]是否溢出

图 7-74

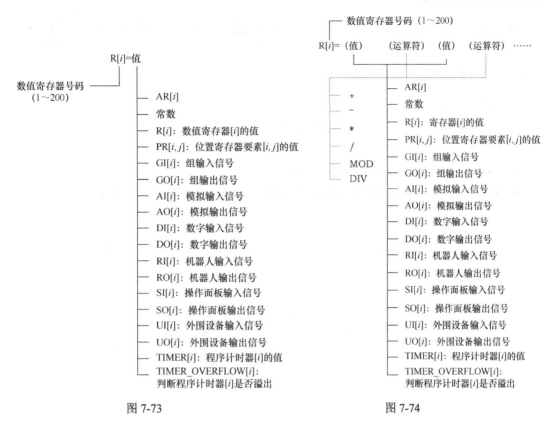

对应用数值寄存器进行运算的指令举例如下。

```
R[3:flag]=DI[4]+PR[1,2]
R[R[4]]=R[1]+1
```

（2）查看及修改数值寄存器的当前值

查看及修改数值寄存器当前值的操作步骤如下：

❶ 在 FANUC 示教器的操作面板中，单击 MENU（菜单）键，在弹出的菜单中选择“下一个”→“数据”→“数值寄存器”，显示如图 7-75 所示的界面。

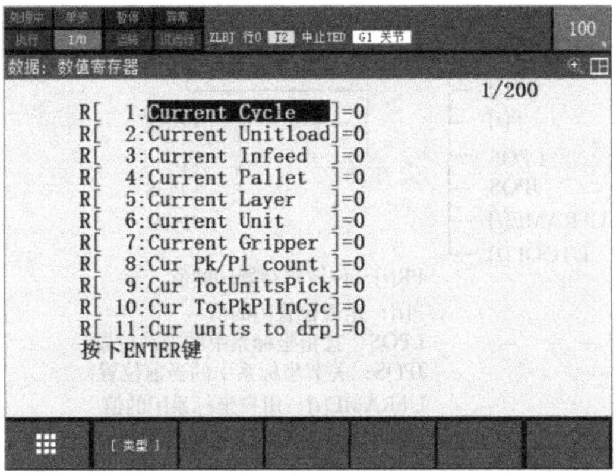

图 7-75

❷ 如果需要更改数值寄存器的当前值，则将光标移至 0 处，直接输入需要的值。若需要输入注释，则可将光标移至数值寄存器的编号处，单击回车键；选择所需的输入方式，单击相应的功能键，输入注释；在输入完成后，单击回车键。

2. 位置寄存器

位置寄存器主要用于存储位置数据的变量，标准配套 100 个位置寄存器。

应用位置寄存器的指令格式如下：

- PR[*i*]=（值）：*i* 代表位置寄存器的号码。
- PR[*i*,*j*]=（值）：*i* 表示位置寄存器的号码；*j* 表示位置寄存器的要素号码。

（1）指令说明及举例

“PR[*i*]=（值）”指令用于将位置数据代入位置寄存器，具体说明如图 7-76 所示。

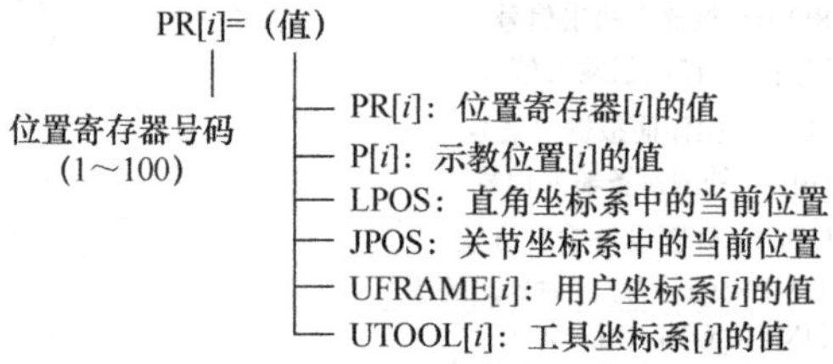

图 7-76

例如：

```
PR[1]=LPOS
PR[R[4]]=UFRAME[R[1]]
PR[GP1:9]=UTOOL[GP1:1]
```

PR[*i*]可进行运算，如图 7-77 所示。

- PR[*i*]=（值）+（值）：代入两个值的和。
- PR[*i*]=（值）-（值）：代入两个值的差。

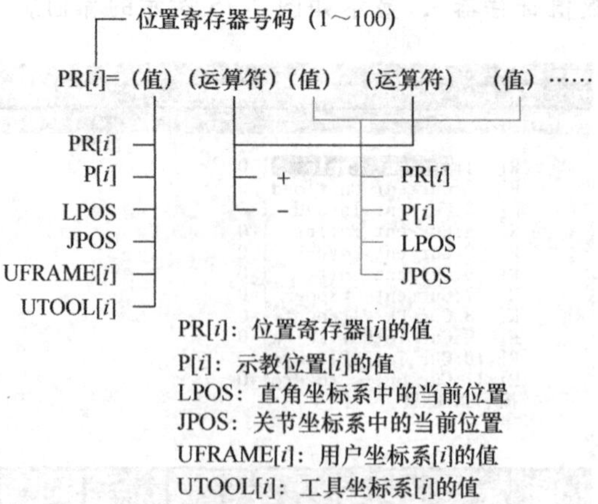

图 7-77

例如：

```
PR[3]=PR[3]+LPOS
PR[4]=PR[R[1]]
```

PR[*i*,*j*]的构成说明如图 7-78 所示。

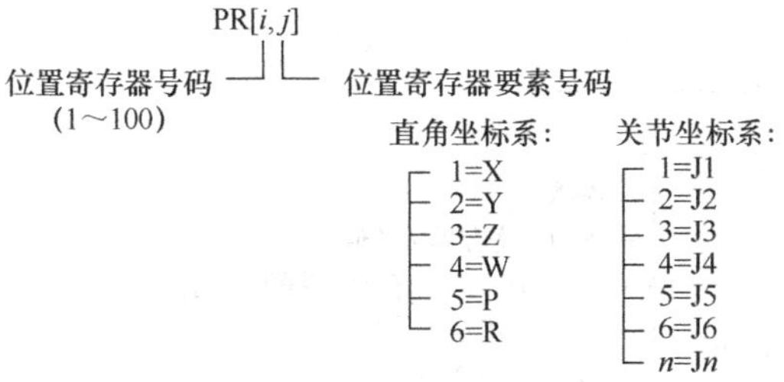

图 7-78

对“PR[*i*,*j*]=（值）”指令的说明如图 7-79 所示。

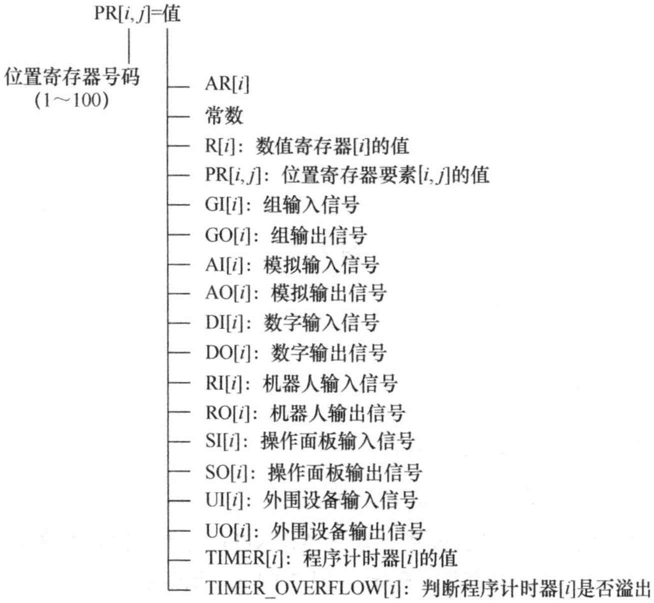

图 7-79

例如：

```
PR[1,1]=R[3]
PR[4,3]=324.5
```

PR[*i*,*j*]可进行运算：

- PR[*i*,*j*]=（值）+（值）：将两个值的和代入位置寄存器要素。
- PR[*i*,*j*]=（值）-（值）：将两个值的差代入位置寄存器要素。
- PR[*i*,*j*]=（值）*（值）：将两个值的积代入位置寄存器要素。
- PR[*i*,*j*]=（值）/（值）：将两个值的商代入位置寄存器要素。

- PR[i,j]=（值）MOD（值）：将两个值的余数代入位置寄存器要素。
- PR[i,j]=（值）DIV（值）：将两个值的商的整数部分代入位置寄存器要素。

对应用位置寄存器进行运算的说明如图 7-80 所示。

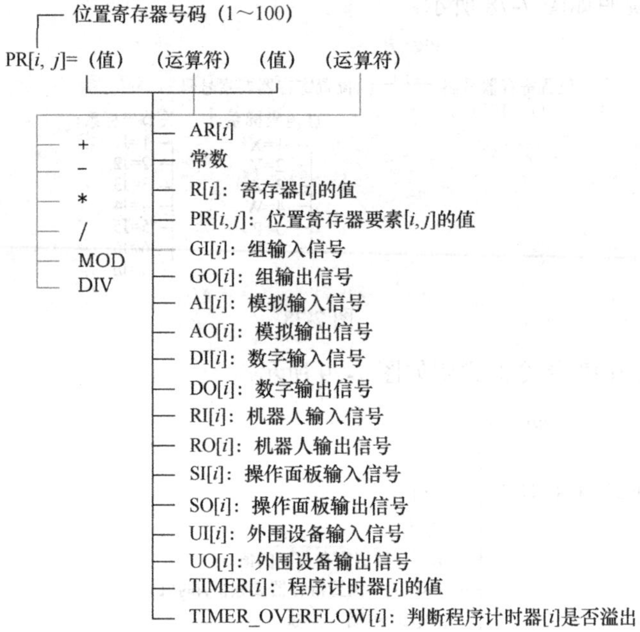

图 7-80

例如：

```
PR[3,5]=R[3]+ DI[4]
PR[4,3]=PR[1,3]-3.528
```

（2）查看及修改位置寄存器的当前值

查看及修改位置寄存器当前值的操作步骤如下：

❶ 在 FANUC 示教器的操作面板中，单击 MENU（菜单）键，在弹出的菜单中选择“下一个”→“数据”→“位置寄存器”，显示如图 7-81 所示的界面。

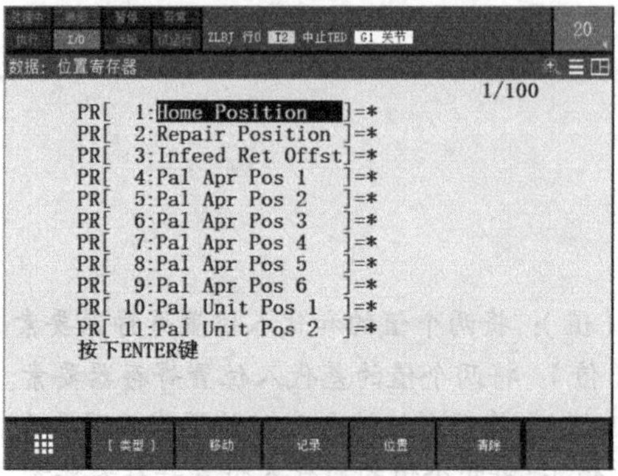

图 7-81

❷ 如果需要更改位置寄存器的当前值，则将光标移至“*”处，单击“记录”按钮（F3 键）或者单击“位置”按钮（F4 键），直接输入位置信息。如果需要输入注释，则将光标移至位置寄存器的号码处，单击回车键；选择所需的输入方式；单击相应的功能键，并输入注释；在输入完成后，单击回车键。

3. 码垛寄存器

码垛寄存器可以进行算术运算，与数值寄存器相差不大。应用码垛寄存器的指令格式：PL[*i*]=（值）。在所有程序中，可以使用 32 个码垛寄存器。

（1）指令说明及举例

对应用码垛寄存器的指令说明如图 7-82 所示。

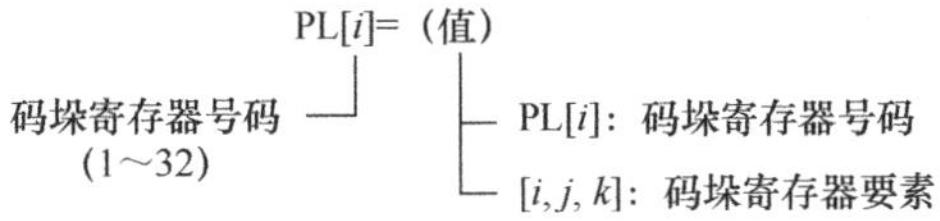

图 7-82

码垛寄存器的要素是代入码垛寄存器或进行运算的要素。该指定方式有如下 3 类，具体说明如图 7-83 所示。

- 直接指定：直接指定数值。
- 间接指定：通过 R[*i*]的值予以指定。
- 无指定：在没有必要变更（*）要素的情况下不予以指定。

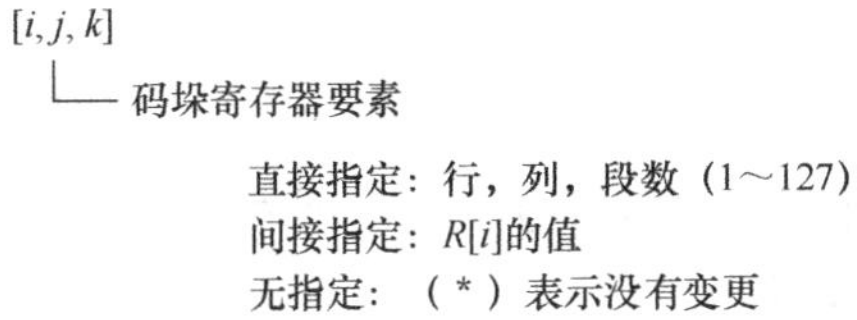

图 7-83

例如：

```
PL[1]=PL[3]+[1,2,1]
PL[2]=[1,2,1]+[1,R[1],*]
```

可应用“PL[*i*]=（值）”指令进行算术运算，并将运算结果代入码垛寄存器，具体说明如图 7-84 所示。

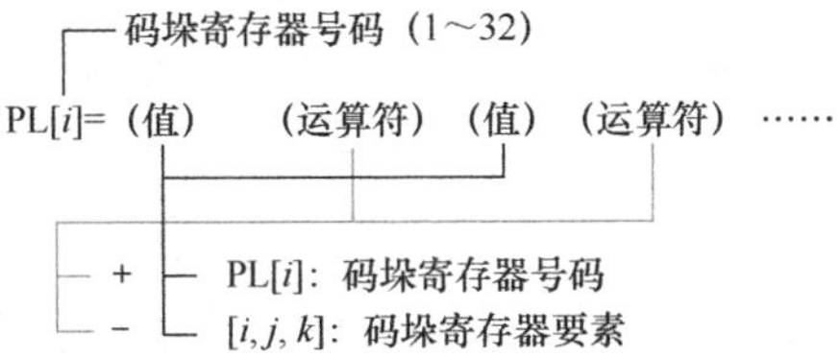

图 7-84

（2）查看及修改码垛寄存器的当前值

查看及修改码垛寄存器当前值的操作步骤如下：

❶ 在 FANUC 示教器的操作面板中，单击 MENU（菜单）键，在弹出的菜单中选择“下一个”→“数据”→“码垛寄存器”，显示如图 7-85 所示的界面。

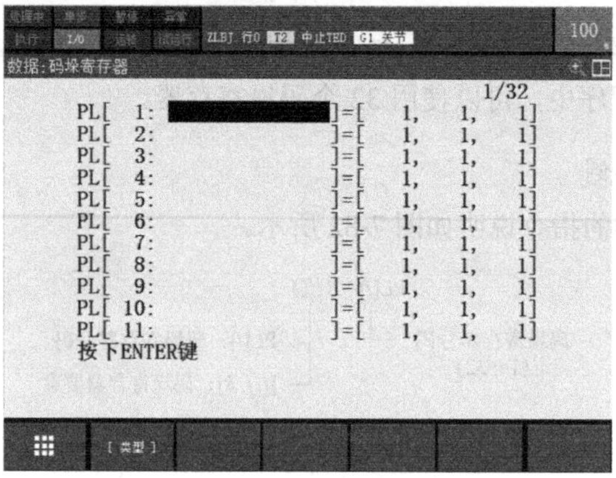

图 7-85

❷ 如果需要更改码垛寄存器的当前值，则将光标移至[1,1,1]处，单击“记录”按钮（F3 键）或“位置”按钮（F4 键），直接写入位置信息。如果需要输入注释，则将光标移至码垛寄存器号码处，单击回车键；选择所需的输入方式；单击相应的功能键，输入注释；在输入完成后，单击回车键。

7.3.2 I/O 指令

I/O 指令用于改变外围设备的输出信号状态，或者读取输入信号的状态，包括数字 I/O、机器人 I/O、模拟 I/O、组 I/O 等。

应用 I/O 指令的操作步骤如下。

❶ 在 FANUC 示教器的操作面板中，单击 EDIT 按钮，显示程序编辑界面。

❷ 单击 NEXT 键→INST（F1 键）→I/O，如图 7-86 所示。可选择需要的 I/O 指令，如图 7-87 所示。

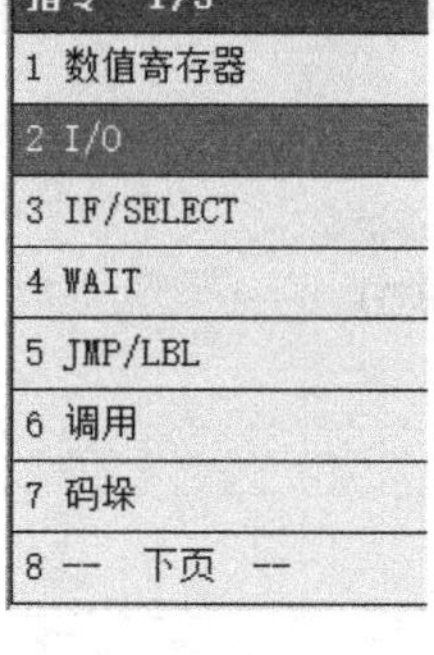

图 7-86

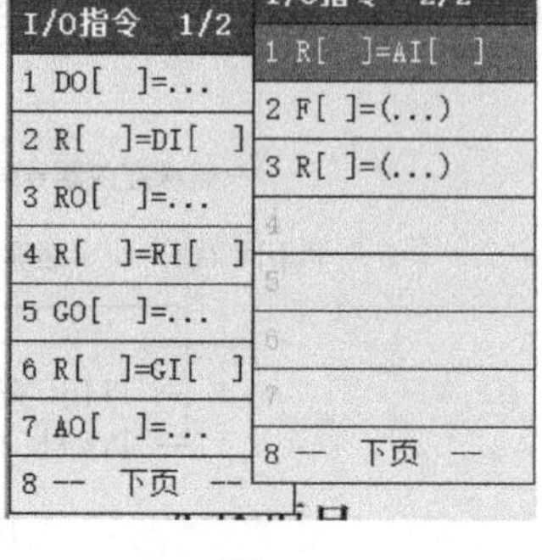

图 7-87

1. 数字 I/O

数字 I/O（数字输入 DI 和数字输出 DO）是一种可以由用户自由控制的输入/输出信号。

❶ 可以将数字输入的状态（ON=1、OFF=0）存储到数值寄存器中，如图 7-88 所示。

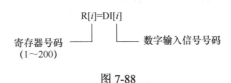

R[*i*]=DI[*i*]

寄存器号码（1～200）

数字输入信号号码

图 7-88

例如：

```
R[2]=DI[3]
R[R[1]]=DI[R[4]]
```

❷ 可以直接接通或断开指定的数字输出信号，如图 7-89 所示。

DO[*i*]=（值）

数字输出信号号码

ON：接通数字输出信号

OFF：断开数字输出信号

图 7-89

例如：

```
DO[2]=ON
DO[R[6]]=OFF
```

❸ 可以在指定的时间内接通指定的数字输出信号。在没有指定时间的情况下，当前指令脉冲输出时间由$DEFPULSE（单位：s）指定，如图 7-90 所示。

DO[*i*]=PULSE，（值）

数字输出信号号码

脉冲输出时间（0.1～25.5）

图 7-90

例如：

```
DO[6]=PULSE
DO[7]=PULSE,0.5s
DO[R[1]]=PULSE,1.6s
```

❹ 可以根据指定寄存器的值，接通或断开指定的数字输出信号，如图 7-91 所示。若寄存器的值为 0，则表示该信号处于断开状态；若寄存器的值为 1，则表示该信号处于接通状态。

DO[*i*]=R[*i*]

数字输出信号号码

寄存器号码（1～200）

图 7-91

例如：

```
DO[1]=R[1]
DO[R[2]]=R[R[3]]
```

2. 机器人 I/O

机器人 I/O（机器人输入 RI 和机器人输出 RO）是一种可以由用户自由控制的输入/输出信号。

❶ 可以将机器人输入的状态（ON=1、OFF=0）存储到寄存器中，如图 7-92 所示。

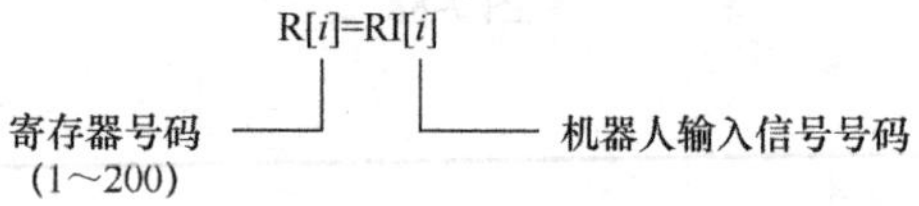

图 7-92

例如：

```
R[2]=RI[1]
R[R[3]]=RI[R[4]]
```

❷ 可以直接接通或断开指定的机器人输出信号，如图 7-93 所示。

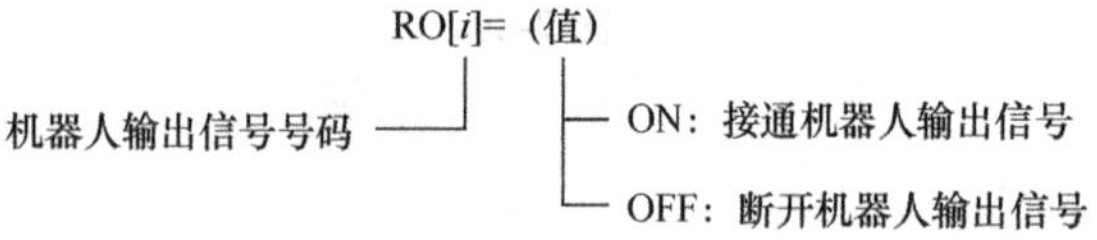

图 7-93

例如：

```
RO[1]=ON
RO[R[2]]=OFF
```

❸ 可以在指定的时间内接通指定的机器人输出信号。在没有指定时间的情况下，当前指令的脉冲输出时间由$DEFPULSE（单位：s）指定，如图 7-94 所示。

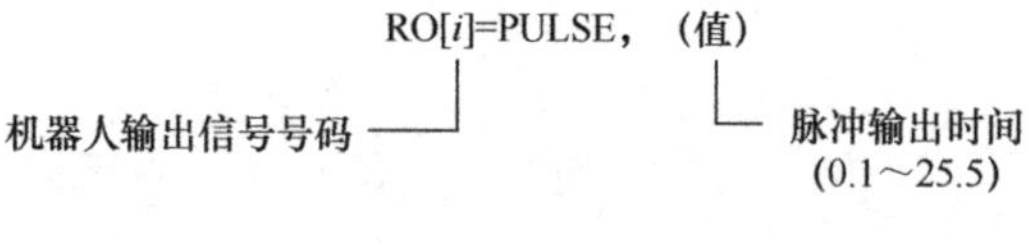

图 7-94

例如：

```
RO[1]=PULSE
RO[2]=PULSE,0.3s
RO[R[3]]=PULSE,1.5 s
```

❹ 可以根据指定寄存器的值，接通或断开指定的数字输出信号，如图 7-95 所示。若寄存器的值为 0，则表示该信号处于断开状态；若寄存器的值为 1，则表示该信号处于接通状态。

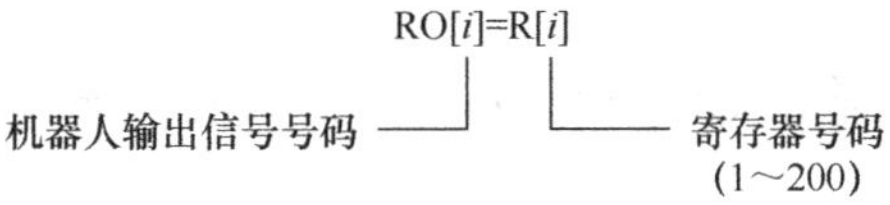

图 7-95

例如：

```
RO[1]=R[1]
RO[R[2]]=R[R[3]]
```

3. 模拟 I/O

模拟 I/O（模拟输入 AI 和模拟输出 AO）是一种连续值的输入/输出信号。该值的大小表示温度和电压之类的数据值。

❶ 可以将模拟输入信号的值存储于寄存器中，如图 7-96 所示。

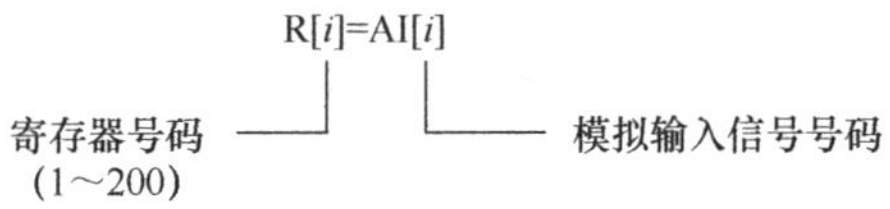

图 7-96

例如：

```
R[1]=AI[1]
R[R[2]]=AI[R[3]]
```

❷ 可以直接指定模拟输出信号的值，如图 7-97 所示。

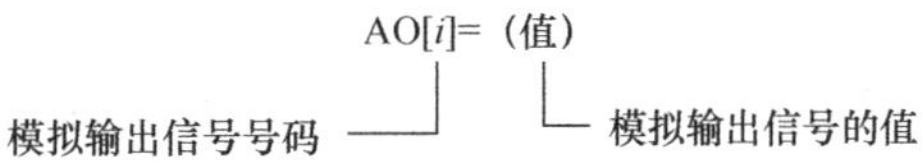

图 7-97

例如：

```
AO[1]=0
AO[R[3]]=3276.7
```

❸ 可以将数值寄存器的值作为模拟输出信号的值，如图 7-98 所示。

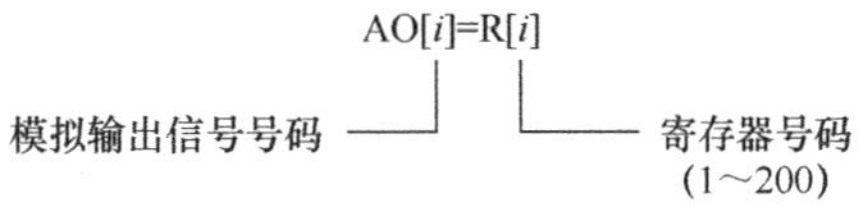

图 7-98

例如：

```
AO[1]=R[1]
AO[R[2]]=R[R[3]]
```

4. 组 I/O

组 I/O（组输入 GI 和组输出 GO）用于对多个数字输入/输出的信号进行分组，并利用一个指令控制这些信号。

❶ 可以将指定组输入信号的二进制数值转换为十进制数值，并代入指定的寄存器，如图 7-99 所示。

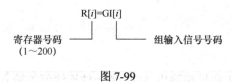

R[*i*]=GI[*i*]

寄存器号码（1～200） 组输入信号号码

图 7-99

例如：

```
R[1]=GI[1]
R[R[2]]=GI[R[3]]
```

❷ 可以将经过二进制变换后的十进制数值输出到指定组的输出信号中，如图 7-100 所示。

GO[*i*]=（值）

组输出信号号码 组输出信号的值

图 7-100

例如：

```
GO[1]=0
GO[R[2]]=32767
```

❸ 可以将指定数值寄存器的值经过二进制变换后输出到指定组的输出信号中，如图 7-101 所示。

GO[*i*]=R[*i*]

组输出信号号码 寄存器号码（1～200）

图 7-101

例如：

```
GO[1]=R[2]
GO[R[3]]=R[R[4]]
```

7.3.3 跳转指令和标签指令

应用跳转、标签指令的操作步骤如下。

❶ 在 FANUC 示教器的操作面板中，单击 EDIT 按钮，显示程序编辑界面。

❷ 单击 NEXT 键→INST（F1 键）→JMP/LBL，如图 7-102 所示。可选择需要的跳转或标

签指令，如图 7-103 所示。

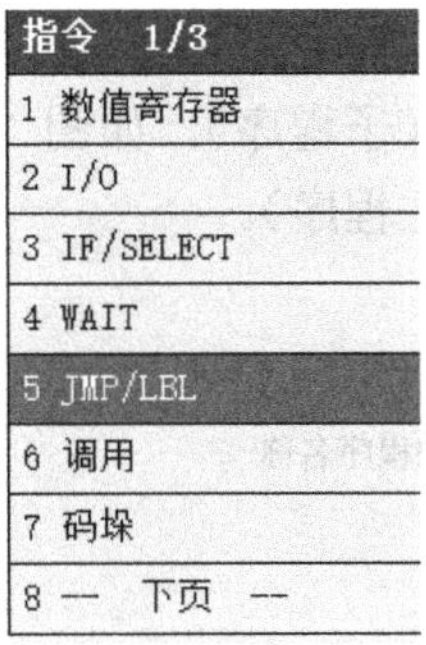

图 7-102

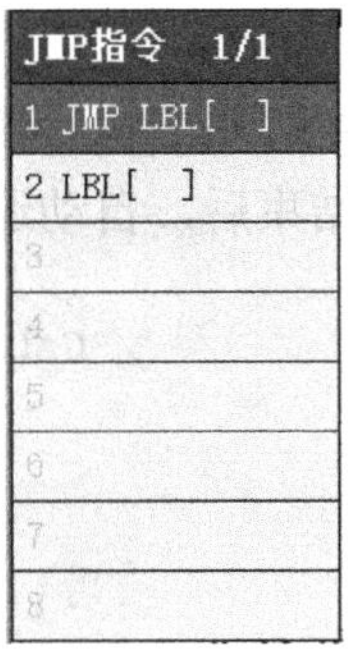

图 7-103

1. 跳转指令

跳转指令的格式：JMP LBL[*i*]，用于使程序的执行转移到同程序内的指定标签，如图 7-104 所示。

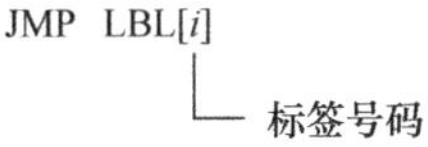

图 7-104

例如：

```
JMP LBL[2:HOME]
JMP LBL[R[3]]
```

2. 标签指令

标签指令的格式：LBL[*i*]，用于表示程序内的转移目的地。为了说明该标签，还可以追加注解。一旦定义标签，就可以在条件转移和无条件转移中使用。标签指令中的标签号码不能进行间接指定。将光标指向标签号码后单击回车键，即可输入注解，如图 7-105 所示。

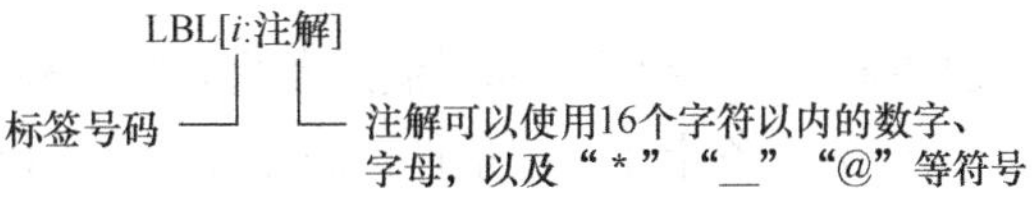

图 7-105

例如：

```
JMP LBL[2:HOME]
LBL[1]
L P[1]200mm/s CNT20
JMP LBL[R[3]]
LBL[2:HOME]
L P[2]300mm/s FINE
END
```

7.3.4 调用指令

调用指令用于使主程序的执行转移到其他程序（子程序），如图 7-106 所示。被调用的程序（子程序）执行结束后，自动返回到原程序（主程序）。

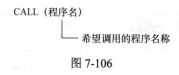

CALL（程序名）

└── 希望调用的程序名称

图 7-106

例如：

```
CALL HOME
CALL PICK
```

应用调用指令的操作步骤如下。

❶ 在 FANUC 示教器的操作面板中，单击 EDIT 按钮，显示程序编辑界面。

❷ 单击 NEXT 键→INST（F1 键）→调用，如图 7-107 所示。可选择需要的调用指令，如图 7-108 所示。

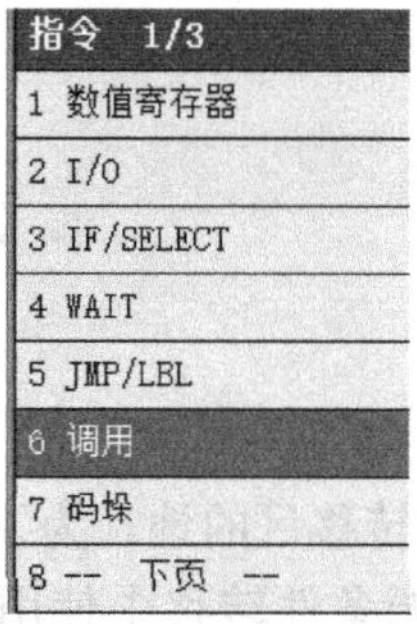

图 7-107

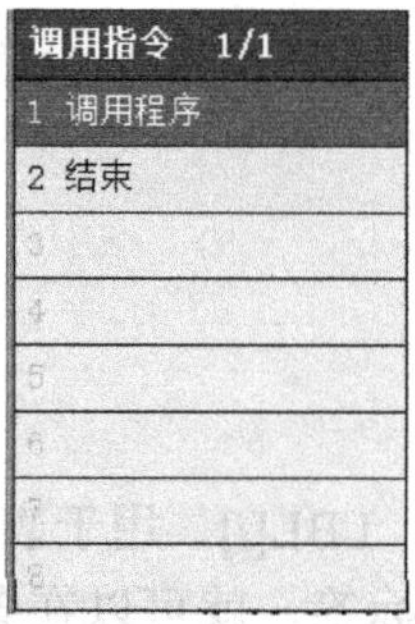

图 7-108

7.3.5 条件比较指令

条件比较指令根据指定的条件进行判断：如果满足条件，则转移到指定的标签或调用其他程序；如果不满足条件，则执行下一条指令。在条件比较指令中，可以使用逻辑运算符（AND、OR）在一行中对多个条件进行比较。因此，应用条件比较指令可以简化程序的结构，有效地进行条件判断。

条件比较指令的格式：

- 逻辑积（AND）：IF <条件 1>AND<条件 2>AND<条件 3>，JMP LBL[3]
- 逻辑和（OR）：IF <条件 1>OR<条件 2>，JMP LBL[3]

在逻辑运算符中组合使用 AND（逻辑积）、OR（逻辑和）时，逻辑将变得复杂，从而破坏程序的可识别性、可操作性。因此，逻辑运算符 AND 和 OR 不能组合使用。

若在一行指令中示教多个 AND（逻辑积）、OR（逻辑和），在将其中一个从 AND 变更为 OR，或者从 OR 变更为 AND 的情况下，其他的 AND、OR 也将被替换为变更后的运算符，并在界面中显示以下信息：

TPIF-062 AND operator was replaced to OR（示教-062，已将逻辑运算符 AND 替换为 OR）

TPIF-063 OR operator was replaced to AND（示教-063，已将逻辑运算符 OR 替换为 AND）

> **注意**：在一行指令内最多可以使用 AND 或 OR 连缀的条件数为 5。例如，IF<条件 1>AND <条件 2>AND<条件 3>AND<条件 4>AND<条件 5>，JMP LBL[3]。

应用条件比较指令的操作步骤如下。

❶ 在 FANUC 示教器的操作面板中，单击 EDIT 按钮，显示程序编辑界面。

❷ 单击 NEXT 键→INST（F1 键）→IF/SELECT，如图 7-109 所示。可选择需要的 IF 指令，如图 7-110 所示。

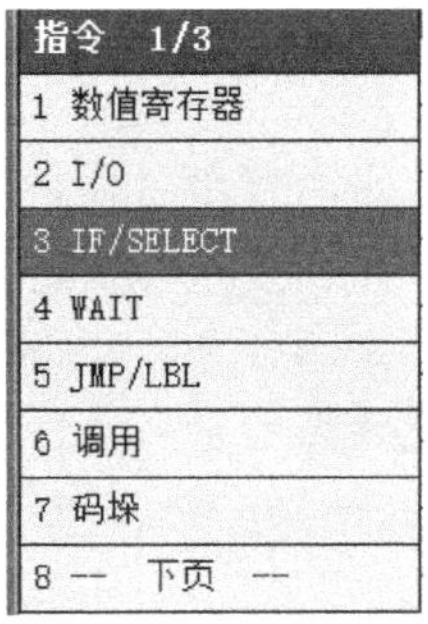

图 7-109

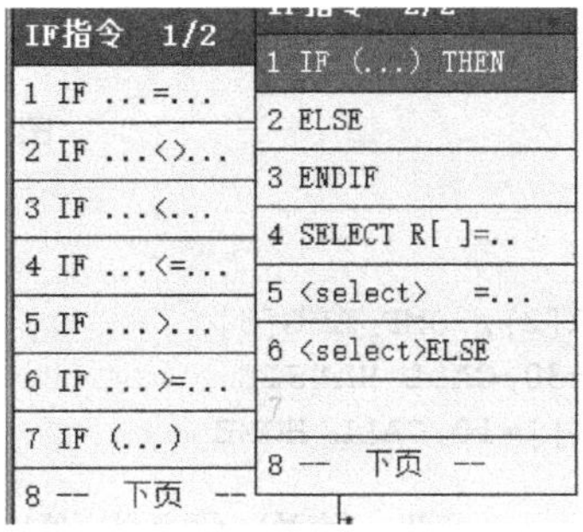

图 7-110

条件比较指令包括数值寄存器条件比较指令、I/O 条件比较指令，以及码垛寄存器条件比较指令。

1. 数值寄存器条件比较指令

数值寄存器条件比较指令的格式：

IF（变量）（运算符）（值），（处理）

数值寄存器条件比较指令用于对寄存器的值和另一个值进行比较。对指令的说明如图 7-111 所示。

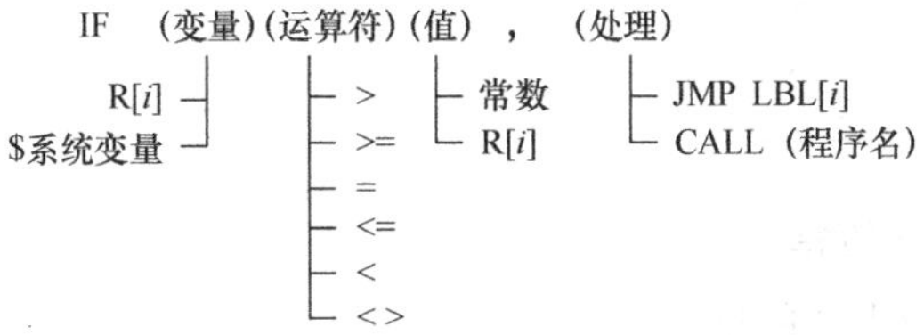

图 7-111

例如：

```
IF R[1]=R[2], JMP LBL[1]
IF R[R[3]]>=30,CALL PICK
```

2. I/O 条件比较指令

I/O 条件比较指令的格式：

IF（变量）（运算符）（值），（处理）

I/O 条件比较指令用于对 I/O 值和另一个值进行比较。对两种 I/O 条件比较指令的格式说明如图 7-112 和图 7-113 所示。

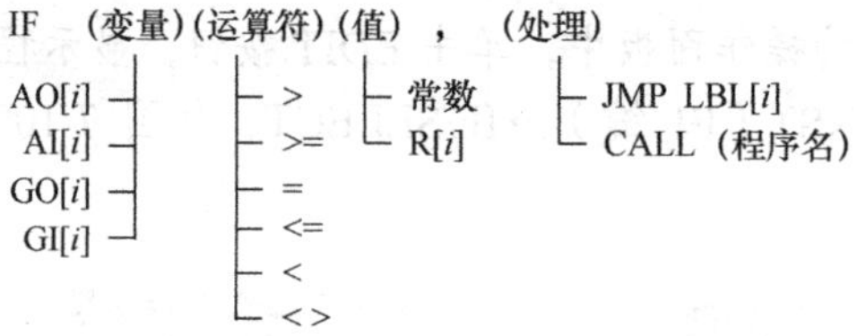

图 7-112

例如：

```
IF GO[1]=R[2], JMP LBL[3]
IF AO[1]>=30,CALL HANJIE
IF G I[R[1]]=10,CALL HOME
```

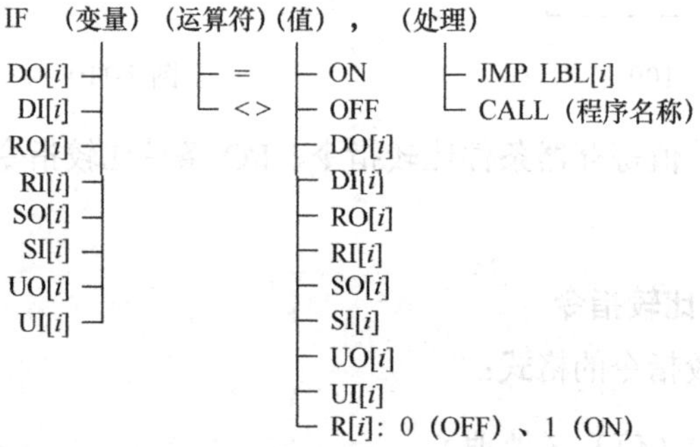

图 7-113

例如：

```
IF RO[1]<>OFF, JMP LBL[2]
IF DI[2]=ON, CALL PICK
IF DI[3]=DO[1], CALL PICK
```

3. 码垛寄存器条件比较指令

码垛寄存器条件比较指令的格式：

IF PL[*i*]（运算符）（值）（处理）

码垛寄存器条件比较指令用于对码垛寄存器的值和另一个码垛寄存器的要素值进行比较。对指令的说明如图 7-114 所示。

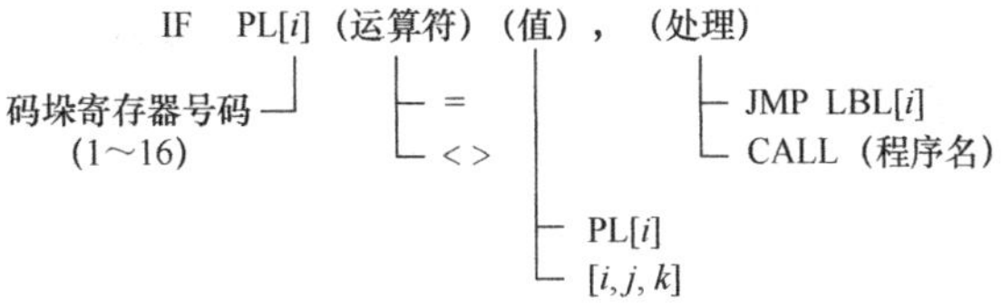

图 7-114

例如：

```
IF PL[1]=PL[1],JMP LBL[1]
IF PL[2]<>[1,1,3],CALL GDBJH
IF PL[R[3]]<>[*,*,2-1],CALL HSJND
```

7.3.6 条件选择指令

条件选择指令由多个寄存器比较指令构成，用于将寄存器的值与几个值进行比较。对指令的说明如图 7-115 所示。

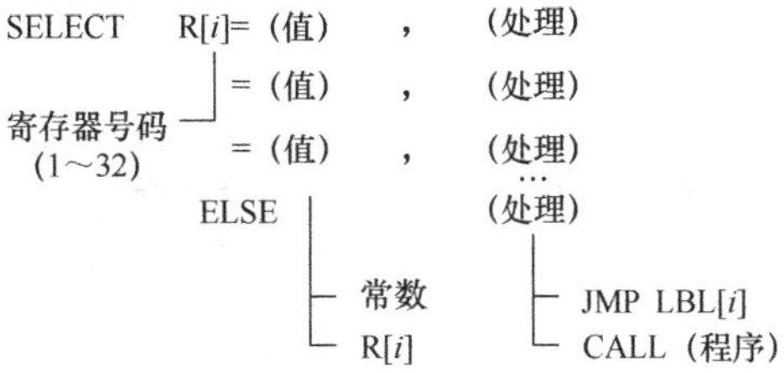

图 7-115

如果寄存器的值与其中一个值一致，则执行与该值相对应的跳转指令或调用子程序指令；如果寄存器的值与任何一个值都不一致，则执行与 ELSE（其他）对应的跳转指令或调用子程序指令。

例如：

```
SELECT R[1]=1,JMP LBL[1]
=2,JMP LBL[2]
=3,JMP LBL[3]
=4,JMP LBL[4]
ELSE CALL GSHSD
```

应用条件选择指令的操作步骤如下。

❶ 在 FANUC 示教器的操作面板中，单击 EDIT 按钮，显示程序编辑界面。

❷ 单击 NEXT 键→INST（F1 键）→IF/SELECT，如图 7-116 所示。可选择需要的 IF 指令，如图 7-117 所示。

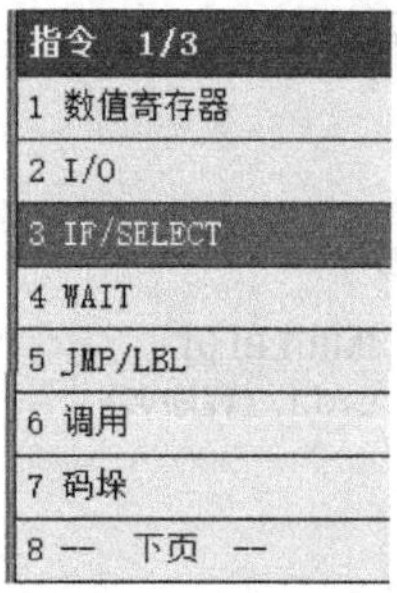

图 7-116

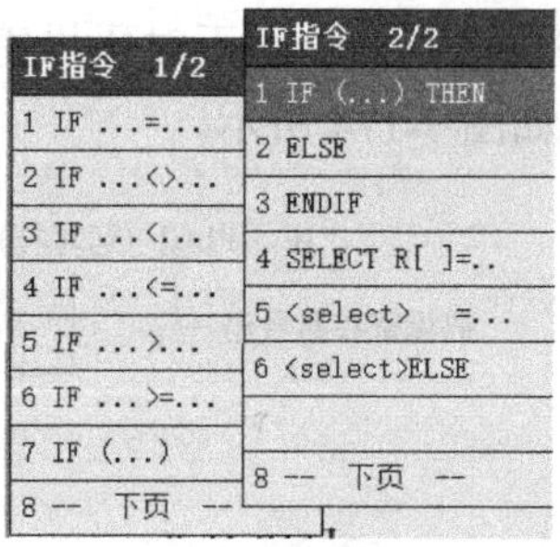

图 7-117

7.3.7 等待指令

等待指令可以让程序在指定的时间或条件得到满足之前执行等待操作。等待指令有两类：

- 指定时间等待指令：在指定的时间内执行等待操作。
- 条件等待指令：只有在指定的条件得到满足之后，才能执行后面的内容。

应用等待指令的操作步骤如下。

❶ 在 FANUC 示教器的操作面板中，单击 EDIT 按钮，显示程序编辑界面。

❷ 单击 NEXT 键→INST（F1 键）→WAIT，如图 7-118 所示。可选择需要的等待指令，如图 7-119 所示。

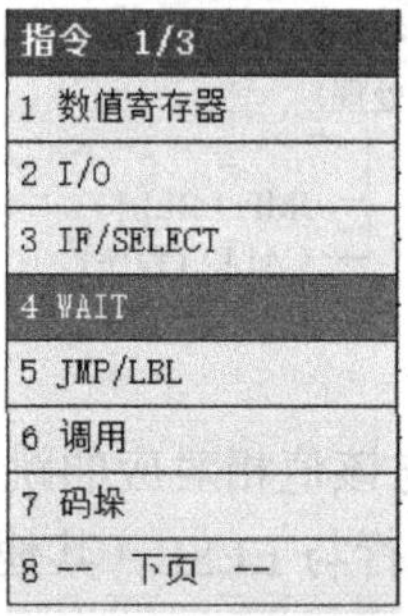

图 7-118

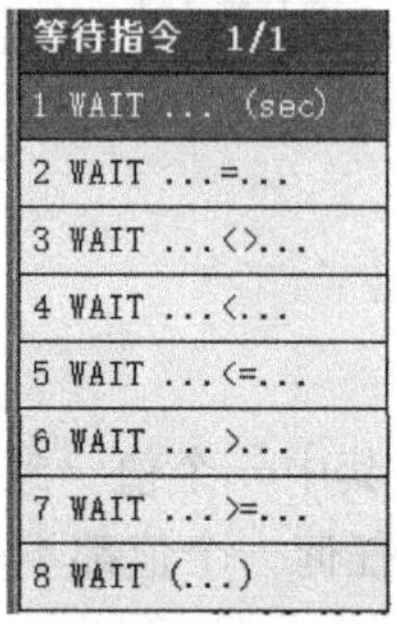

图 7-119

1. 指定时间等待指令

指定时间等待指令的格式：

WAIT（值）

指定时间等待指令用于使程序在指定时间内等待（等待时间的单位：s）。指定时间等待指令的格式如图 7-120 所示。

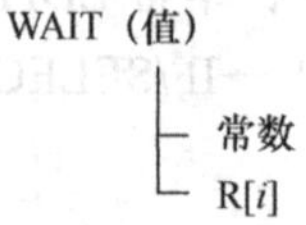

图 7-120

例如：

```
WAIT 5s
WAIT 0.5s
WAIT R[1]
```

2．条件等待指令

条件等待指令的格式：

WAIT（条件），（处理）

条件等待指令用于在指定的条件得到满足，或者在指定时间之前使程序等待。超时的处理通过如下方式指定。

- 在没有指定时间时，可在条件得到满足之前，使程序等待。
- “等待超时”为系统设置的等待时间，可以自由修改，如图 7-121 所示。如果在指定的时间内条件没能得到满足，则程序将向指定的标签转移。

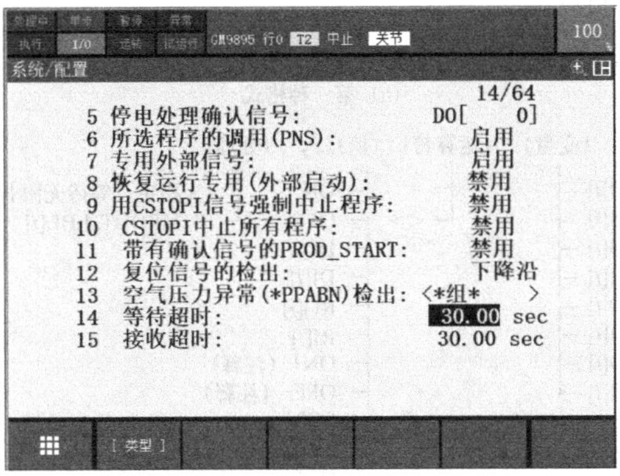

图 7-121

条件等待指令可以在条件语句中使用逻辑运算符（AND、OR），从而在一行中指定多个条件。

在条件等待指令中应用逻辑运算符的格式：

- 逻辑积（AND）：WAIT <条件 1>AND<条件 2>AND<条件 3>，JMP LBL[3]
- 逻辑和（OR）：WAIT<条件 1>OR <条件 2>，JMP LBL[3]

（1）寄存器条件等待指令

寄存器条件等待指令用于将寄存器的值和另一个值进行比较，在条件得到满足之前等待，如图 7-122 所示。

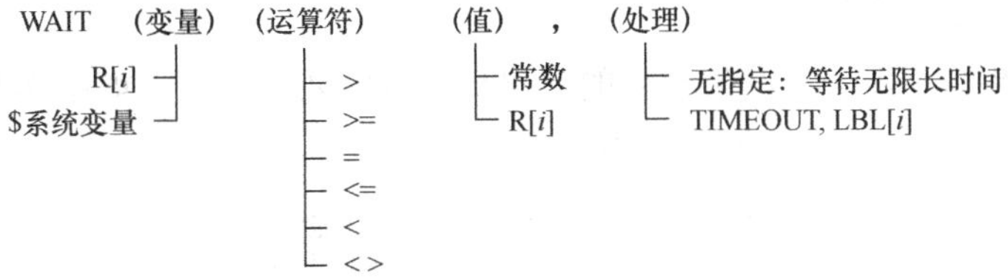

图 7-122

例如：

```
WAIT R[1]<>10,TIMEOUT LBL[1]
WAIT R[R[2]]>=5
```

（2）I/O 条件等待指令

I/O 条件等待指令用于对 I/O 的值和另一个值进行比较，在条件得到满足之前等待。对两种 I/O 条件等待指令的格式说明如图 7-123 所示。

例如：

```
WAIT DI[2]<>OFF,TIMEOUT LBL[1]
WAIT RI[R[1]]=R[1]
WAIT DO[1]=ON+
```

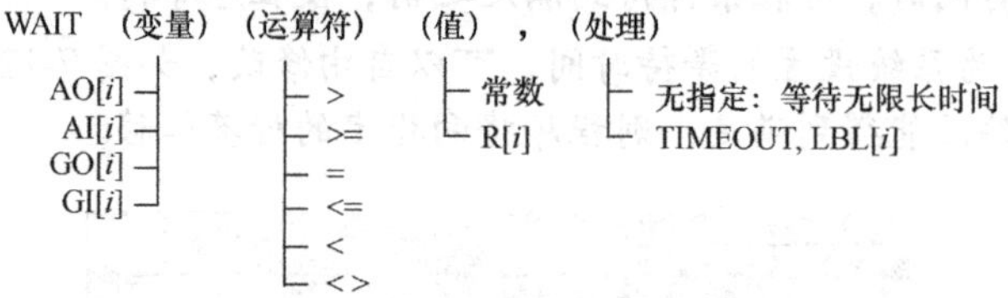

(a) 第一种格式

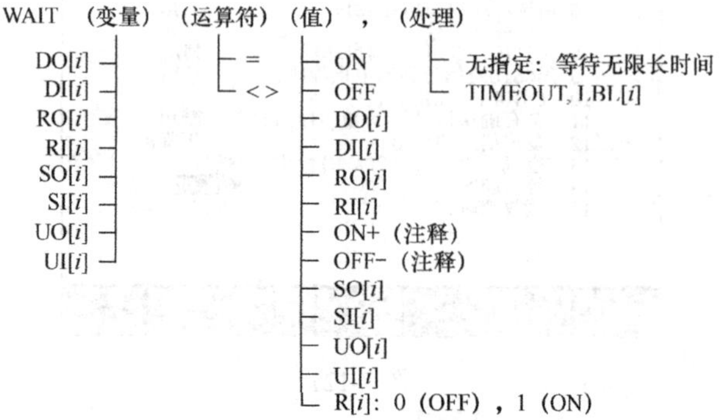

(b) 第二种格式

图 7-123

注意：

- **OFF：将信号的下降沿作为检测条件，因此，在信号保持断开的状态下条件不会成立。**
- **ON：将信号的上升沿作为检测条件，因此，在信号保持接通的状态下条件不会成立。**

（3）错误条件等待指令

错误条件等待指令用于在发生设置的错误号码报警之前等待，如图 7-124 所示。

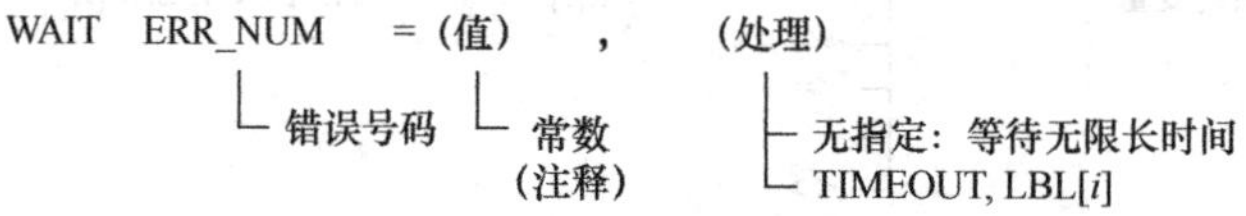

图 7-124

错误号码将并排显示报警 ID 和报警号码，即"错误号码=CCmmm"。其中，CC 等于报警 ID；mmm 等于报警号码。例如，在发生"SRVO-006 HAND Broken"（伺服-006 夹爪断裂）报警的情况下，报警 ID 为 11，报警号码为 006，因此，错误号码为 11006。

7.3.8 循环指令

循环指令通过 FOR 指令和 ENDFOR 指令包围所要循环的区间。循环的次数由 FOR 指令指定的值确定。

- FOR 指令：表示 FOR/ENDFOR 区间的开始。
- ENDFOR 指令：表示 FOR/ENDFOR 区间的结束。

应用循环指令的操作步骤如下。

❶ 在 FANUC 示教器的操作面板中，单击 EDIT 按钮，显示程序编辑界面。

❷ 单击 NEXT 键→INST（F1 键）→FOR/ENDFOR，如图 7-125 所示。可选择需要的 FOR 指令，如图 7-126 所示。

图 7-125

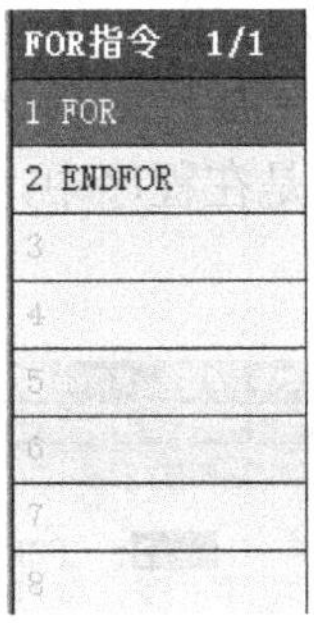

图 7-126

1. FOR 指令

FOR 指令（选择 TO、DOWNTO 时）的指令格式分别如图 7-127 和图 7-128 所示。

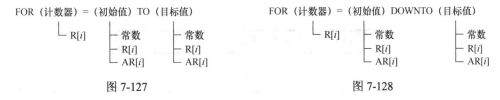

```
FOR（计数器）=（初始值）TO（目标值）
      └ R[i]    ├ 常数    ├ 常数
                ├ R[i]    ├ R[i]
                └ AR[i]   └ AR[i]
```

图 7-127

```
FOR（计数器）=（初始值）DOWNTO（目标值）
      └ R[i]    ├ 常数      ├ 常数
                ├ R[i]      ├ R[i]
                └ AR[i]     └ AR[i]
```

图 7-128

对 FOR 指令的格式说明如下。

- 计数器使用数值寄存器 R[i]。
- 初始值、目标值可使用常数、数值寄存器、参数。常数可以指定从-32767～32766 的整数。

若要执行 FOR/ENDFOR 区间，则需要满足如下条件：

- 指定 TO 时，初始值位于目标值以下。

- 指定 DOWNTO 时，初始值位于目标值以上。
- 如果条件得到满足，则执行 FOR/ENDFOR 的区间内容。
- 如果条件没有得到满足，则不执行 FOR/ENDFOR 的区间内容。

2. ENDFOR 指令

在执行 ENDFOR 指令时，只要满足如下条件，就会反复执行 ENDFOR 区间的内容。

- 指定 TO 时，计数器的值小于目标值。
- 指定 DOWNTO 时，计数器的值大于目标值。

当条件满足时，在执行 TO 的情况下，计数器会自动加 1；在执行 DOWNTO 的情况下，计数器会自动减 1，并再次执行 ENDFOR 区间的内容。若条件没有得到满足，则结束 ENDFOR 区间的执行操作。

3. FOR/ENDFOR 指令的组合

通过在 FOR/ENDFOR 区间中进一步示教 FOR/ENDFOR 指令，就可以形成嵌套循环。该嵌套循环最多可以形成 10 个层级（若超过 10 个层级，则会发出报警）。FOR 指令和 ENDFOR 指令必须在同一程序中具有相同数量，否则会发出报警，如图 7-129 所示：在第 1 行示教了 FOR 指令，但是在程序中，FOR 指令与 ENDFOR 指令的数量不一致，因此在执行时发出报警。

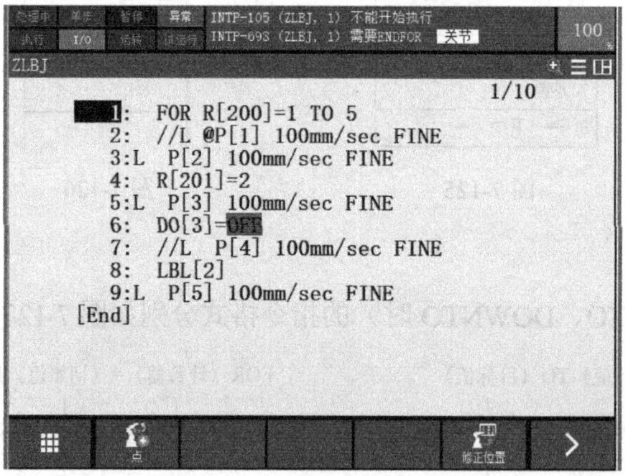

图 7-129

> **注意：** 在一个嵌套循环中，不要在计数器中重复使用相同的寄存器，否则会令其不能正常工作。

4. FOR/ENDFOR 指令的后退执行

FOR/ENDFOR 指令无法后退执行，但可以后退执行 FOR/ENDFOR 区间内的指令。在图 7-130 中后退执行第 1 行和第 5 行时，会发生“INTP-238 后退执行完成”的报警。但若从第 4、3、2 行后退执行，则不会发出报警。

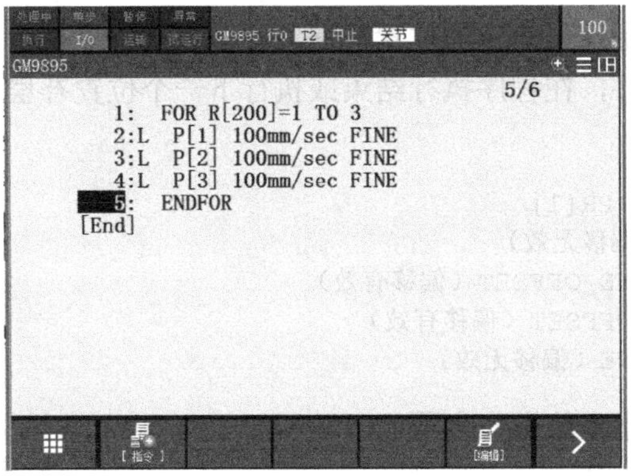

图 7-130

5. FOR/ENDFOR 指令的报警

在 FOR/ENDFOR 指令中，若发生如下状况，则会发出报警。

- FOR 指令和 ENDFOR 指令的数量不同。
- 嵌套循环的层级超过 10 层。
- 在执行 FOR 指令时，其初始值或目标值中使用整数以外的数值。
- 在执行 ENDFOR 指令时，其计数器值或目标值中使用整数以外的数值。

在图 7-131 中，由于相对第 4 行 ENDFOR 指令的 FOR 指令不存在，在执行程序时会发出“INTP-693（程序名，行数）Need ENDFOR”或“某某程序第几行中需要 ENDFOR 用于 FOR 的结束”的报警。

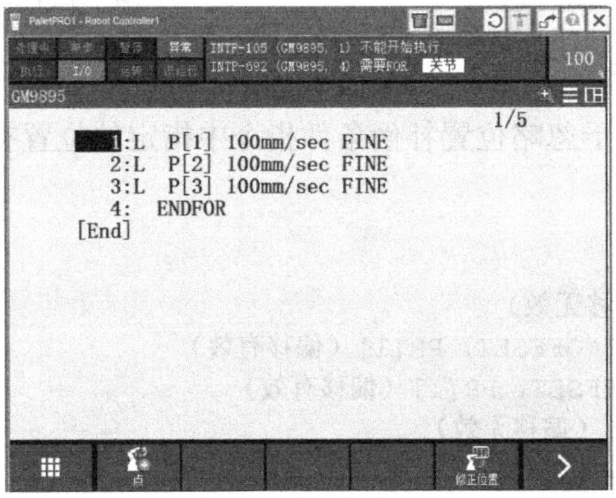

图 7-131

7.3.9 偏移条件指令

偏移条件指令格式：

OFFSET CONDITION PR[*i*]（偏移补偿条件 PR[*i*]）

1. 位置补偿条件指令

偏移条件指令用于将机器人从某一位置偏移到指定的位置。偏移条件由位置补偿条件指令指定。位置补偿条件是预先给定的位置数据。该条件必须在执行偏移条件指令之前执行。曾被指定的位置补偿条件，在程序执行结束或执行下一个位置补偿条件指令之前有效。

例如：

```
OFFSET CONDITION PR[1]
J P[1]80% FINE（偏移无效）
L P[2]300mm/s FINE OFFSET（偏移有效）
J P[3]100% FINE OFFSET（偏移有效）
L P[4]500mm/s FINE（偏移无效）
```

应用位置补偿条件指令的操作步骤如下。

❶ 在 FANUC 示教器的操作面板中，单击 EDIT 按钮，显示程序编辑界面。

❷ 单击 NEXT 键→INST（F1 键）→“偏移/坐标系”，如图 7-132 所示。可选择“偏移条件”指令，如图 7-133 所示。

图 7-132

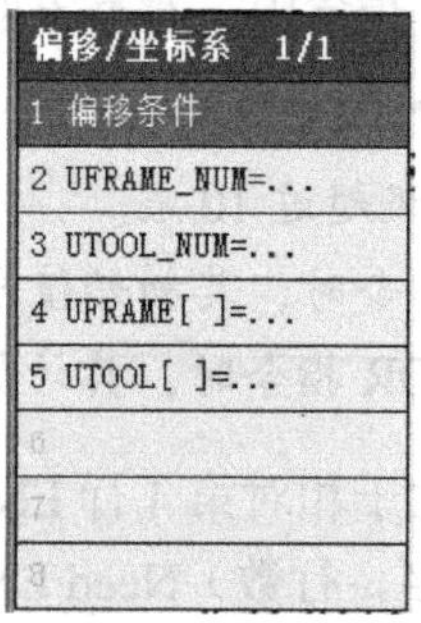

图 7-133

2. 直接位置偏移指令

直接位置偏移指令用于忽略位置补偿条件指令中指定的位置补偿条件，按照直接指定的位置寄存器值进行偏移。

例如：

```
J P[1]80% FINE（偏移无效）
L P[2]300mm/s FINE OFFSET，PR[1]（偏移有效）
J P[3]100% FINE OFFSET，PR[1]（偏移有效）
L P[4]500mm/s FINE（偏移无效）
```

注意：通过比较直接位置偏移指令和位置补偿条件指令可以发现：在应用直接位置偏移指令时，比位置补偿条件指令少一行程序。

应用直接位置偏移指令的操作步骤如下。

❶ 在 FANUC 示教器的操作面板中，单击 EDIT 按钮，打开程序编辑界面。

❷ 同时单击 SHIFT 键和 F1 键编写一条移动指令，将光标移至该指令的尾端，单击“[选择]”按钮（F4 键），在弹出的列表中选择“偏移，PR[ ]”选项，如图 7-134 所示。之后直接输入偏移的 PR 号码即可，如图 7-135 所示。

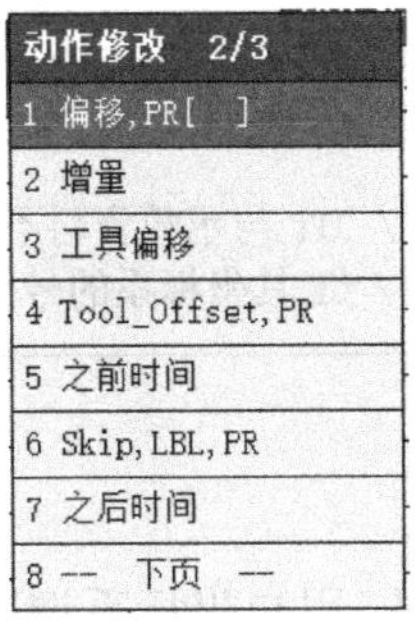

图 7-134

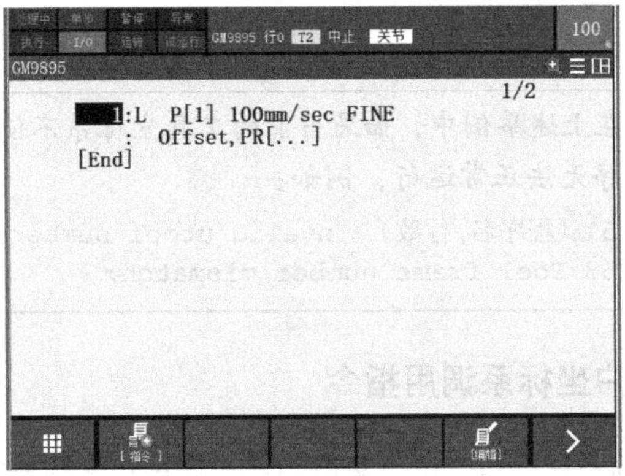

图 7-135

7.3.10 工具坐标系调用指令

工具坐标系调用指令用于更改当前所选的工具坐标系号码。工具坐标系调用指令的格式如图 7-136 所示。

```
UTOOL_NUM=（值）
              ├ R[i]
              └ 常数
                工具坐标系号码（0~10）
```

图 7-136

应用工具坐标系调用指令的操作步骤如下。

❶ 在 FANUC 示教器的操作面板中，单击 EDIT 按钮，打开程序编辑界面。

❷ 单击 NEXT 键→INST（F1 键）→“偏移/坐标系”→“UTOOL_NUM=...”，如图 7-137 所示。

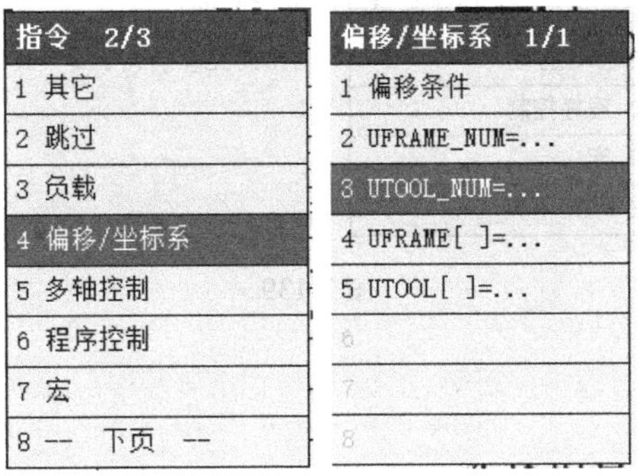

图 7-137

例如：

```
UTOOL_NUM=3
L P[2]300mm/s FINE
J P[3]100% FINE
```

```
L P[4]500mm/s FINE
END
```

注意：在上述举例中，如果当前的工具坐标系不使用第三个工具坐标系，系统将会报错，导致程序无法正常运行，例如：

```
INTP-251（程序名,行数） Invalid utool number;    // UT 与示教资料不符
INTP-253 Tool frame number mismatch;           // 工具坐标系的号码不同
```

7.3.11 用户坐标系调用指令

用户坐标系调用指令用于更改当前所选用户坐标系的号码。用户坐标系调用指令的格式如图 7-138 所示。

UFRAME_NUM=（值）
- R[i]
- 常数
  用户坐标系号码（0~9）

图 7-138

应用用户坐标系调用指令的操作步骤如下。

❶ 在 FANUC 示教器的操作面板中，单击 EDIT 按钮，打开程序编辑界面。

❷ 单击 NEXT 键→INST（F1 键）→“偏移/坐标系”→“UFRAME_NUM=...”，如图 7-139 所示。

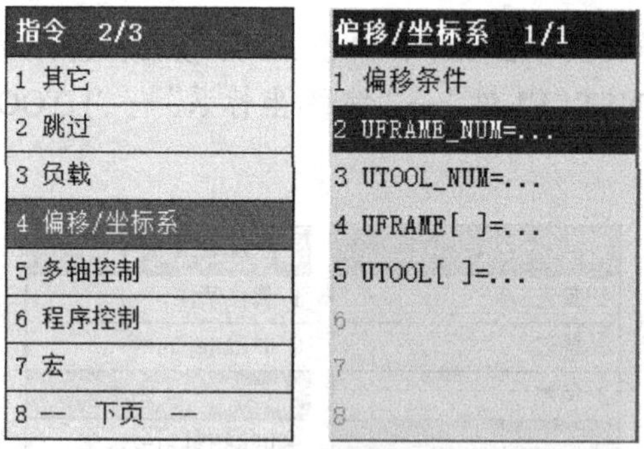

图 7-139

例如：

```
UFRAME_NUM=2
UTOOL_NUM=3
L P[2]300mm/s FINE
J P[3]100% FINE
L P[4]500mm/s FINE
END
```

注意：在上述举例中，如果当前的用户坐标系不使用第二个用户坐标系，则系统会报错，导致程序无法正常运行，例如：

```
INTP-250（程序名,行数） Invalid uframe number;     // UT与示教资料不符
INTP-252 User frame number mismatch;             // 用户坐标系的号码不同
```

7.4 码垛堆积指令

码垛堆积指令用于对几个具有代表性的点进行示教，即从下层到上层按照顺序堆上工件：若对堆上点的代表点进行示教，则可简单创建堆上式样；若对经由点（接近点、逃点）进行示教，则可创建线路点。若设置多个线路点，则可进行多种码垛堆积，如图7-140所示。

图 7-140

码垛堆积由两个要素构成，如图7-141所示。

- 堆上式样：确定工件的堆上方法。
- 线路点：确定堆上工件的路径。

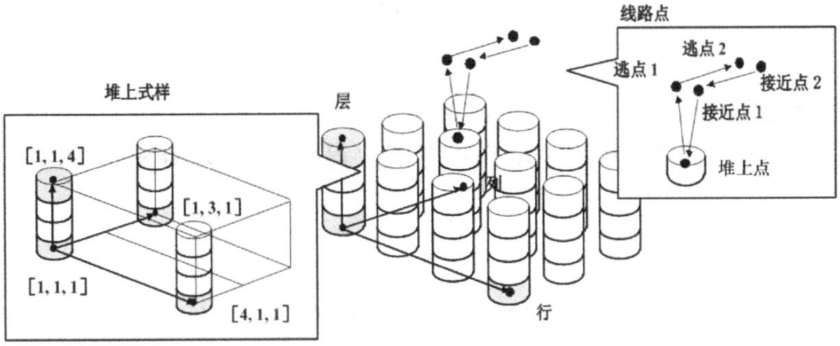

图 7-141

根据堆上式样和线路点的设置方法，可将码垛堆积分为 4 种：码垛堆积 B、码垛堆积 E、码垛堆积 BX、码垛堆积 EX。

- 码垛堆积 B：所有工件的姿势固定，堆上的底面形状可近似为直线或平行四边形，如图 7-142 所示。

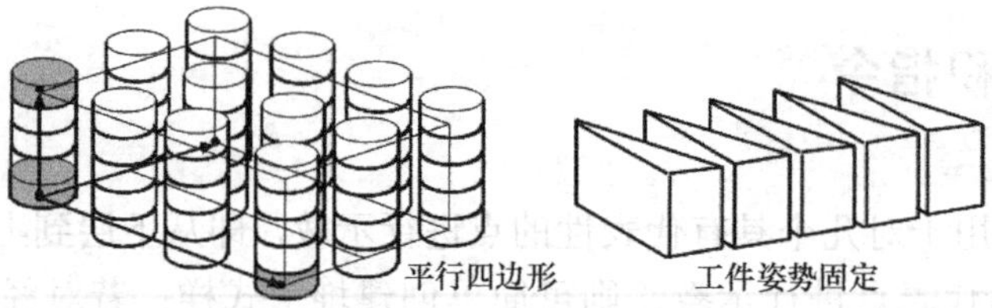

图 7-142

- 码垛堆积 E：更为复杂的堆上式样，例如，希望改变工件的姿势、堆上的底面形状不是平行四边形等，如图 7-143 所示。

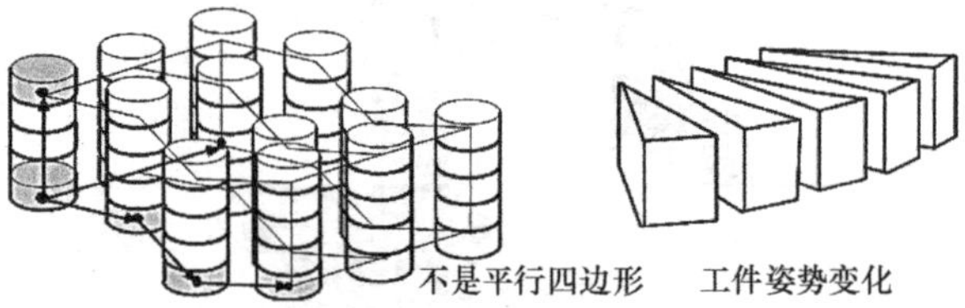

图 7-143

- 码垛堆积 BX、码垛堆积 EX：可以设置多个线路点，如图 7-144 所示（码垛堆积 B、码垛堆积 E 只能设置一个线路点）。

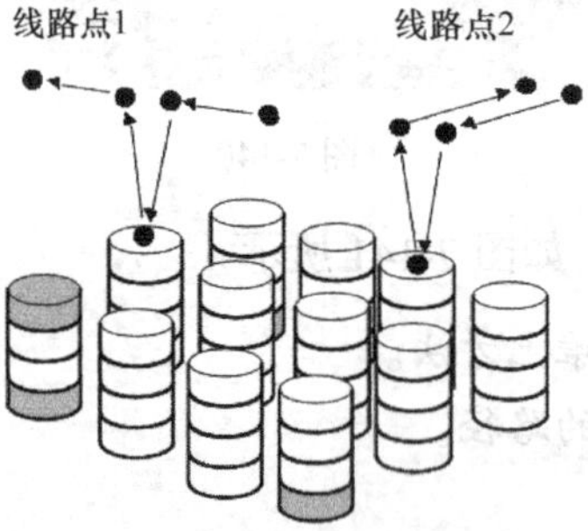

图 7-144

码垛堆积指令基于码垛寄存器的值，根据堆上式样计算当前的堆上点位置，并根据线路点计算当前的路径，改写码垛堆积动作指令的位置数据。码垛堆积指令的格式如图 7-145 所示。

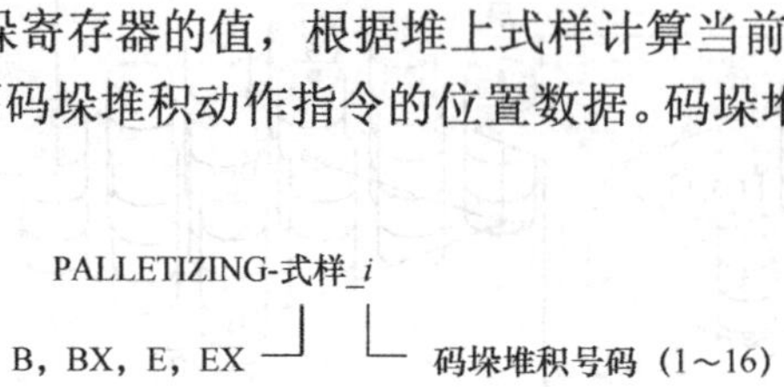

图 7-145

7.4.1 应用码垛堆积指令

1. 码垛堆积指令的分类

（1）码垛堆积动作指令

码垛堆积动作指令是以使用具有接近点、堆上点、逃点的线路点作为位置数据的动作指令，是码垛堆积专用的动作指令。该位置数据均通过码垛堆积指令自动改写。码垛堆积动作指令的格式如图 7-146 所示。

（2）码垛堆积结束指令

码垛堆积结束指令用于计算下一个堆上点，并改写码垛寄存器的值。码垛堆积结束指令的格式如图 7-147 所示。

```
J/L/C PAL_i   [路线点]（值） FINE/CNT
码垛堆积号码（1～16）
    A_n   ：接近点  n=1～8
    BTM   ：堆上点
    R_n   ：逃点    n=1～8
```

图 7-146

```
PALLETIZING-END_i
    码垛堆积号码（1～16）
```

图 7-147

例如：

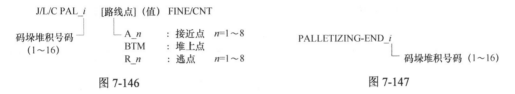

```
PALLETIZING-B_1
J PAL_1[A_2]50% CNT60
L PAL_1[A_1]100mm/s CNT20
L PAL_1[BTM]50mm/s FINE
DO[2:PICK]=OFF
WAIT0.5 (s)
L PAL_1[R_1]100mm/s CNT20
J PAL_1[R_2]100mm/s CNT60
PALLETIZING-END_1
```

在示教完码垛堆积的数据后，码垛堆积号码随同指令（如码垛堆积动作指令、码垛堆积结束指令）一起被自动写入。此外，在对新的码垛堆积进行示教时，码垛堆积号码将被自动更新。

（3）码垛寄存器指令

码垛寄存器指令用于控制码垛堆积，并进行堆上点的指定、比较、分支等操作。码垛寄存器指令的格式如图 7-148 所示。

```
PL[i]=（值）
码垛寄存器号码（1～32）
    PL[i]：码垛寄存器[i]
    [i,j,k]：码垛寄存器要素
```

图 7-148

码垛寄存器表示在执行码垛堆积指令时，是否进行相对行、列、层的堆上位置计算。码垛寄存器和堆上点之间的关系如图 7-149 所示。

① 更新码垛寄存器

码垛寄存器的加法运算（减法运算）通过执行码垛堆积结束指令来进行。该加法运算（减法运算）的方法随初期资料的设置而定。

在 2 行、2 列、2 层的码垛堆积情况下（见图 7-150），执行码垛堆积结束指令。此时，码垛寄存器的加法运算（减法运算）如表 7-2 所示。

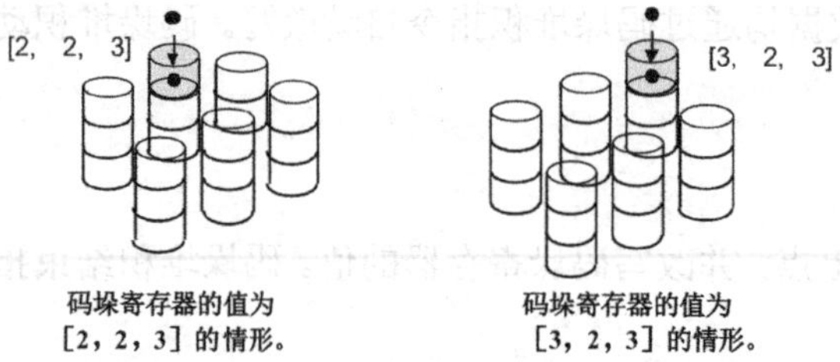

图 7-149

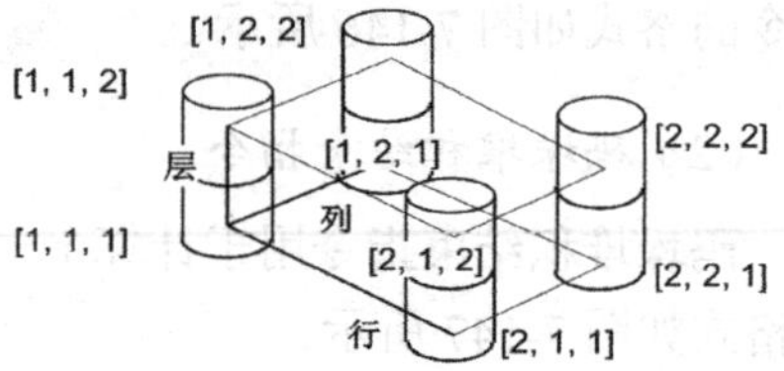

图 7-150

表 7-2

种类=[堆上]		种类=[堆下]	
增加=[1]	增加=[-1]	增加=[1]	增加=[-1]
[1,1,1]	[2,2,1]	[2,2,2]	[1,1,2]
[2,1,1]	[1,2,1]	[1,2,2]	[2,1,2]
[1,2,1]	[2,1,1]	[2,1,2]	[1,2,2]
[2,2,1]	[1,1,1]	[1,1,2]	[2,2,2]
[1,1,2]	[2,2,2]	[2,2,1]	[1,1,1]
[2,1,2]	[1,2,2]	[1,2,1]	[2,1,1]
[1,2,2]	[2,1,2]	[2,1,1]	[1,2,1]
[2,2,2]	[1,1,2]	[1,1,1]	[2,2,1]
[1,1,1]	[2,2,1]	[2,2,2]	[1,1,2]

② 初始化码垛寄存器

在进行码垛堆积初期资料的输入后，单击“前进”按钮（F5 键），码垛寄存器将被自动初始化。

③ 控制基于码垛寄存器的码垛堆积

在 5 行、1 列、5 层的码垛堆积中，若不进行偶数层第 5 个的堆上操作（奇数层进行 5 个堆上操作，偶数层进行 4 个堆上操作），则示意程序如下。

```
1:PL[1]=[1,1,1]                    // 将[1,1,1]代入码垛寄存器[1]中
2:LBL[1]
3:IF PL[1]=[5,*,2-0]JMP LBL[2]     // 行的值为 5，在偶数层的情况下，跳到标签[2]
4:L P[1]100mm/s FINE
5:DO[2:PICK]=ON
6:WAIT 0.5(s)
7:PALLETIZING-B_1
8:L  PAL_1[A_1]100mm/s CNT25
9:L  PAL_1[BTM]80mm/s FINE
10:DO[2:PICK]=OFF
```

```
11:WAIT 0.5(s)
12:L PAL_1[R1]300mm/s CNT30
13:LBL[2]
14:IF PL[1]=[5,1,5]JMP LBL[3]  // 在行、列、层的值为[5, 1, 5]的情况下，跳到标签[3]
15:PALLETIZING-END_1
// 将堆上的行、列、层的值设置在码垛寄存器[1]中
16:JMP LBL[1]
17:LBL[3]
18:END
[END]
```

④ 显示码垛堆积状态

若要显示码垛堆积状态，则将光标移至码垛堆积指令，如图 7-151 所示。单击“列表”按钮（F5 键），将显示当前堆上点和码垛寄存器的值，如图 7-152 所示。

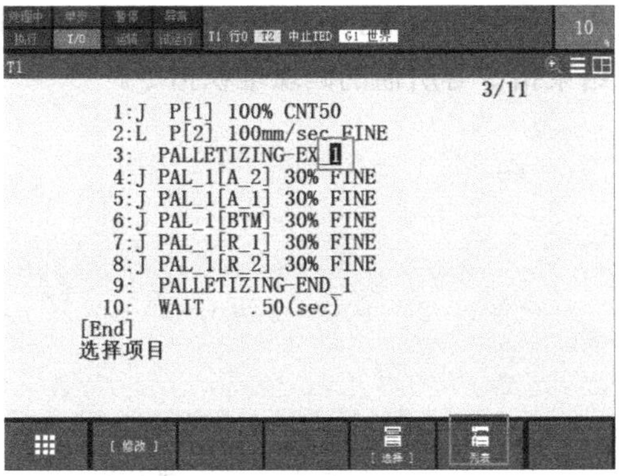

图 7-151

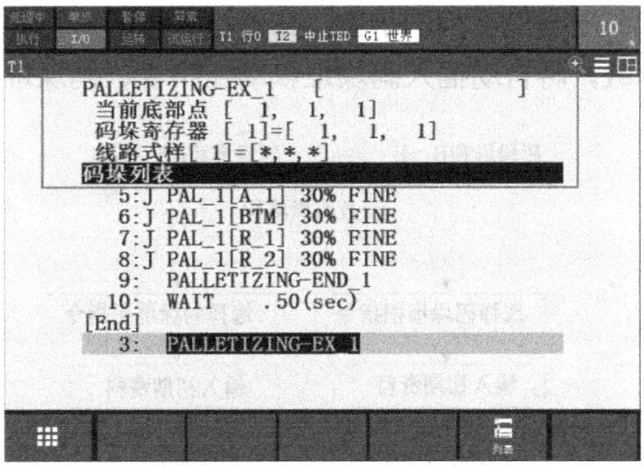

图 7-152

2. 码垛堆积指令的修改

修改码垛堆积指令的操作步骤如下。

❶ 将光标移至想要修改的码垛堆积指令，单击“[修改]”按钮（F1 键），弹出“修改”下拉列表，如图 7-153 所示。

❷ 从“修改”下拉列表中选择所需的修改选项，例如，选择“底部”选项，则显示如图 7-154 所示的界面。

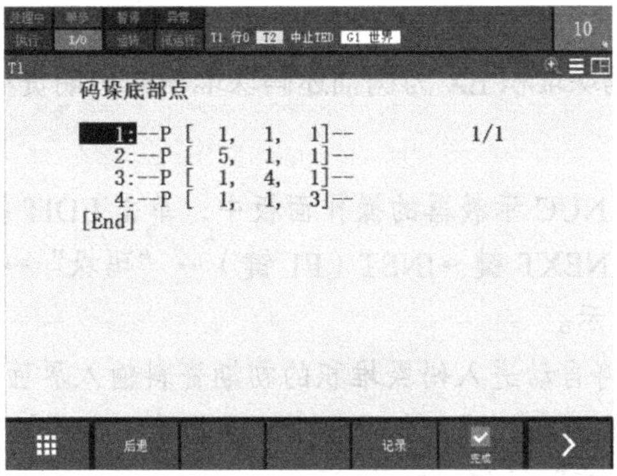

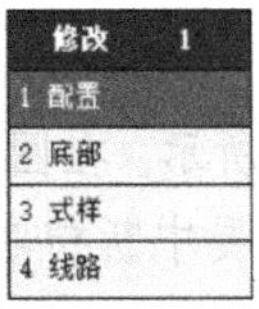

图 7-153

图 7-154

❸ 若要修改码垛堆积指令的号码，则将光标移至想要修改的码垛堆积指令，即可输入更改后的号码。

注意：在修改码垛堆积指令的号码后，码垛堆积动作指令、码垛堆积结束指令的码垛堆积号码，将跟随码垛堆积指令一起被自动更改。在更改码垛堆积号码时，一定要确认更改后的号码没有在其他码垛堆积指令中使用。

❹ 修改结束后，单击操作面板中的 NEXT 键→“程序”按钮，即可退出修改。

7.4.2 输入码垛堆积的初期资料

对码垛堆积的示教，按照如图 7-155 所示的步骤进行。

对码垛堆积的示教，在码垛堆积的编辑界面中进行，如图 7-156 所示。通过码垛堆积的示教，将自动插入码垛堆积动作指令、码垛堆积结束指令等所需的码垛堆积指令。

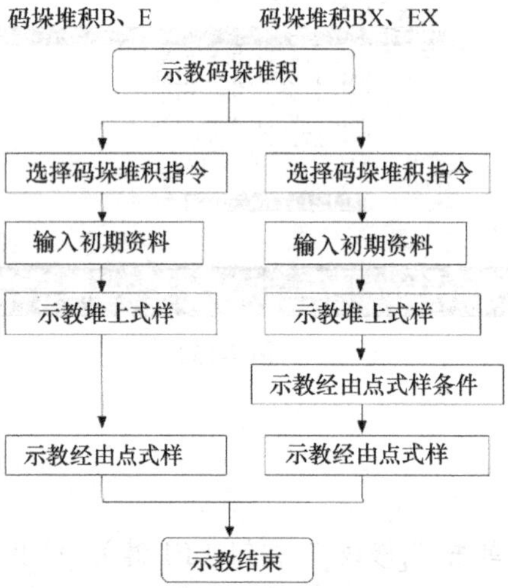

图 7-155

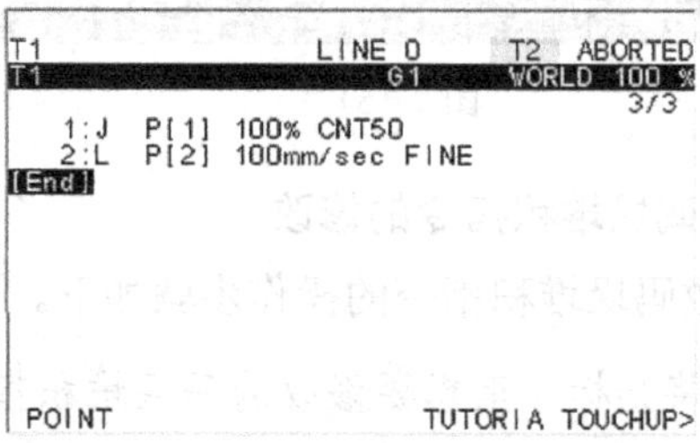

图 7-156

注意：若要提高码垛堆积的动作精度，则需要正确进行工具中心点的设置。

下面以码垛堆积 EX 为例描述码垛堆积的初期资料输入操作（假设码垛堆积 EX 的功能受到限制）。

❶ 在 FANUC 示教器的操作面板中，单击 EDIT 按钮，打开程序编辑界面。

❷ 单击 NEXT 键→INST（F1 键）→“码垛”→PALLETIZING-EX（码垛堆积 EX），如图 7-157 所示。

❸ 此时将自动进入码垛堆积的初期资料输入界面，如图 7-158 所示。在图 7-158 中可以看到“PALETIZING_1”，表示此为程序的第 1 个码垛堆积指令。若要中断初期资料的输入，则可单击“程序”按钮（F1 键）。

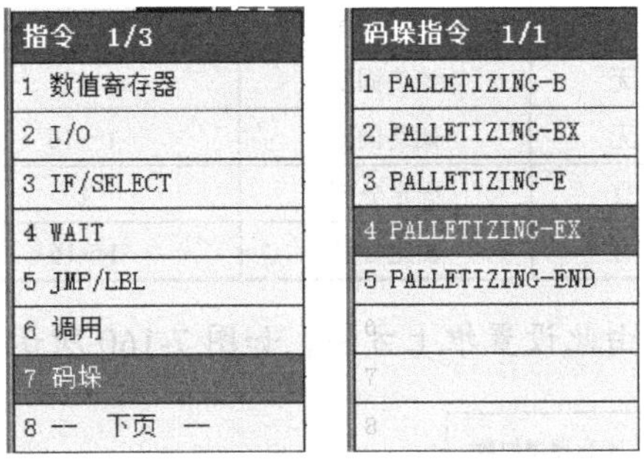

图 7-157

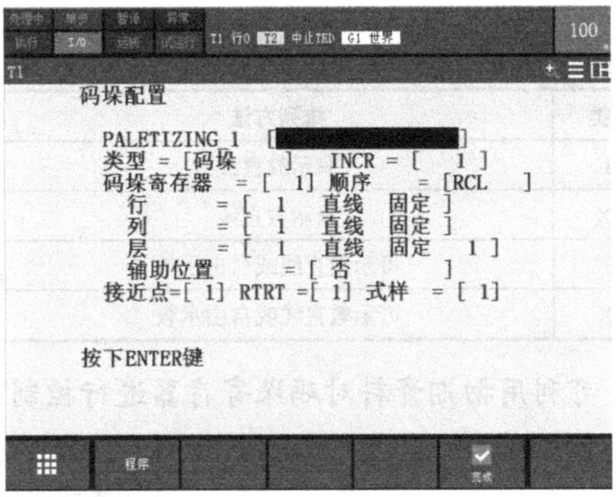

图 7-158

注意：在码垛堆积的初期资料输入界面中设置的数据，将在后面的示教界面中使用。根据码垛堆积的种类不同，初期资料的输入界面有 4 类不同显示：码垛堆积 EX 的情形如图 7-158 所示；码垛堆积 B 的情形如图 7-159（a）所示；码垛堆积 BX 的情形如图 7-159（b）所示；码垛堆积 E 的情形如图 7-159（c）所示。

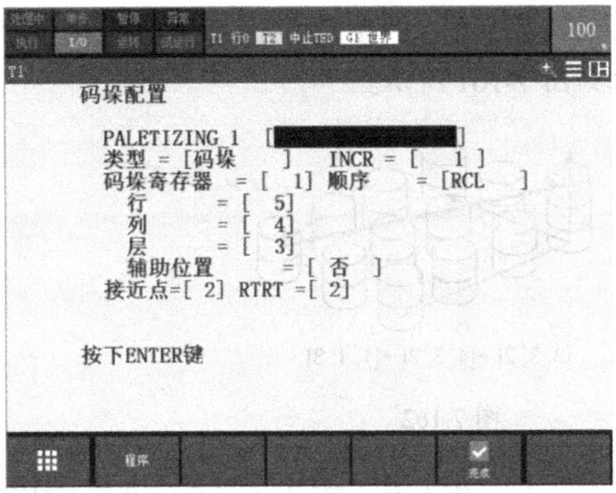

（a）码垛堆积 B 的情形

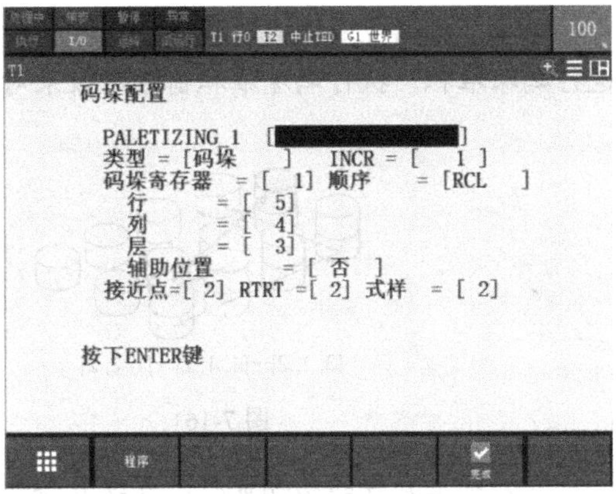

（b）码垛堆积 BX 的情形

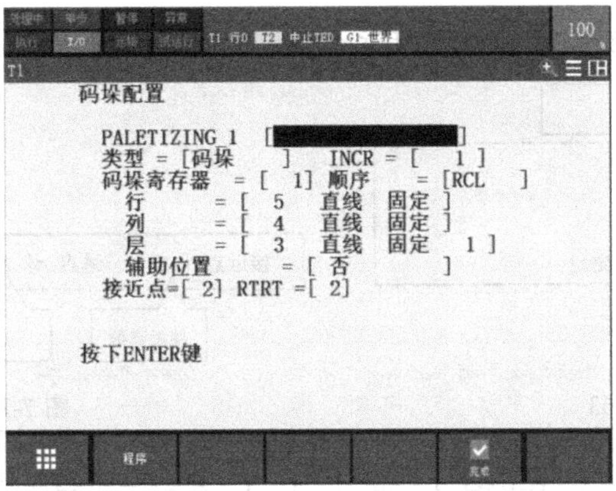

（c）码垛堆积 E 的情形

图 7-159

对 4 种不同的码垛堆积说明如表 7-3 所示。

表 7-3

种类	排列方法	层式样	姿势控制	线路式样数
B	只示教直线	无	始终固定	1
BX	只示教直线	无	始终固定	1～16
E	可示教直线或自由示教	有	固定分割	1
EX	可示教直线或自由示教	有	固定分割	1～16

可利用初期资料对码垛寄存器进行控制，并由此设置堆上方法，如图 7-160 所示。

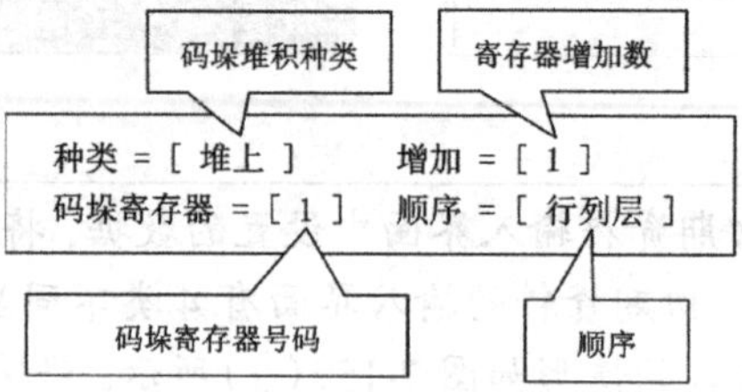

图 7-160

码垛寄存器应避免同时使用相同号码的其他码垛堆积，并按照“行→列→层”的顺序进行码垛堆积。执行码垛堆积前后的效果对比如图 7-161 所示。

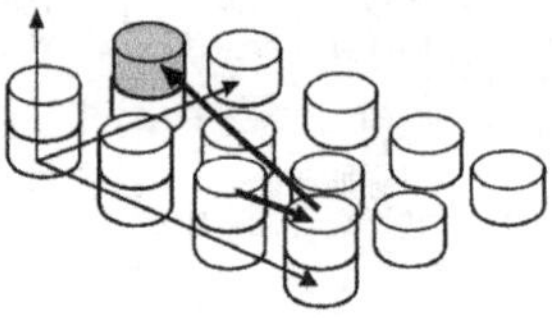

图 7-161

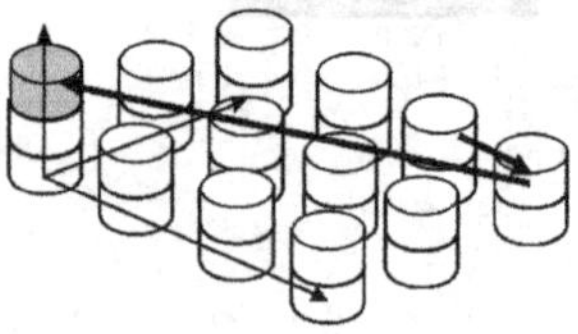

图 7-162

作为堆上式样的初期资料，可设置排列（行、列、层）数、姿势控制等，如图 7-163 所示。

作为线路点的初期资料，可设置接近点数、逃点数、线路式样数等，如图 7-164 所示。

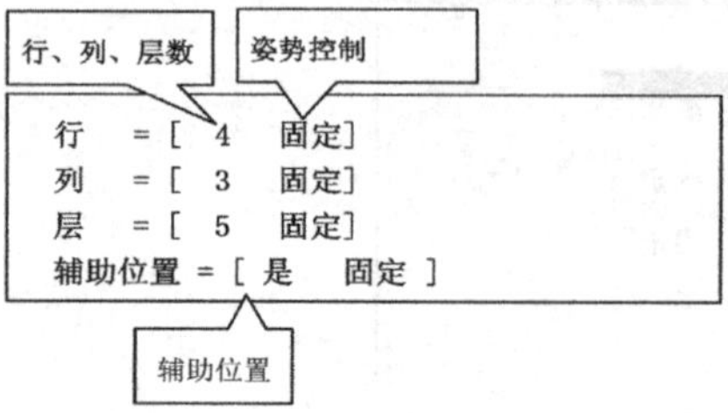

图 7-163

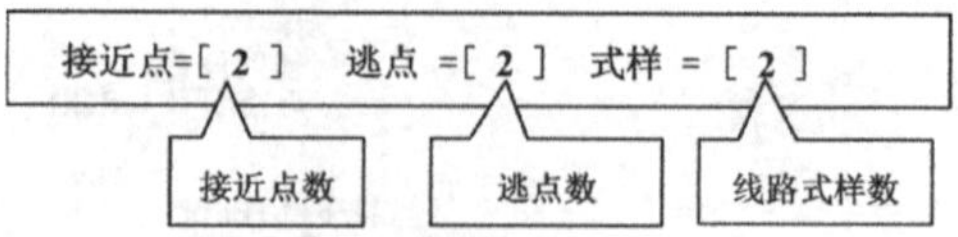

图 7-164

❹ 将光标移至“PALETIZING_1”后的“[ ]”处，单击回车键。在弹出的下拉列表中选择使用“大写”“小写”“标点符号”“其他/键盘”等进行字符的输入。输入完成后，单击回车键，效果如图 7-165 所示。

❺ 将光标移至“类型”后的“[ ]”处，进行类型的选择。

❻ 将光标移至 INCR 后的“[　]”处，可输入寄存器的增加数量；将光标移至“码垛寄存器”后的“[　]”处，可输入码垛寄存器的号码。

❼ 将光标移至“顺序”后的“[　]”处，可输入码垛堆积的顺序。

❽ 将光标移至“行”“列”和“层”后的“[　]”处，可设置“行”“列”和“层”的相关参数（按照一定的间隔指定排列，间隔单位：mm）。

❾ 将光标移至“辅助位置”后的“[　]”处，可指定是否存在辅助位置。在存在辅助位置的情况下，可按照需要选择“固定”或“分割”。

❿ 输入接近点的个数、逃点个数。

⓫ 输入完所有数据后，单击“完成”按钮（F5 键），将显示如图 7-166 所示的界面。此时，码垛寄存器将被自动初始化。

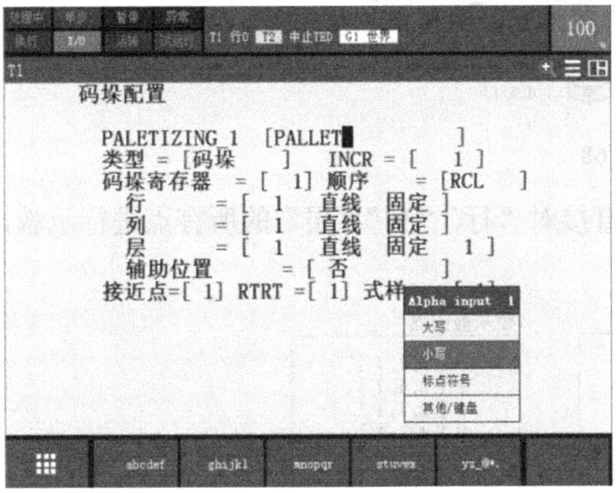

图 7-165

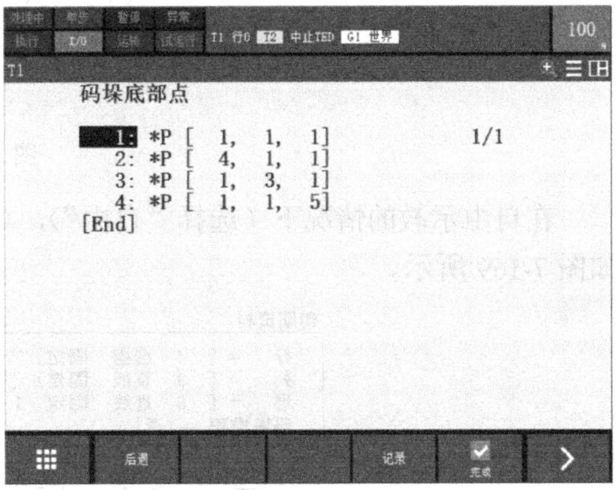

图 7-166

7.4.3　示教码垛堆积（堆上式样）

在码垛堆积的堆上式样示教界面中，可对堆上式样的堆上点（代表点）进行示教。由此，执行码垛堆积时，将从示教的代表点自动计算目标堆上点。

在无辅助位置的堆上式样中，可对堆上式样的四边形的 4 个顶点进行示教，如图 7-167 所示。

初期资料

```
行 = [ 4]
列 = [ 3]
层 = [ 5]
辅助位置 = [否]
```

要示教的点

```
P [ 1,1,1 ]
P [ 4,1,1 ]
P [ 1,3,1 ]
P [ 1,1,5 ]
```

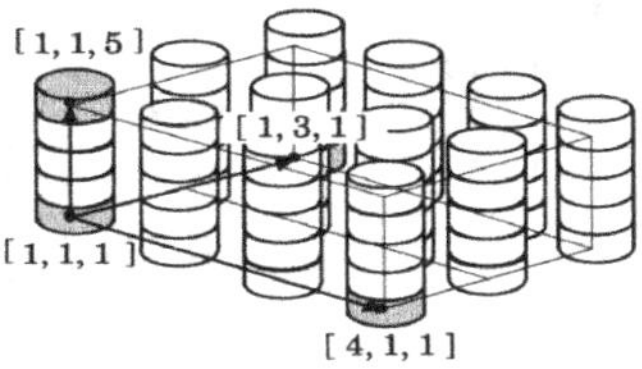

图 7-167

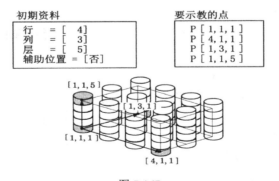

在存在辅助位置的堆上式样中，可按照第 1 层的形状，对四边形的顶点进行示教，如图 7-168 所示。

在存在辅助位置的情况下，可指定辅助位置的姿势控制（固定、分割），仅限码垛堆积E、EX。

在直线示教的情况下（选择“直线”），可通过示教边缘的2个代表点，设置“行”“列”“层”的所有点。

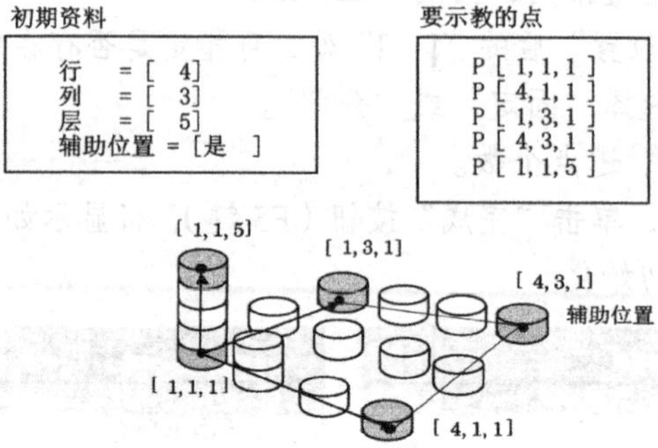

图 7-168

在自由示教的情况下（选择“自由”），可直接对“行”“列”“层”的所有点进行示教，如图 7-169 所示。

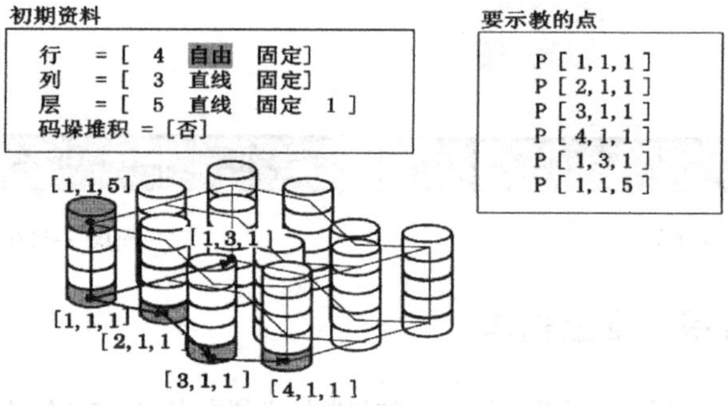

图 7-169

在指定间隔的情况下（例如，输入数值 100），可通过指定“行”“列”“层”的值设置所有点，如图 7-170 所示。

在固定姿势的情况下（选择“固定”），可让所有堆上点始终选取[1,1,1]中示教的姿势，如图 7-171 所示。

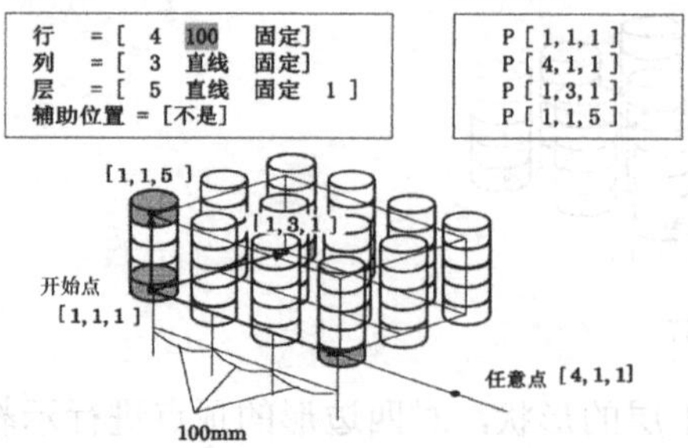

图 7-170

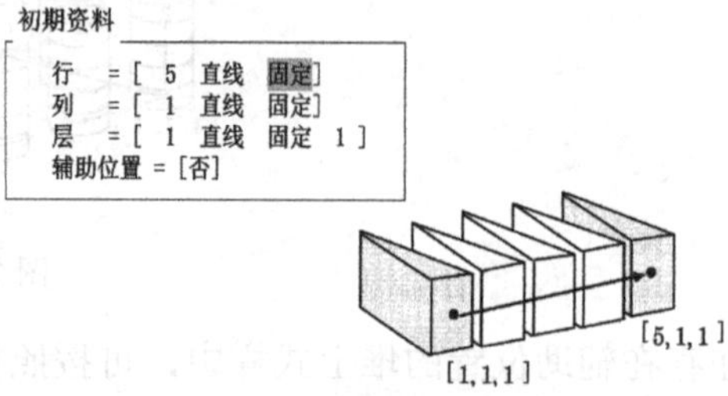

图 7-171

在分割姿势的情况下（选择“分割”），可在进行直线示教时选取直线示教的姿势，如图 7-172 所示；在进行自由示教时选取示教点的姿势，如图 7-173 所示。

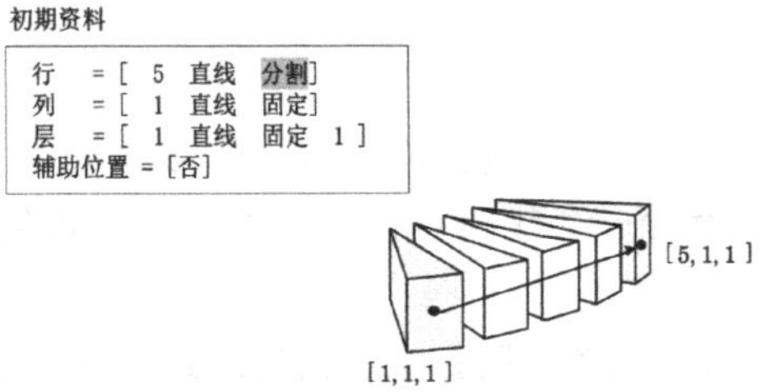

图 7-172

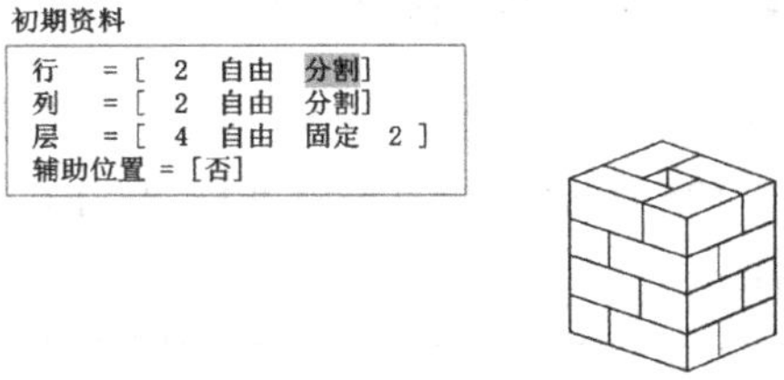

图 7-173

只有在层排列为直线示教时，层式样数才可修改（在其他情况下，层式样数始终为 1）。假设层式样数为 *N*：第 1 层将相对层式样 1 的堆上点进行堆上操作，直至第 *N* 层，层数和层式样数相同；在第（*N*+1）层后，层式样数又从层式样 1 开始重复。层式样数最多有 16 个，当全层数少于 16 时，不能设置超出该层数的层式样数。

示教码垛堆积（堆上式样）的步骤如下。

❶ 按照初期资料的设置，显示示教的堆上式样（按照 4 行、3 列、5 层进行设置）。

❷ 令机器人行进到希望示教的堆上点，将光标移至相应行，同时单击 SHIFT 键和“记录”按钮（F4 键），把当前的机器人位置记录下来，如图 7-174 所示（未示教位置显示为“*”，已示教位置显示为“--”）。

❸ 若要显示堆上点的位置详细数据，可将光标移至堆上点，单击“位置”按钮（F5 键），即可显示位置详细数据，如图 7-175 所示。若想修改位置数据，则可直接输入数值，并单击“完成”按钮（F4 键）。

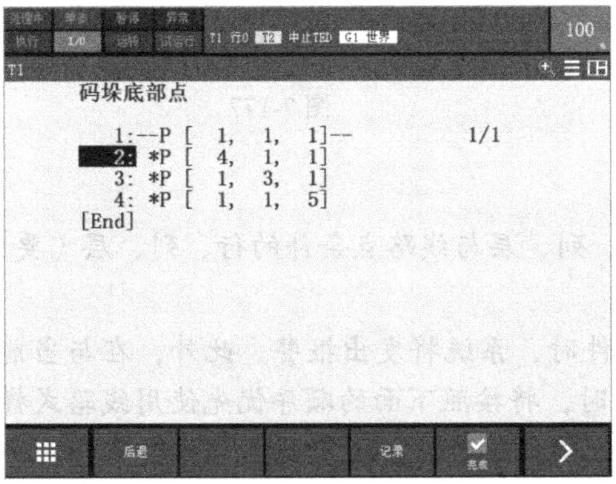

图 7-174

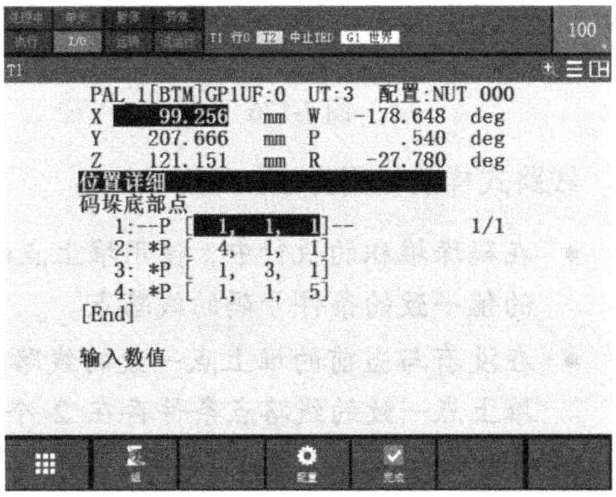

图 7-175

❹ 同时单击 SHIFT 键和“完成”按钮，并将机器人移至光标所指的堆上点，从而对示教点进行确认。

❺ 按照相同的步骤，对所有堆上点进行示教。

❻ 单击“后退”按钮（F1 键），返回到之前的初期资料输入界面。

❼ 单击“完成”按钮，将显示下一个线路点的条件设置界面（BX、EX）或线路点的示教界面（B、E）。

注意：在使用层式样的情况下（E、EX），单击“完成”按钮（F5 键），将显示下一层的堆上式样。

7.4.4 设置码垛线路式样

对于码垛堆积 BX、EX，可在码垛线路式样界面中，根据堆上点设置多种线路式样，如图 7-176 所示。对于码垛堆积 B、E，只可以设置一个线路点，所以不显示码垛线路式样界面。

若要根据堆上点改变路径，则需要事先在输入初期资料时指定所需的线路点数，为每个线路点分别设置线路式样：在直接指定的方式下，可在 1～127 的范围内指定堆上点。“*”表示任意堆上点；在余数指定的方式下，线路点条件的要素“*m-n*”可根据余数指定堆上点。例如，在层的要素为“3-1”的情况下，表示用 3 除以堆上点的值，余数为 1。

在此示例中，堆上点的第 1 列使用式样 1，第 2 列使用式样 2，第 3 列使用式样 3，如图 7-177 所示。

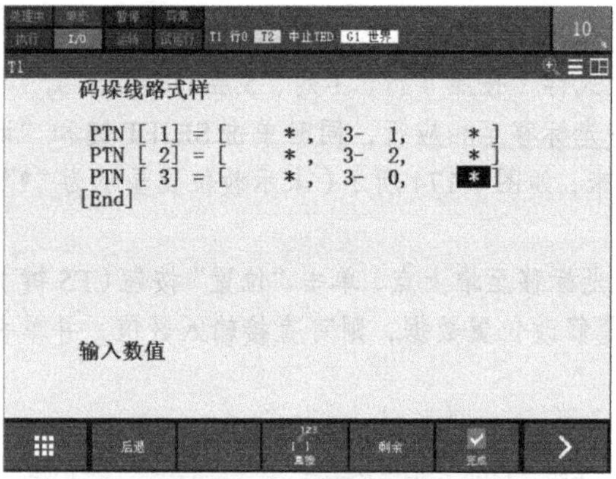

图 7-176

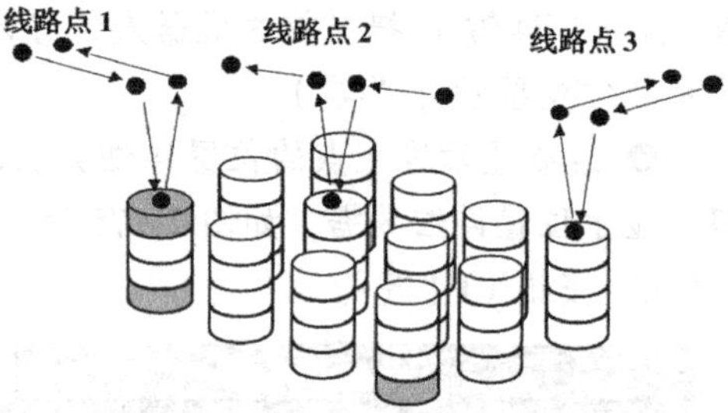

图 7-177

线路式样的使用方法如下。

- 在码垛堆积的执行中，使用堆上点的行、列、层与线路点条件的行、列、层（要素）的值一致的条件号码的线路点。
- 在没有与当前的堆上点一致的线路点条件时，系统将发出报警。此外，在与当前的堆上点一致的线路点条件存在 2 个以上时，将按照下面的顺序优先使用线路式样条件：（1）使用基于直接指定方式指定的线路式样条件；（2）使用基于余数指定方式指定的线路式样条件（使用 *m* 值较大的线路式样条件）；（3）使用线路式样条件号码较小的线路式样条件。

下面通过使用 8 个线路点的箱子码垛堆积作为示例，说明线路式样的优先顺序，如图 7-178 所示。例如：

式样[1]=[*,1,2]
式样[2]=[*,*,2]
式样[3]=[*,3-2,4-1]

式样[4]=[*,*,4-1]
式样[5]=[*,*,2-1]
式样[6]=[*,*,*]

若需要根据箱子的位置另行设置线路，则可在定义 8 个线路点时令每 2 层重复进行。例如：

式样[1]=[1,1,2-1]
式样[2]=[2,1,2-1]
式样[3]=[1,2,2-1]
式样[4]=[2,2,2-1]
式样[5]=[1,1,2-0]
式样[6]=[2,1,2-0]
式样[7]=[1,2,2-0]
式样[8]=[2,2,2-0]

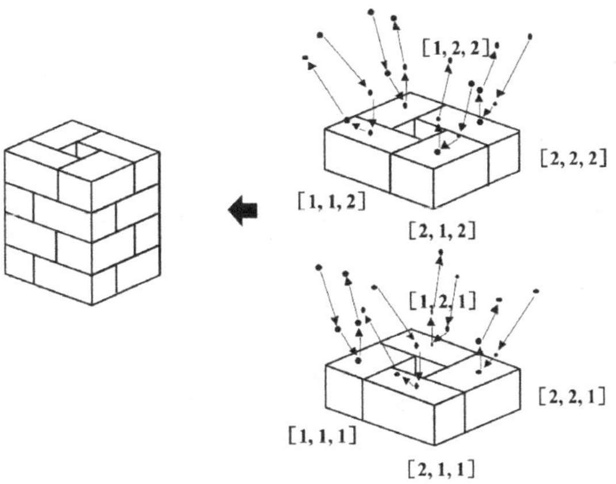

图 7-178

码垛线路式样的设置步骤如下。

❶ 根据初期资料的式样数设置值，显示应输入的条件条目，如图 7-179 所示。

❷ 在直接指定方式下，将光标移至希望更改的选项并输入数值，如图 7-180 所示。

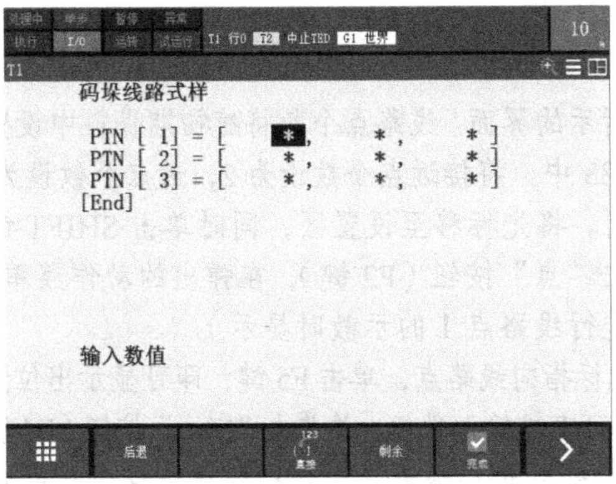

图 7-179

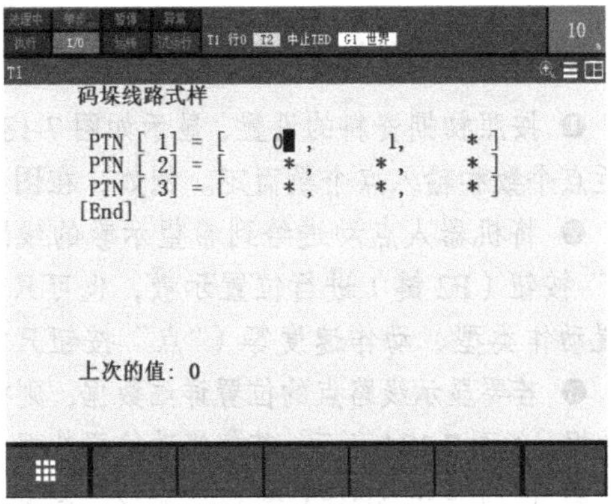

图 7-180

❸ 在余数指定方式下，单击“剩余”按钮（F4 键），该条目将被分成 2 个，输入某一数值即可，如图 7-181 所示；在直接指定方式下，可单击“直接”按钮（F3 键）输入数值。

❹ 输入完成后，若单击“后退”按钮（F1 键），则返回到之前的堆上点示教界面；若单击 > 按钮，则显示码垛线路点界面，如图 7-182 所示。

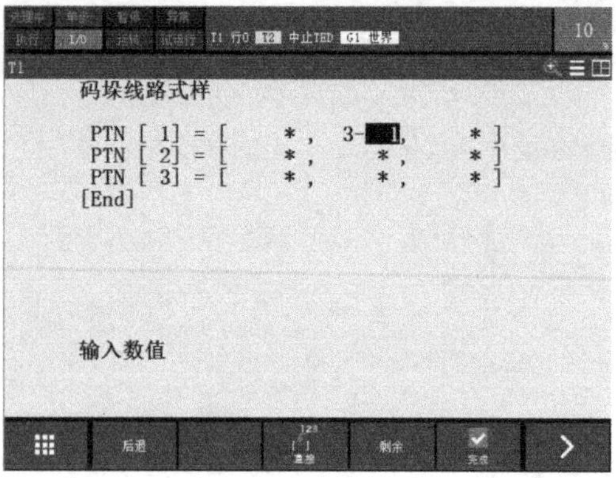

图 7-181

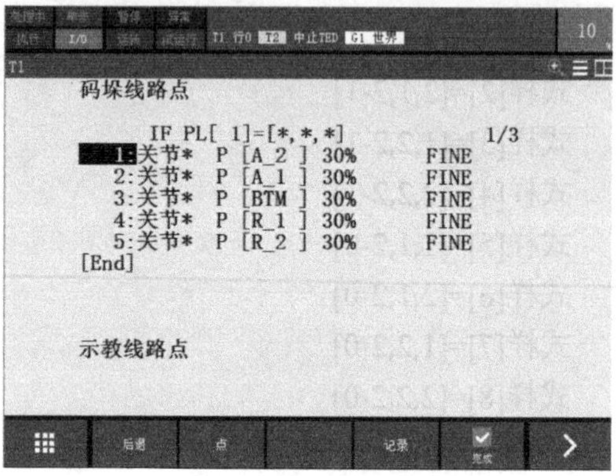

图 7-182

7.4.5 设置码垛线路点

在码垛线路点界面中，可以设置通过的线路点。线路点将随着堆上点的位置变化发生改变，如图 7-183 所示。

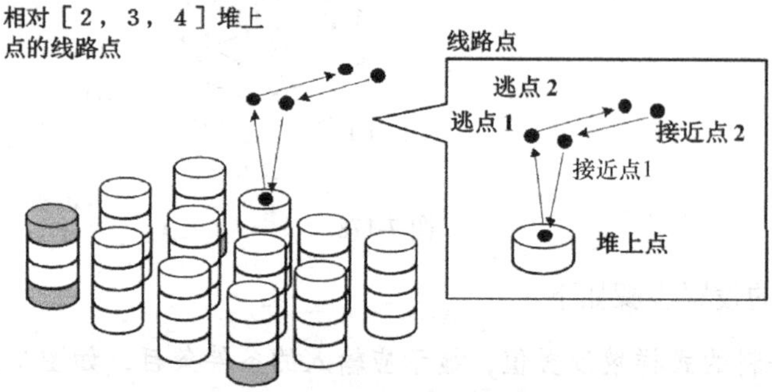

图 7-183

设置码垛线路点的步骤如下：

❶ 按照初期资料的设置，显示如图 7-182 所示的界面。线路点个数将随初期资料中设置的接近点个数和输入点个数而定。例如，在图 7-183 中，将接近点个数设为 2，逃点个数设为 2。

❷ 将机器人点动进给到希望示教的线路点。将光标移至设置区，同时单击 SHIFT 键和“点”按钮（F2 键）进行位置示教，也可只单击“点”按钮（F2 键），在弹出的动作菜单中，设置动作类型、动作速度等（“点”按钮只在进行线路点 1 的示教时显示）。

❸ 若要显示线路点的位置详细数据，则将光标指向线路点，单击 F5 键，即可显示出位置详细数据，如图 7-184 所示。若想修改位置数据，则可直接输入数值，并单击“完成”按钮（F4 键）。

❹ 同时单击 SHIFT 键和“完成”按钮，并将机器人移至光标所指的线路点，从而对示教点进行确认。

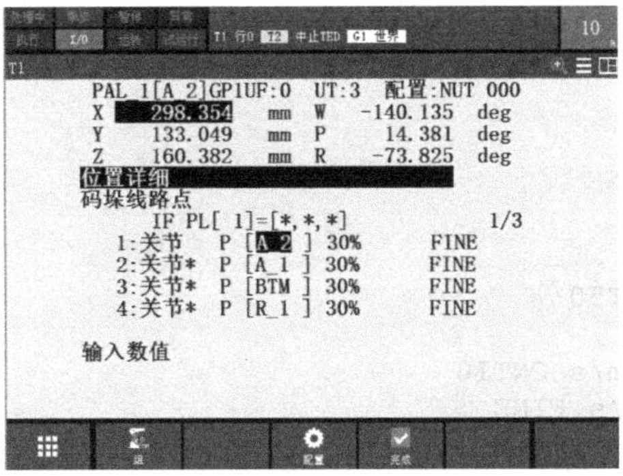

图 7-184

❺ 若单击“后退”按钮（F1 键），则返回到之前的码垛线路点界面；若单击 > 按钮，则出现如图 7-185 所示的码垛线路点界面。

❻ 在所有线路点的设置都结束后，退出码垛线路点界面。此时，码垛堆积指令将被自动写入程序，如图 7-186 所示。

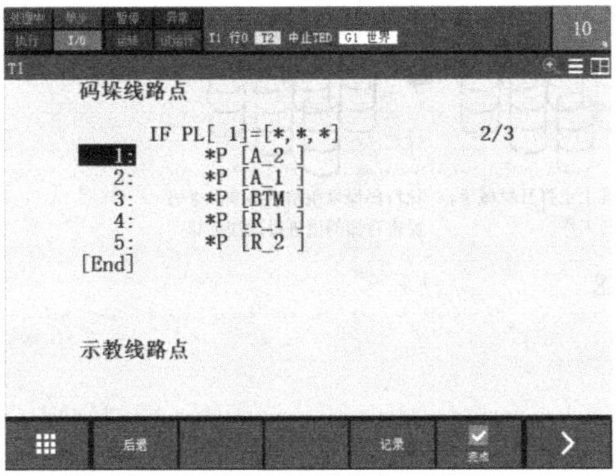

图 7-185

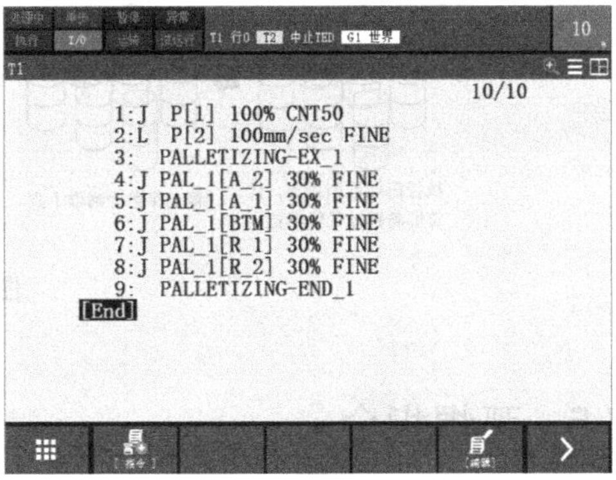

图 7-186

7.4.6　执行码垛堆积程序

码垛堆积程序的执行示意图如图 7-187 所示。

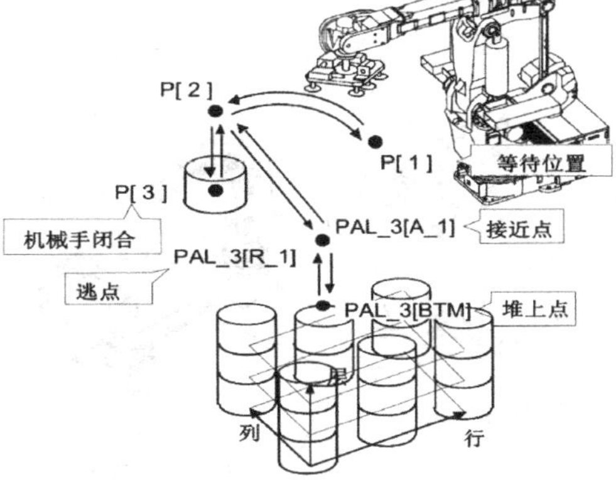

图 7-187

示意代码如下：

```
1:J P[1]100% FINE
2:J P[2]60% CNT25
3:L P[3]100mm/s FINE
4:DO[2:PICK]=ON
5:WAIT 0.5(s)
6:L P[2]100mm/s CNT50
7:PALLETIZING-B_1
8:L PAL_1[A_1]100mm/s CNT10
9:L PAL_1[BTM]80mm/s FINE
10:DO[2:PICK]=OFF
11:WAIT 0.5(s)
12:L P_1[R_1]100mm/s CNT10
13:PALLETIZING-END_1
14:J P[2]60% CNT25
15:J P[1]100% FINE
```

码垛堆积的处理流程如图 7-188 所示。

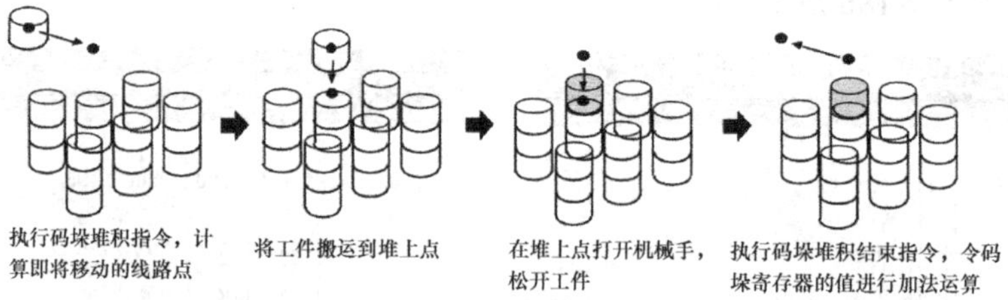

图 7-188

7.5 弧焊指令

一般情况下，弧焊工作站由机器人机构部、焊接电源、机器人控制装置、送丝机、焊炬、焊丝盘支架等构成，如图 7-189 所示。

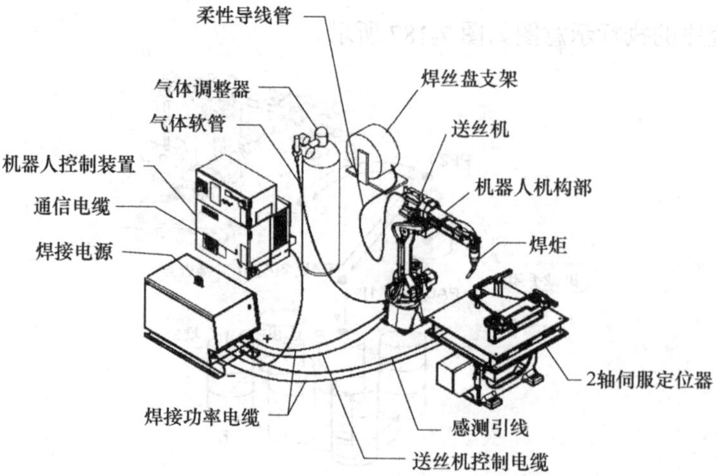

图 7-189

弧焊指令由弧焊开始指令和弧焊结束指令构成：弧焊开始指令表示开始进行弧焊操作；弧焊结束指令表示结束弧焊操作，如图 7-190 所示。

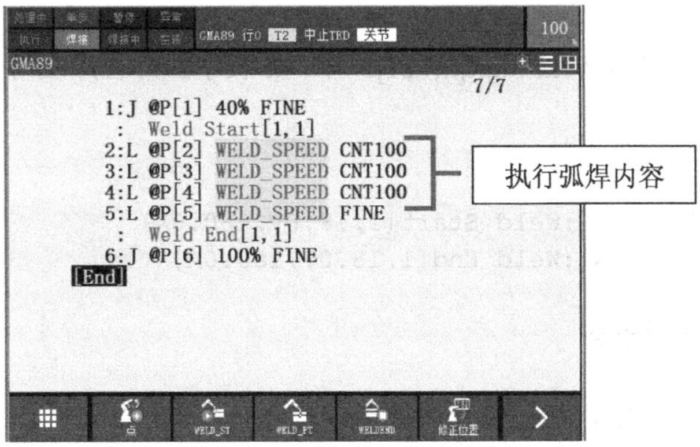

图 7-190

7.5.1　弧焊开始指令

在弧焊开始指令中，存在以下两种指令。

- 弧焊间接指令（Weld Start[*n*,*m*]）：通过指定弧焊条件的编号发出的弧焊开始指令。
- 弧焊直接指令（Weld Start[*n*,*V*, *A*]）：通过直接输入弧焊条件发出的弧焊开始指令。

1. 弧焊间接指令

在弧焊间接指令（Weld Start[*n*,*m*]）中，*n* 表示弧焊程序编号；*m* 表示弧焊设置的条件编号。例如：

```
1:J P[1] 40% FINE:Weld Start[1,1]
2:J P[2] 40% FINE:Weld End[1,1]
```

对于“Weld Start[1,1]”，第一个“1”表示弧焊程序编号；第二个“1”表示弧焊设置的条件编号（例如，弧焊电压：20.0V；弧焊电流：180.0A），效果如图 7-191 所示。

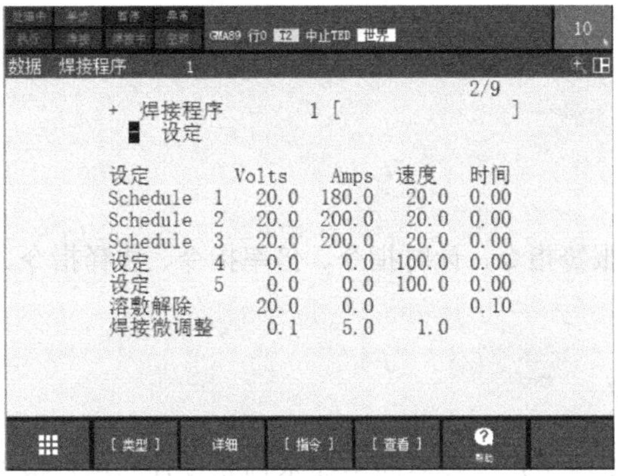

图 7-191

注意：在弧焊开始指令中，弧焊条件的处理时间可以忽略不计。

2. 弧焊直接指令

在弧焊直接指令（Weld Start[*n*,*V*,*A*]）中，*n* 表示弧焊程序编号；*V* 表示弧焊电压；*A* 表示弧焊电流。

例如：

```
1:J P[1] 40% FINE:Weld Start[1,18.0V,180.0A]
2:J P[2] 40% FINE:Weld End[1,18.0V,180.0A]
```

7.5.2 弧焊结束指令

在弧焊结束指令中，存在以下两种指令：

- 弧焊间接指令（Weld End[*n*,*m*]）：通过指定弧焊条件编号发出的弧焊结束指令。
- 弧焊直接指令（Weld End[*n*,*V*,*A*]）：通过直接输入弧焊条件发出的弧焊结束指令。

1. 弧焊间接指令

在弧焊结束时，因断开电压和电流，急剧的电压下降将产生焊口孔，焊口处理可用于避免发生类似情况。若不进行焊口处理，则必须在焊接条件中设置处理时间为 0。

在弧焊间接指令（Weld End[*n*,*m*]）中，*n* 表示弧焊程序编号；*m* 表示弧焊设置的条件编号。

例如：

```
1:J P[1] 40% FINE:Weld Start[1,1]
2:J P[2] 40% FINE:Weld End[1,1]
```

2. 弧焊直接指令

在弧焊直接指令（Weld End[*n*,*V*,*A*]）中，*n* 表示弧焊程序编号；*V* 表示弧焊电压；*A* 表示弧焊电流。

例如：

```
1:J P[1] 40% FINE:Weld Start[1,18.0V,180.0A]
2:J P[2] 40% FINE:Weld End[1,18.0V,180.0A]
```

7.6 其他指令

本节将要介绍用户报警指令、计时指令、倍率指令、注释指令、消息指令、参数指令的编写及用法。

7.6.1 用户报警指令

用户报警指令，用于在用户报警界面中显示预先设置的用户报警号码等信息。该报警信息被存储在系统变量的$UALRM_MSG 中，如图 7-192 所示。

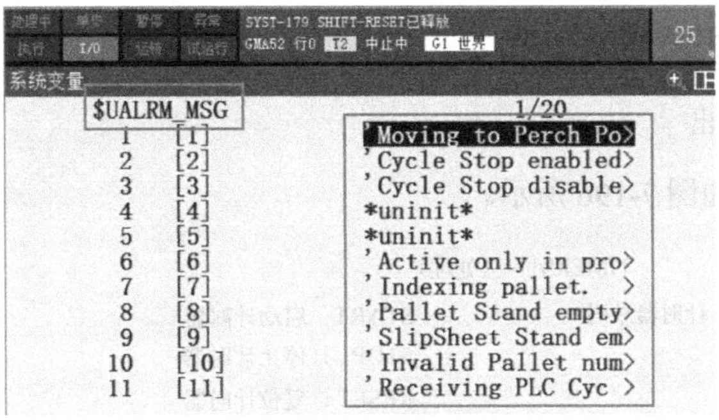

图 7-192

用户报警指令的格式如下：

UALM[*i*]
└─ 报警号码

查看用户报警，以及编辑用户报警指令的操作步骤如下：

❶ 在 FANUC 示教器的操作面板中，单击 MENU（菜单）键，在弹出的菜单中选择“设置”→“类型”→“用户报警”，显示如图 7-193 所示的界面。

❷ 将光标移至“用户自定义信息”下，单击回车键，即可输入报警信息，如图 7-194 所示。

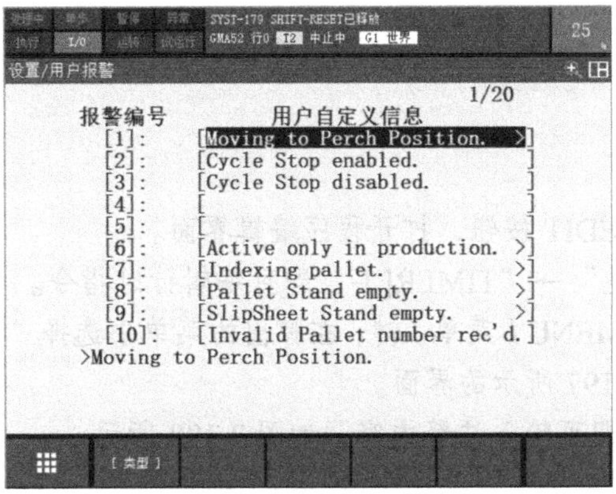

图 7-193

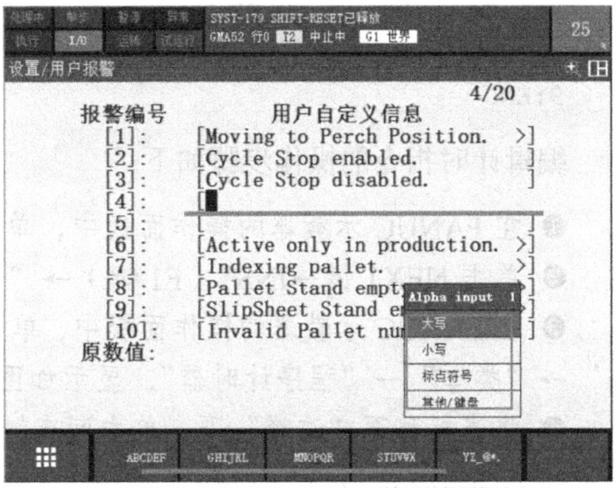

图 7-194

❸ 在 FANUC 示教器的操作面板中，单击 EDIT 按钮，打开程序编辑界面。

❹ 单击 NEXT 键→INST（F1 键）→“其他”→“UALM[ ]”，如图 7-195 所示，即可编辑用户报警指令。

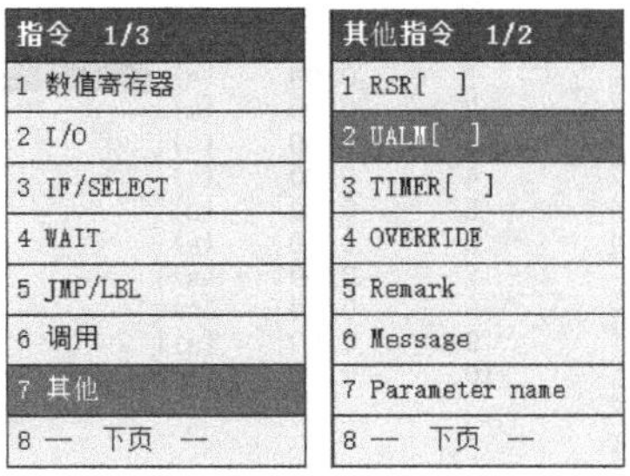

图 7-195

7.6.2　计时指令

计时指令，用于计算程序的运行时间。可以通过计时指令进行节拍优化，例如，可使用数值寄存器指令判断计时器是否溢出（超过 2 147 483.647 秒时溢出）：

```
R[1]=TIMER_OVERFLOW[1]
R[1]=0:计时器[1]尚未溢出
=1:计时器[1]已溢出
```

计时指令的格式如图 7-196 所示。

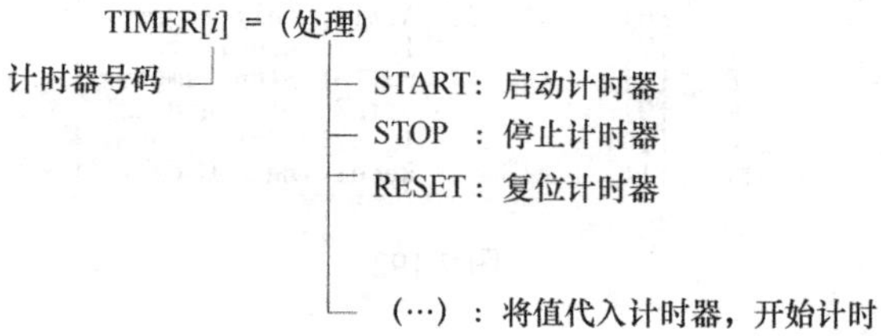

图 7-196

若想知道程序从第 3 行运行到第 7 行所用的时间，则程序代码如下：

```
1:TIMER[1]=RESET
2:TIMER[1]=START
3:UFRAME_NUM=2
4:UTOOL_NUM=3
5:L P[2]300mm/s FINE
6:J P[3]100% FINE
7:L P[4]500mm/s FINE
8:TIMER[1]=STOP
9:END
```

编辑计时指令的操作步骤如下：

❶ 在 FANUC 示教器的操作面板中，单击 EDIT 按钮，打开程序编辑界面。

❷ 单击 NEXT 键→INST（F1 键）→“其他”→“TIMER[ ]”，即可编辑计时指令。

❸ 在 FANUC 示教器的操作面板中，单击 MENU（菜单）键，在弹出的菜单中选择“状态”→“类型”→“程序计时器”，显示如图 7-197 所示的界面。

❹ 将光标移至“注释”下，单击回车键，即可输入注释内容，如图 7-198 所示。

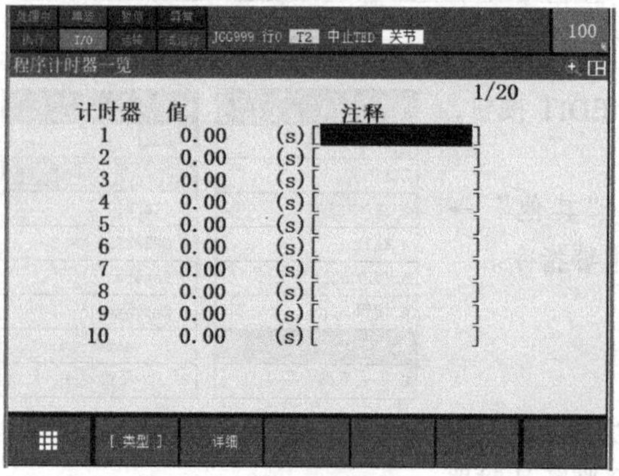

图 7-197

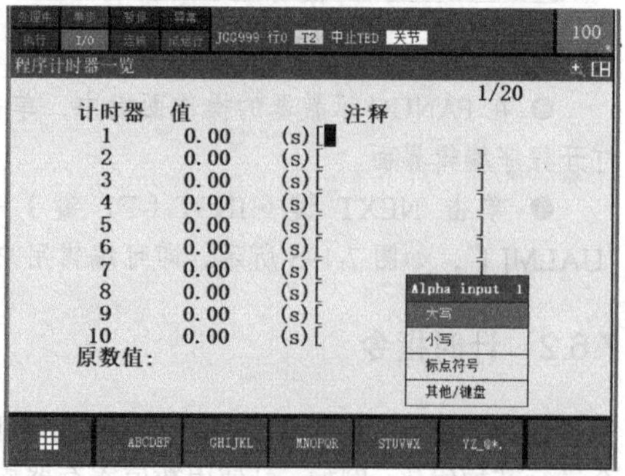

图 7-198

7.6.3　倍率指令

倍率指令用于改变速度倍率。倍率指令的格式如图 7-199 所示。

OVERRIDE=（值）
- R[*i*]
- 常数
- AR[*i*]

（值）：速度倍率（1~100）

图 7-199

例如：

```
1:OVERRIDE=100%
2:L P[2]300mm/s FINE
3:J P[3]100% FINE
```

编辑倍率指令的操作步骤如下：

❶ 在 FANUC 示教器的操作面板中，单击 EDIT 按钮，打开程序编辑界面。

❷ 单击 NEXT 键→INST（F1 键）→“其他”→OVERRIDE，即可编辑倍率指令。

7.6.4　注释指令

注释指令用于对程序中的代码加以解释。可以添加包含 1～32 个字符的注释。注释指令的格式如图 7-200 所示。在添加注释后，效果如图 7-201 所示。

!（注解）
- 可以使用32个字符以内的数字、字母，以及“*”“_”“@”等符号

图 7-200

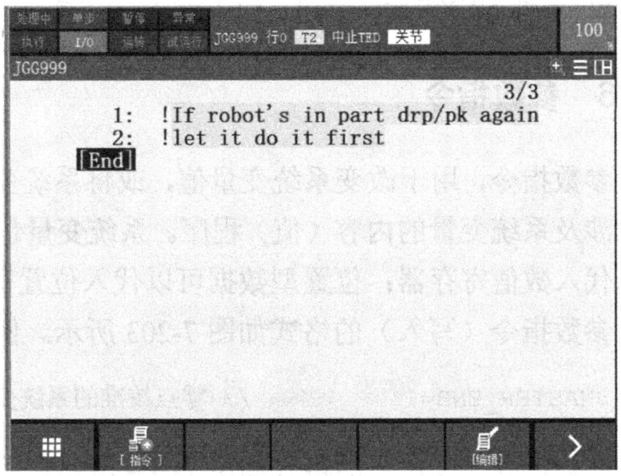

图 7-201

编辑注释指令的操作步骤如下：

❶ 在 FANUC 示教器的操作面板中，单击 EDIT 按钮，打开程序编辑界面。

❷ 单击 NEXT 键→INST（F1 键）→“其他”→Remark，即可编辑注释指令。

7.6.5 消息指令

消息指令，用于将指定的消息显示在界面中。消息指令的格式如图 7-202 所示。

MESSAGE[消息语句]

└─可以使用24个字符以内的数字、字母，以及“*”“_”“@”等符号。

图 7-202

例如：

```
1:TIMER[1]=RESET
2:TIMER[1]=START
3:UFRAME_NUM=2
4:UTOOL_NUM=3
5:L P[2]300mm/s FINE
6:J P[3]100% FINE
7:L P[4]500mm/s FINE
8:TIMER[1]=STOP
9:MESSAGE[The work is done]
10:END
```

编辑消息指令的操作步骤如下：

❶ 在 FANUC 示教器的操作面板中，单击 EDIT 按钮，打开程序编辑界面。

❷ 单击 NEXT 键→INST（F1 键）→“其他”→Message，即可编辑消息指令。

7.6.6 参数指令

参数指令，用于改变系统变量值，或将系统变量值读到寄存器中。通过使用该指令，可创建涉及系统变量的内容（值）程序。系统变量包括变量型数据和位置型数据：变量型数据可以代入数值寄存器；位置型数据可以代入位置寄存器。

参数指令（写入）的格式如图 7-203 所示。例如：

```
$MASTER_ENB=1              // 零点校准的系统变量
```

参数指令（读出）的格式如图 7-204 所示。例如：

```
R[1]=$MASTER_ENB           // 把零点校准的系统变量代入数值寄存器
```

$(系统变量名) = (值)
- 系统变量值（数值）
- R[*i*]
- PR[*i*]

图 7-203

(值) = $(系统变量名)
- R[*i*]
- PR[*i*]

图 7-204

编辑参数指令的操作步骤如下：

❶ 在 FANUC 示教器的操作面板中，单击 EDIT 按钮，打开程序编辑界面。

❷ 单击 NEXT 键→INST（F1 键）→“其他”→Parameter name，即可编辑参数指令。

对参数指令的具体说明如图 7-205 所示。对图 7-205 中相关字符的说明如表 7-4 所示。

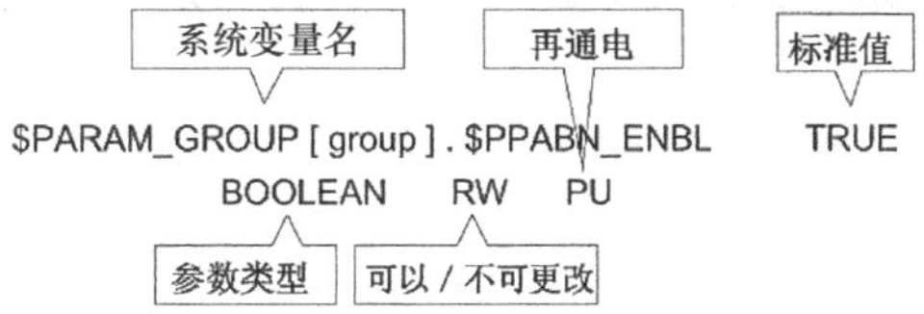

图 7-205

表 7-4

字　符	说　明
标准值	不同机型的固有值
参数类型	BOOLEAN、BYTE、SHORT、INTEGER、REAL、CHAR
可以/不可更改	RW 表示可以更改；RO 表示不可更改
再通电	PU 表示需要再通电

设置参数指令的操作步骤如下：

❶ 在 FANUC 示教器的操作面板中，单击 MENU（菜单）键，在弹出的菜单中选择“设置”→“系统”→“类型”→“变量”，显示如图 7-206 所示的界面。

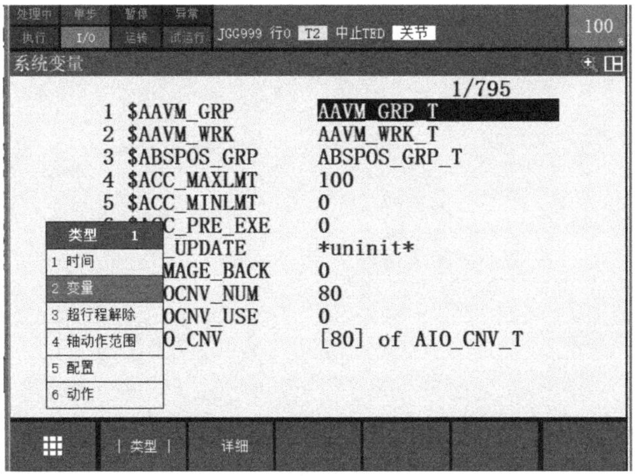

图 7-206

❷ 将光标移至需要设置的参数指令处，单击回车键，即可修改或查看参数指令。在不清楚参数指令的作用时，不可以贸然更改，否则会损坏系统。

本章练习

❶ 利用跳转、标签指令编写一个死循环程序。

❷ 分别编写一个长方形和圆形的轨迹程序，并在长方形的轨迹程序中调用圆形的轨迹程序。

第 8 章

维护与保养

学习目标

- 备份与加载
- 更换电池
- 更换机器人润滑油
- 零点标定

8.1 备份与加载

将文件从机器人控制柜中导出到其他外部存储设备中，即为备份；将文件从外部存储设备中导入到机器人控制柜中，即为加载。本节主要介绍三种备份与加载的方法：一般模式下的备份与加载、镜像备份与恢复、自动备份。

8.1.1 一般模式下的备份与加载

1. 一般模式下的备份（备份所有文件）

备份的步骤：选择存储设备；在所选存储设备中创建文件夹；选择备份的类型，并将文件备份到创建的文件夹中。

详细的操作步骤如下：

❶ 在 FANUC 示教器的操作面板中，单击 MENU（菜单）键，在弹出的菜单中选择“文件”，显示文件界面，如图 8-1 所示。

❷ 单击“[工具]”按钮（F5 键），在弹出的下拉列表中选择“切换设备”，单击回车键，如图 8-2 所示。

❸ 选择存储设备类型，如“TP 上的 USB（UT1:）”，单击回车键，如图 8-3 所示。

注意：“USB 盘（UD1:）”表示 U 盘插在控制柜的 USB 口，如图 8-4 所示；“TP 上的 USB（UT1:）”表示 U 盘插在示教器的 USB 口，如图 8-5 所示。

❹ 单击“[工具]”按钮（F5 键），在下拉列表中选择“创建目录”选项，单击回车键，弹出如图 8-6 所示的界面。

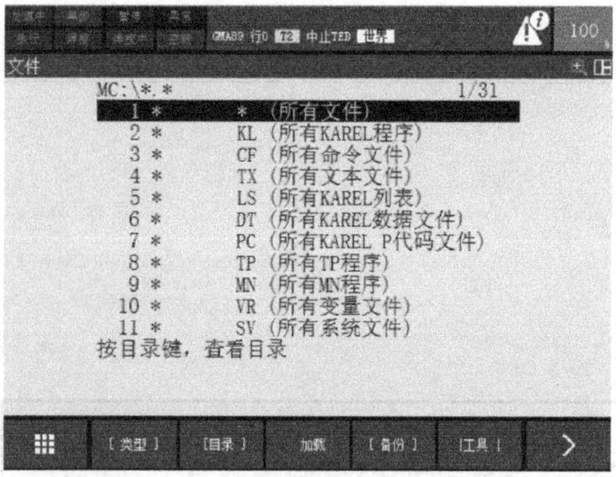

图 8-1

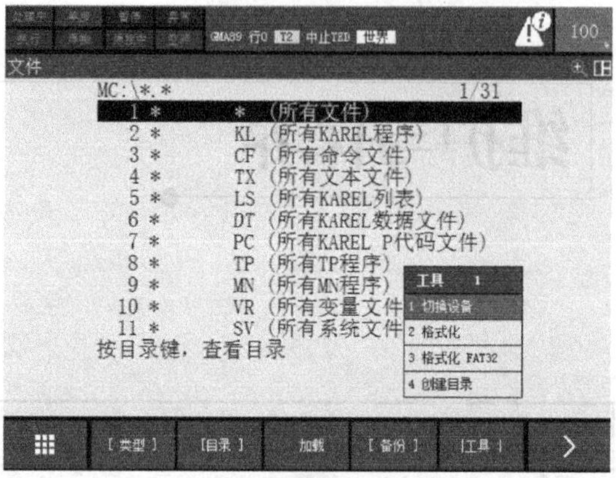

图 8-2

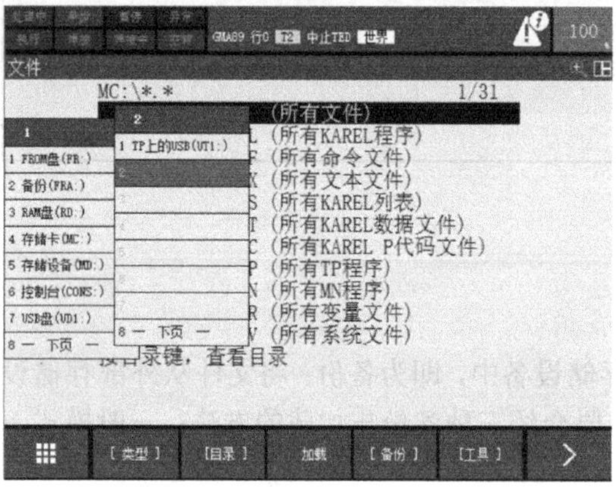

图 8-3

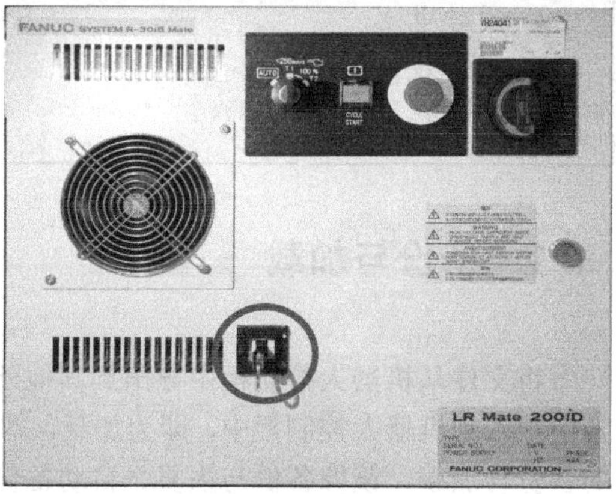

图 8-4

图 8-5

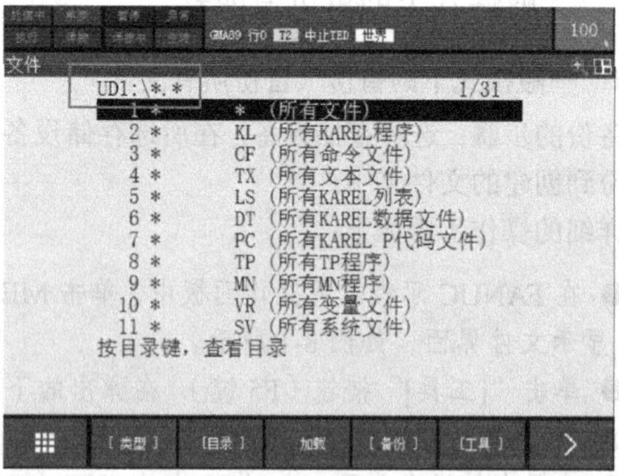

图 8-6

❺ 移动光标选择输入方式，如图 8-7 所示。利用 F1～F5 键或数字键输入文件夹名（MATE200ID_4S），单击回车键，即可在 U 盘中创建一个新的文件夹，如图 8-8 所示。

❻ 单击“[备份]”按钮（F4 键），弹出如图 8-9 所示的下拉列表。

❼ 选择“以上所有”选项，单击回车键，显示如图 8-10 所示的界面。此时，将出现“文件备份前删除 UD1:\MATE200ID_4S\吗？”的询问语。单击“是”按钮，出现“删除

UD1:\MATE200ID_4S\并备份所有文件？”的询问语。单击“是”按钮，如图 8-11 所示。

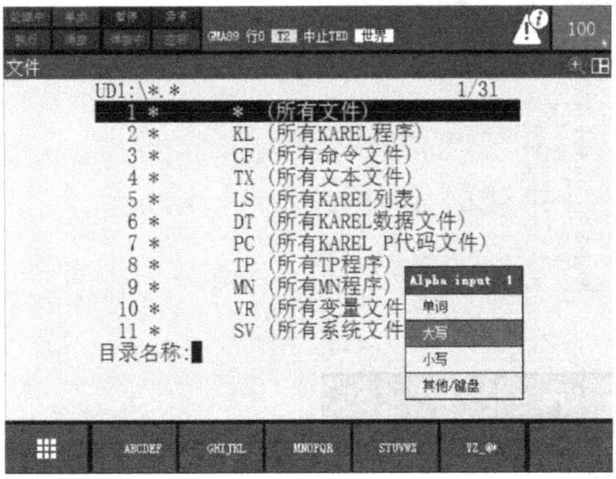

图 8-7

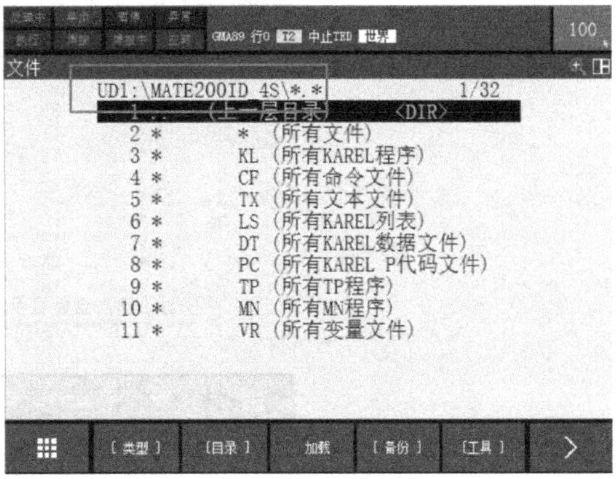

图 8-8

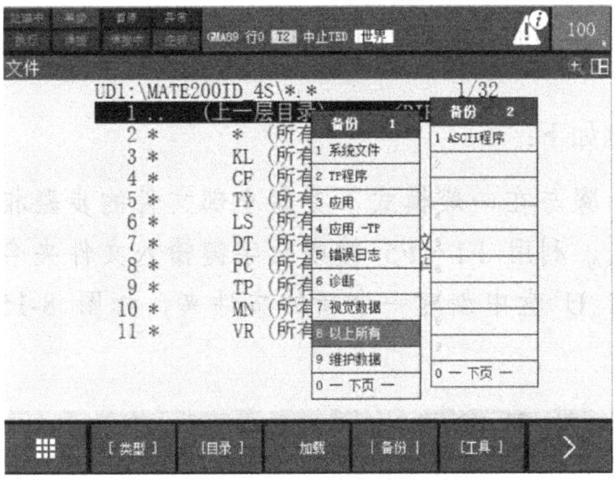

图 8-9

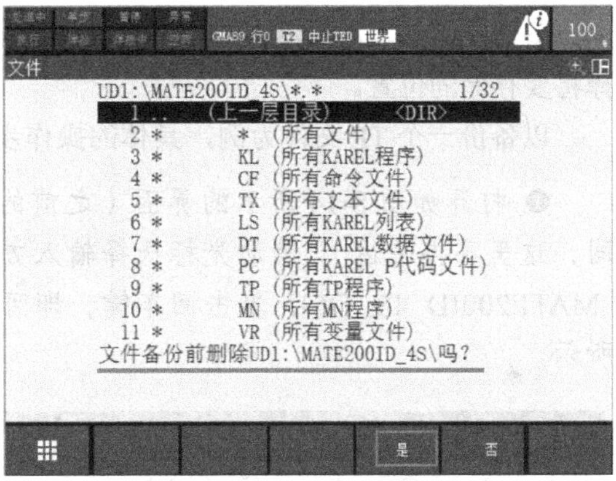

图 8-10

❽ 此时文件将被保存到 U 盘中，如图 8-12 所示；在出现如图 8-13 所示的界面时，表示备份完成。

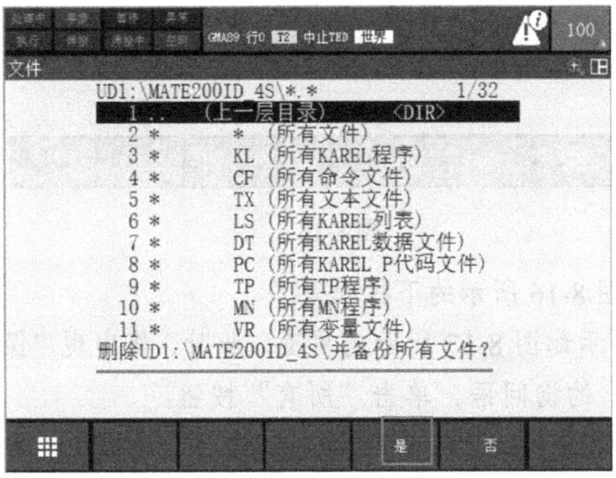

图 8-11

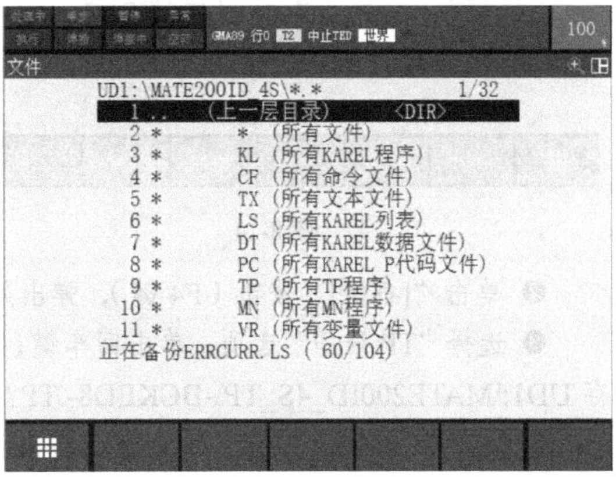

图 8-12

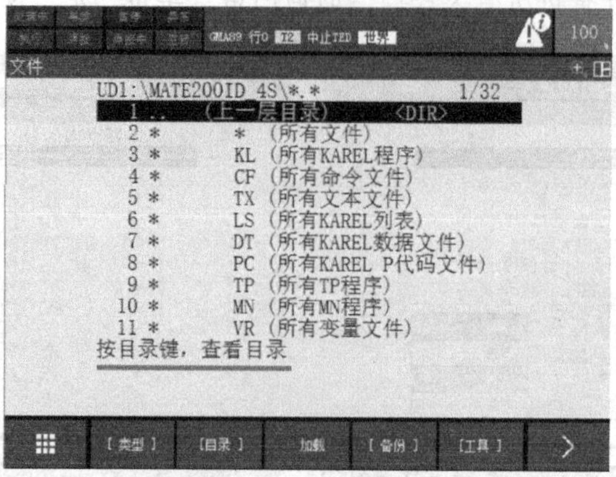

图 8-13

2．一般模式下的备份（备份单个文件）

备份步骤：确定机器人内部的存储位置；从内部的存储位置中找出所需备份的文件；选择将要存储的位置。

以备份一个 TP 文件为例，具体的操作步骤如下：

❶ 打开如图 8-14 所示的界面（之前的步骤与在一般模式下备份全部文件的步骤相同，这里不再赘述）。移动光标选择输入方式，利用 F1～F5 键或数字键输入文件夹名（MATE200ID_4S_TP），单击回车键，即可在 U 盘中创建一个新的文件夹，如图 8-15 所示。

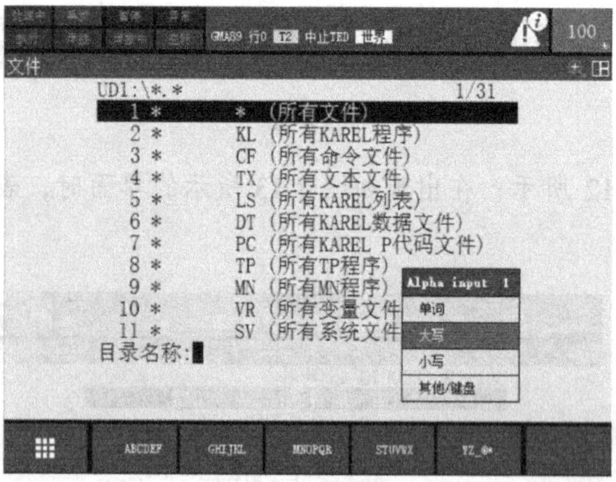

图 8-14

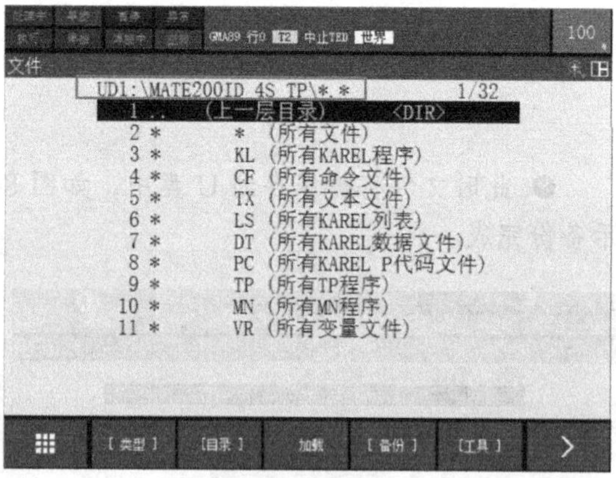

图 8-15

❷ 单击“[备份]”按钮（F4 键），弹出如图 8-16 所示的下拉列表。

❸ 选择“TP 程序”选项，单击回车键，显示如图 8-17 所示的界面。此时，将出现“保存 UD1:\MATE200ID_4S_TP\-BCKED8-.TP？”的询问语，单击“所有”按钮。

❹ 此时文件将被保存到 U 盘中。在出现如图 8-18 所示的界面时，表示 TP 程序备份完成。

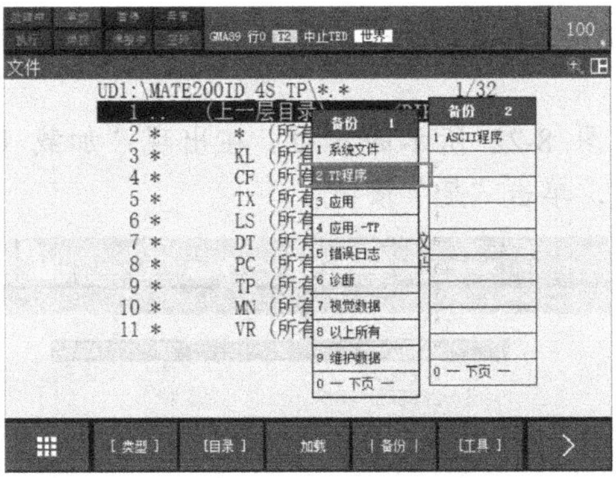

图 8-16

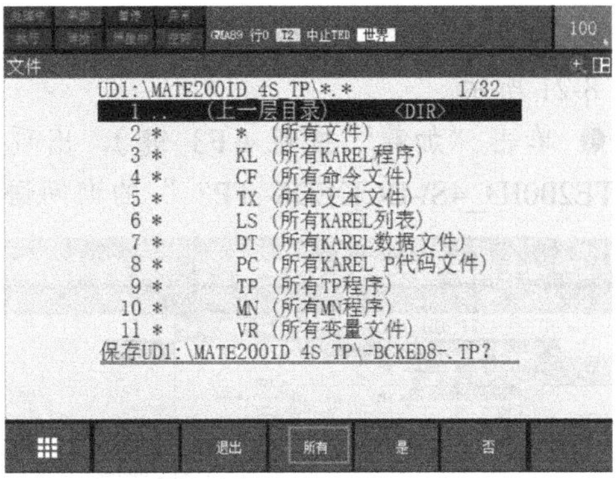

图 8-17

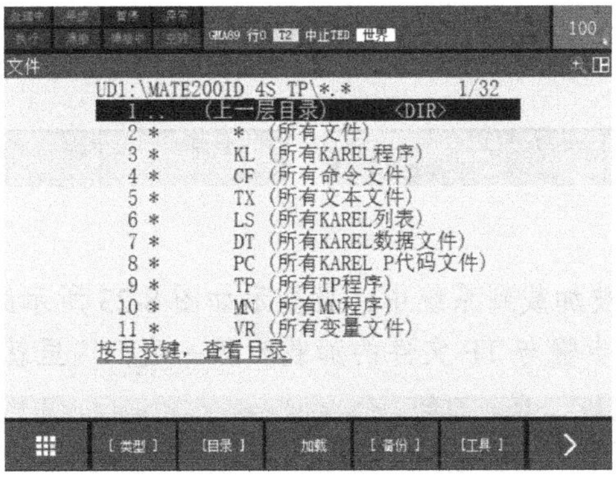

图 8-18

3. 一般模式下的加载

加载步骤：选择需要加载文件的外部存储设备；从外部存储设备中找出所需加载的文件；加载文件。

以加载一个 TP 文件为例，具体的加载步骤如下。

❶ 打开如图 8-19 所示的界面（之前的步骤与在一般模式下备份全部文件的步骤相同，这里不再赘述），将光标移至“*（所有文件）”选项，单击回车键。

❷ 此时将显示如图 8-20 所示的界面。在该界面中找到要加载的文件夹，单击回车键。

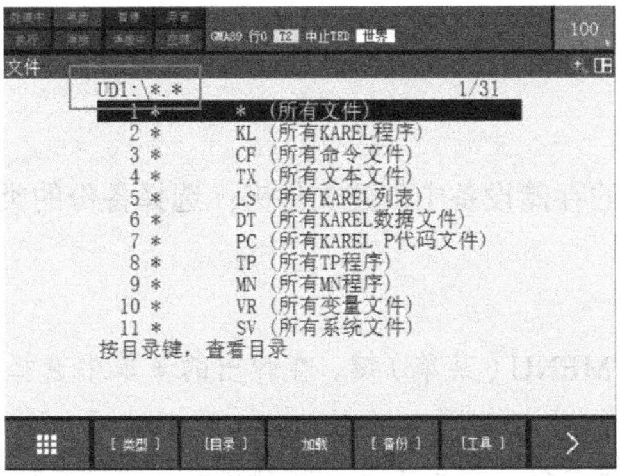

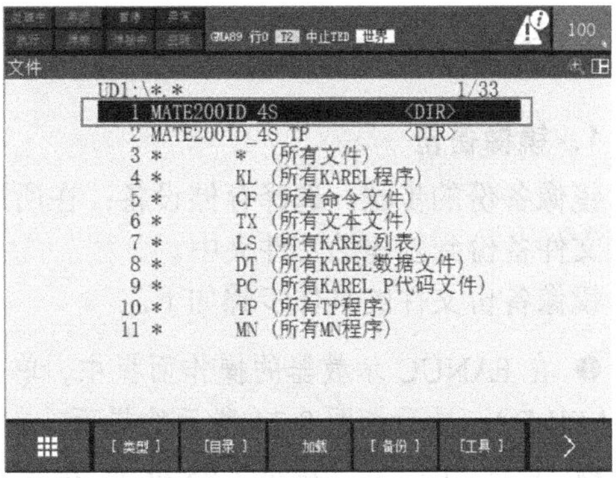

图 8-19

图 8-20

❸ 单击“[目录]”按钮（F2 键），在弹出的下拉列表中选择“*.TP”选项，单击回车键，如图 8-21 所示。

❹ 单击“加载”按钮（F3 键），出现如图 8-22 所示的界面。在出现“加载 UD1:\MATE200ID_4S\-BCKED8-.TP？”的询问语后，单击“是”按钮。

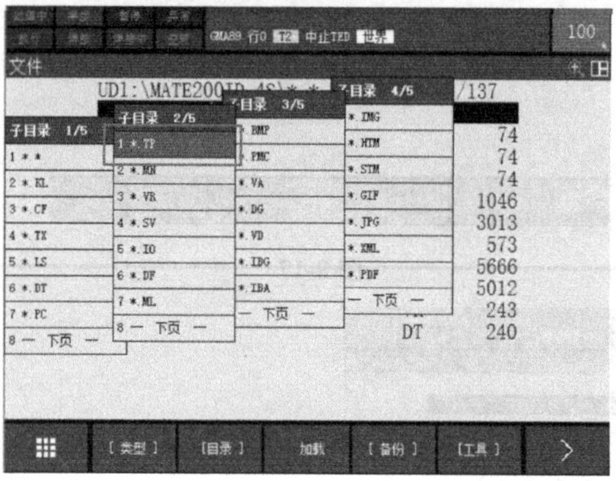

图 8-21

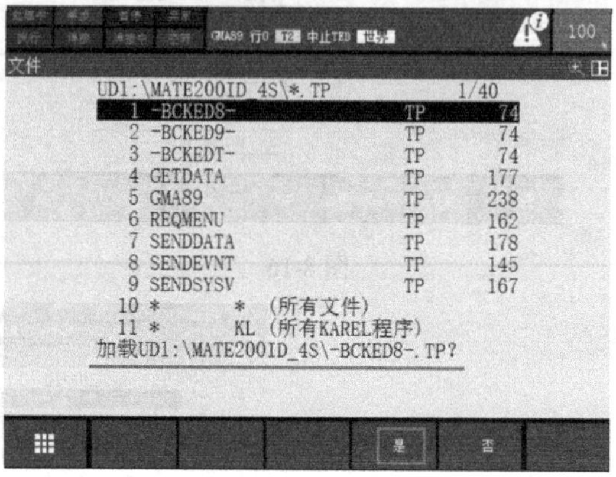

图 8-22

❺ 此时，TP 文件将被加载到系统中，当显示如图 8-23 所示的界面时，表示 TP 文件加载完成。其他文件的加载步骤与 TP 文件的加载步骤一致，这里就不一一演示了。

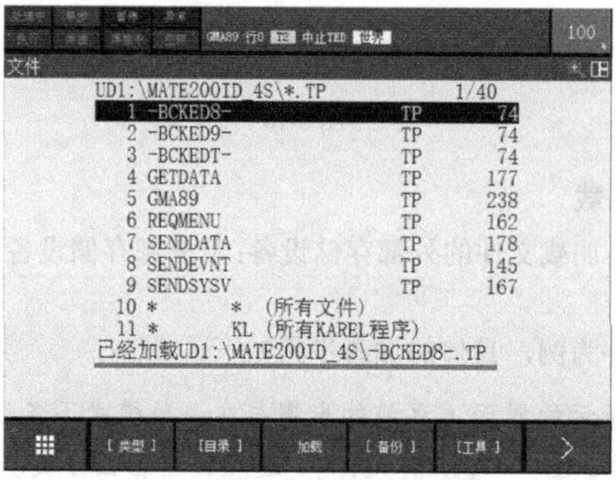

图 8-23

8.1.2 镜像备份与恢复

1. 镜像备份

镜像备份的步骤：选择存储设备；在所选的存储设备中创建文件夹；选择备份的类型，并将文件备份到创建的文件夹中。

镜像备份文件的具体步骤如下。

❶ 在 FANUC 示教器的操作面板中，单击 MENU（菜单）键，在弹出的菜单中选择“文件”（FILE），显示如图 8-24 所示的界面。

❷ 单击“[工具]”按钮（F5 键），在弹出的下拉列表中选择“切换设备”，如图 8-25 所示，单击回车键。

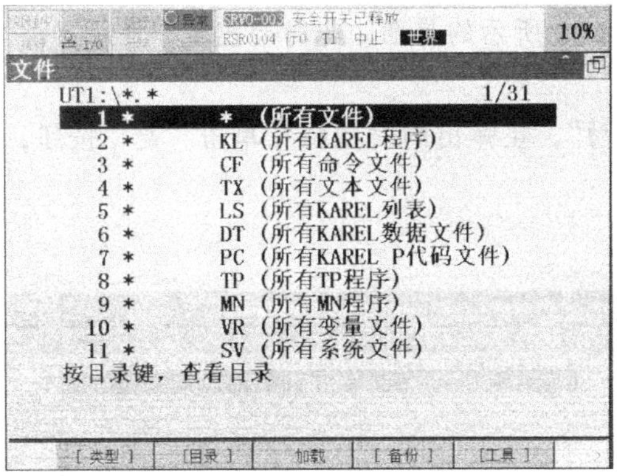

图 8-24

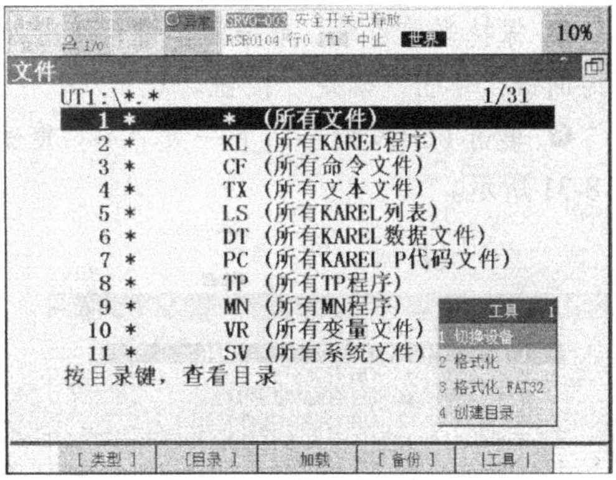

图 8-25

❸ 在如图 8-26 所示的界面中，选择存储设备类型，如“USB 盘（UD1:）”，单击回车键。

❹ 单击“[工具]”按钮（F5 键），在下拉列表中选择“创建目录”选项，如图 8-27 所示，单击回车键。

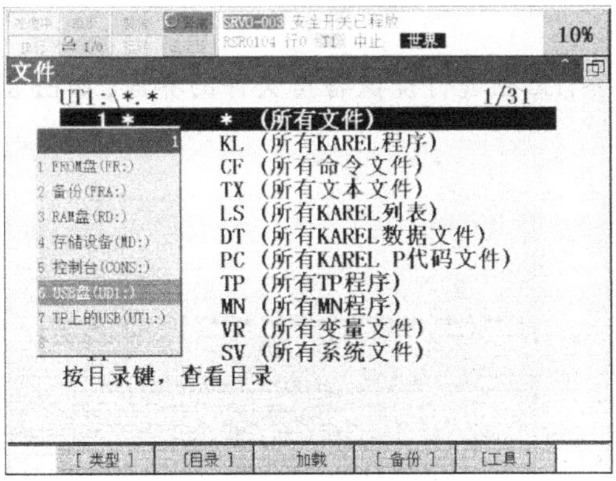

图 8-26

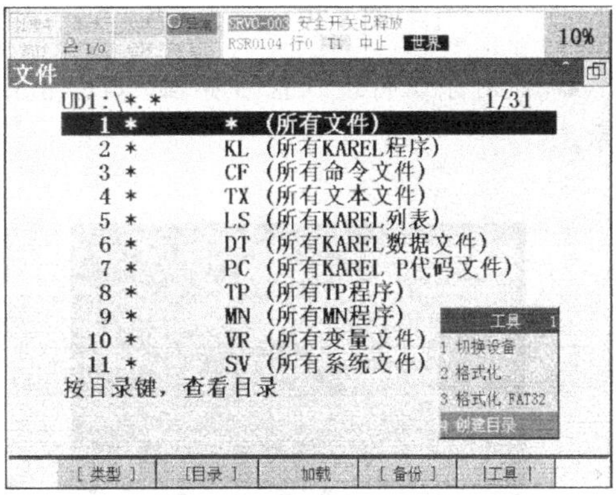

图 8-27

❺ 移动光标选择输入方式。利用 F1～F5 键或数字键输入文件夹名（LR_MATE_200ID），单击回车键，即可在 U 盘中创建一个新的文件夹，如图 8-28 所示。

❻ 单击“[备份]”按钮（F4 键），弹出如图 8-29 所示的下拉列表。选择“镜像备份”选项，单击回车键。

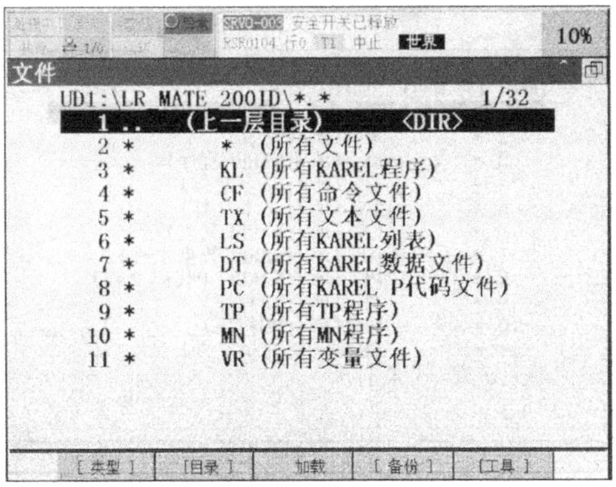

图 8-28

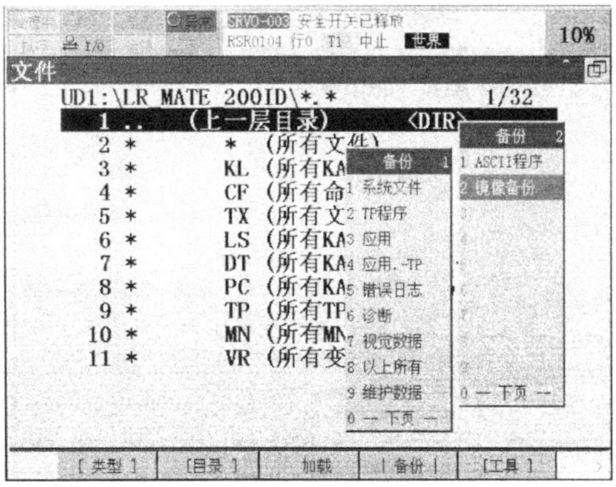

图 8-29

❼ 保持当前目录，单击回车键，弹出如图 8-30 所示的界面。此时会出现“重新启动？”的询问语，单击“确定”按钮。

❽ 单击 FCTN 键→“下一页”→“重新启动”，在弹出的对话框中单击“是”按钮，如图 8-31 所示。

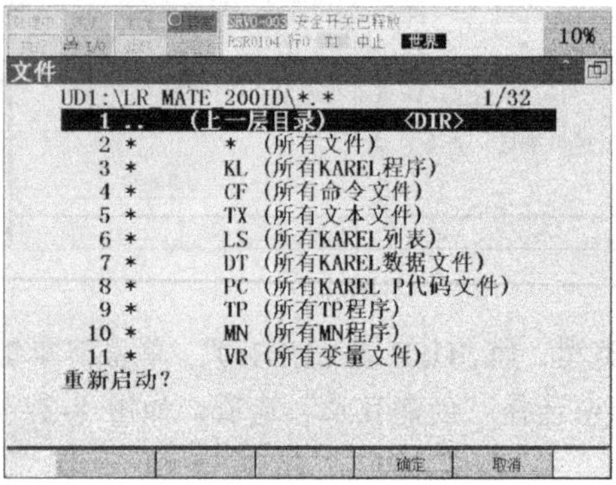

图 8-30

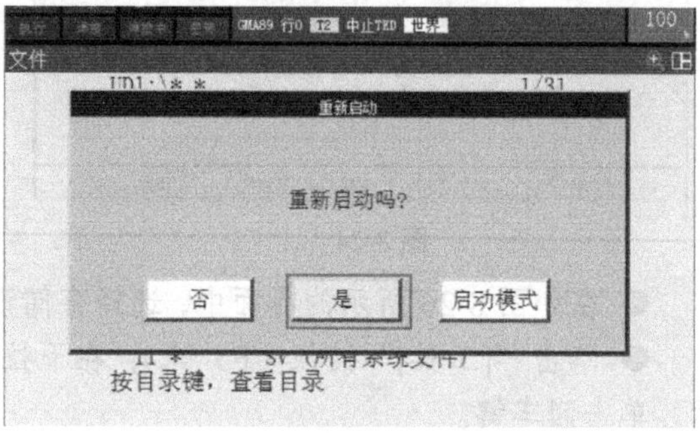

图 8-31

❾ 此时系统将进入重启界面，如图 8-32 所示。正在进行镜像备份文件的界面，如图 8-33 所示。

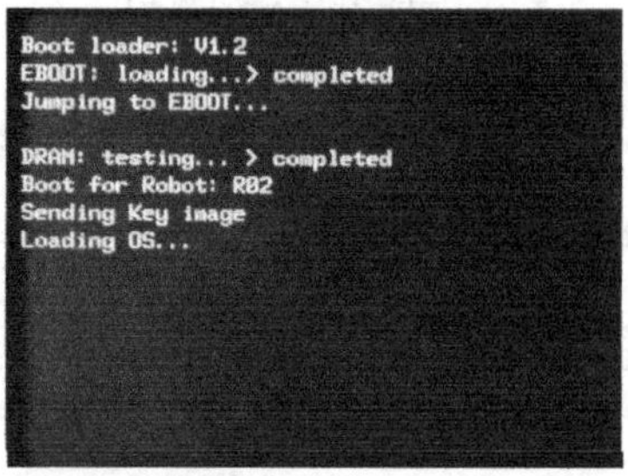

图 8-32

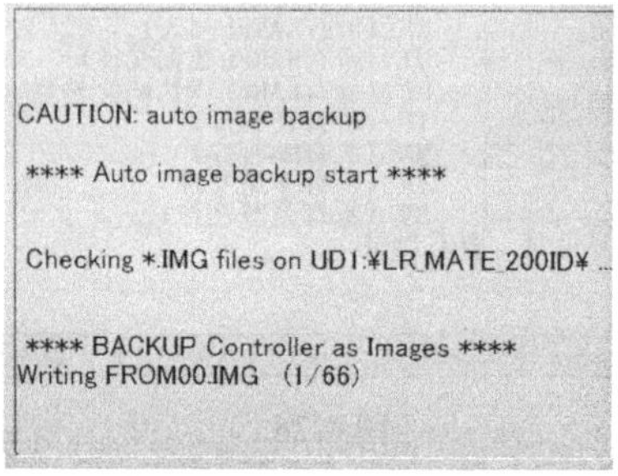

图 8-33

❿ 直至出现如图 8-34 所示的界面，表示镜像备份完成。单击“确定”按钮（F4 键），跳转至如图 8-35 所示的界面，即可拔下 U 盘。

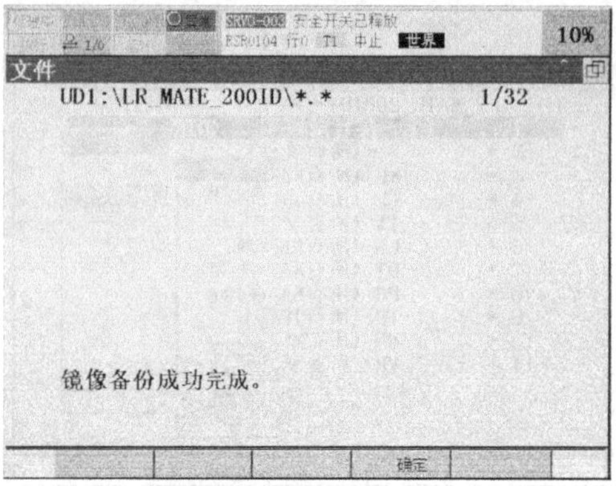

图 8-34

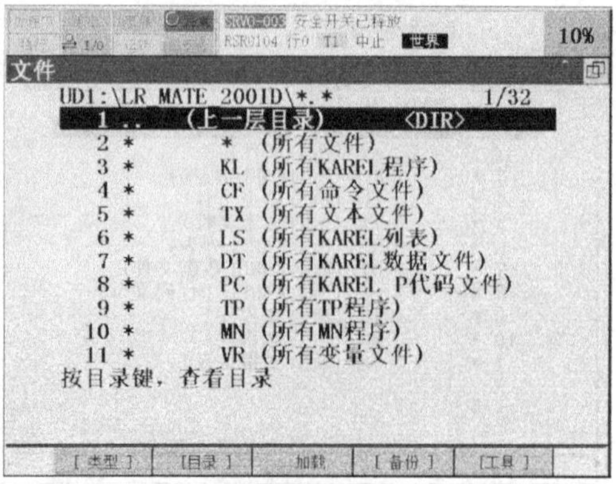

图 8-35

2．镜像备份的恢复

恢复镜像备份文件的步骤如下：

❶ 将带有镜像备份文件的 U 盘插在控制柜中，按住 F1 键和 F5 键不放，为机器人控制柜上电，直到示教器出现如图 8-36 所示的界面才可以松开按键。

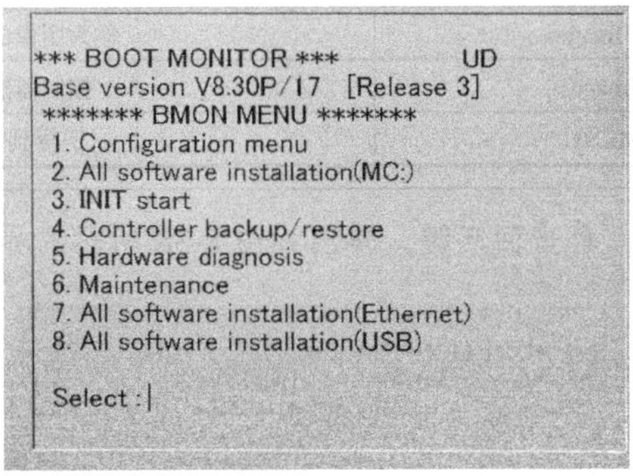

图 8-36

注意：对图 8-36 中各选项的说明如表 8-1 所示。

表 8-1

选　项	说　明
Configuration menu	配置菜单
All software installation（MC:）	所有软件安装（MC）
INIT start	初始化启动
Controller backup /restore	控制器备份/恢复
Hardware diagnosis	硬件诊断
Maintenance	维护
All software installation（Ethernet）	所有软件安装（以太网）
All software installation（USB）	所有软件安装（USB）

❷ 利用数字键输入 4，单击回车键，弹出如图 8-37 所示的界面。

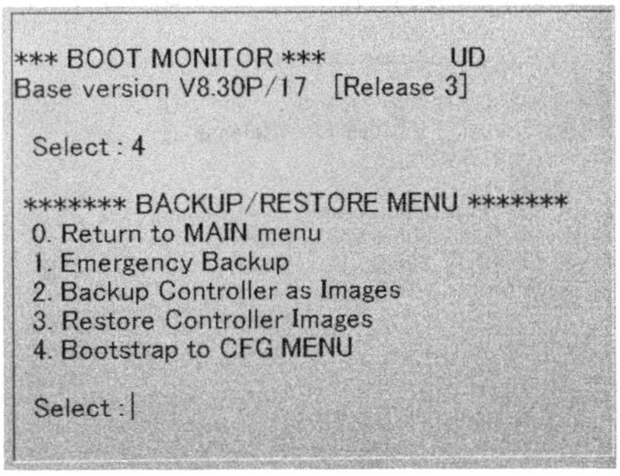

图 8-37

注意：对图 8-37 中各选项的说明如表 8-2 所示。

表 8-2

选　项	说　明
Return to MAIN menu	返回主菜单
Emergency Backup	紧急备份
Backup Controller as Images	作为图像的备份控制器
Restore Controller Images	控制器的图像恢复
Bootstrap to CFG MENU	引导到 CFG 菜单

❸ 利用数字键输入 3，单击回车键，弹出如图 8-38 所示的界面。

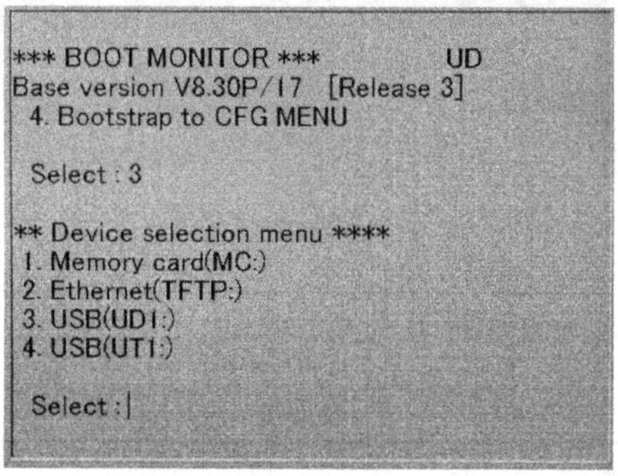

图 8-38

注意：对图 8-38 中各选项的说明如表 8-3 所示。

表 8-3

选　项	说　明
Memory card（MC:）	存储卡（MC）
Ethernet（TFTP:）	以太网（TFTP）
USB（UD1:）	控制柜的 USB 插口
USB（UT1:）	示教器的 USB 插口

❹ 利用数字键输入 3，单击回车键，弹出如图 8-39 所示的界面。

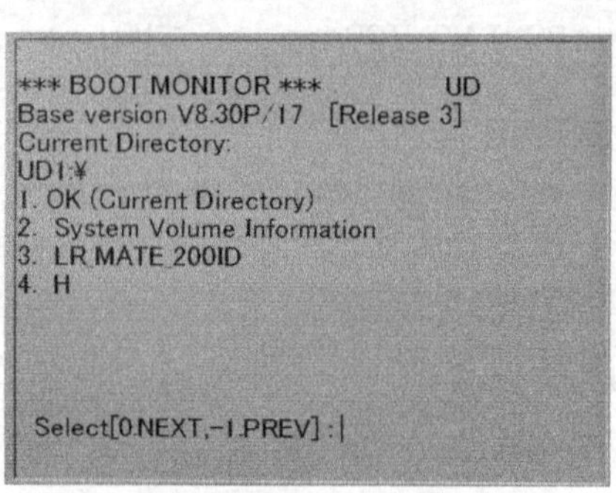

图 8-39

注意：对图 8-39 中各选项的说明如表 8-4 所示。

表 8-4

选 项	说 明
OK（Current Directory）	选择当前目录
System Volume Information	系统卷信息
LR_MATE_200ID	镜像备份文件夹
H	U 盘里的其他文件

❺ 利用数字键输入 3（打开镜像备份文件夹），单击回车键，弹出如图 8-40 所示的界面。

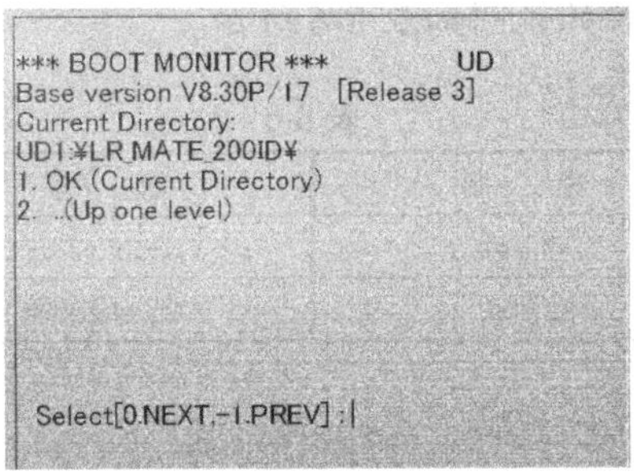

图 8-40

注意：对图 8-40 中各选项的说明如表 8-5 所示。

表 8-5

选项	说明
OK（Current Directory）	选择当前目录
…（up one level）	返回上一级目录

❻ 利用数字键输入 1，单击回车键，弹出如图 8-41 所示的界面。

❼ 若想要恢复镜像备份文件，则输入数字 1，否则输入其他数字。在这里，我们输入数字 1，单击回车键。系统开始恢复镜像备份文件，直至出现如图 8-42 所示的界面（最初的界面），输入数字 1，单击回车键。

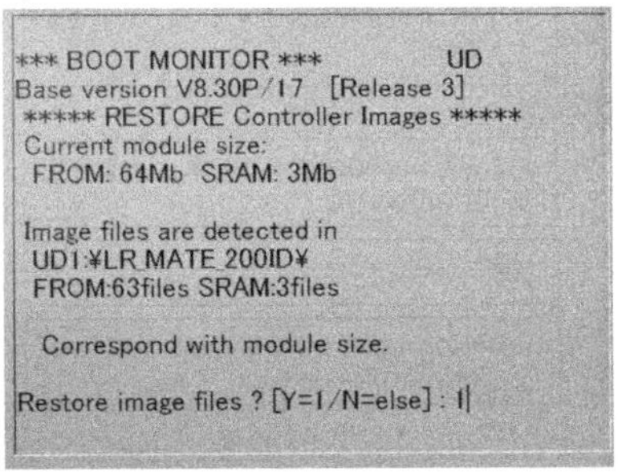

图 8-41

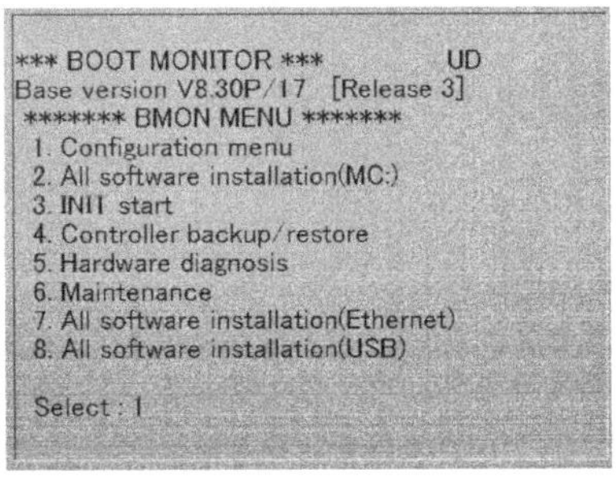

图 8-42

❽ 当出现如图 8-43 所示的界面时，输入数字 1（进行热启动）。在系统启动完成后，出现如图 8-44 所示的界面，表示镜像备份文件恢复完成。

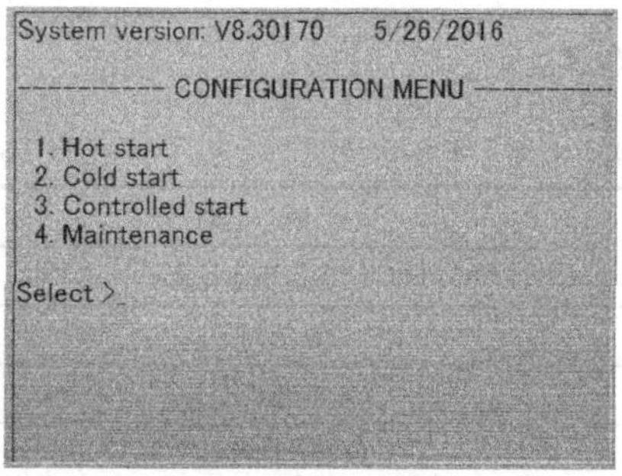

图 8-43

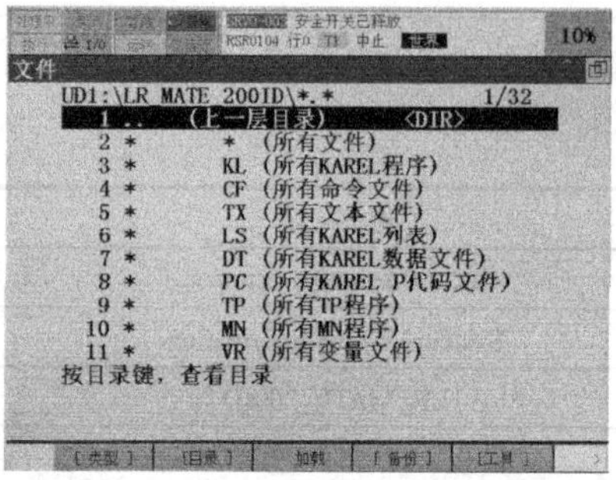

图 8-44

注意：对图 8-43 中各选项的说明如表 8-6 所示。

表 8-6

选　项	说　明	选　项	说　明
Hot start	热启动	Controlled start	控制启动
Cold start	冷启动	Maintenance	维护

8.1.3 自动备份

自动备份是在规定的时间内，由系统自动进行的备份。该功能将自动保存所有文件，当保存发生故障时，可能会导致不能读出保存数据的情况。为了预防发生这样的意外，应将备份保存在不同的存储卡中。

设置自动备份的步骤如下：

❶ 在 FANUC 示教器的操作面板中，单击 MENU（菜单）键，在弹出的菜单中选择“文件”（FILE）→“自动备份”，显示如图 8-45 所示的界面。

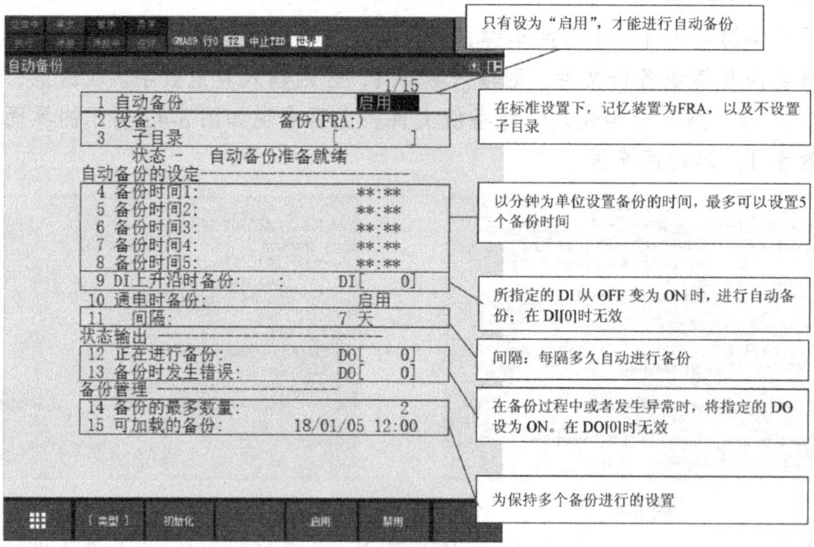

图 8-45

❷ 在 FRA 中备份时，若控制装置内 F-ROM 的可用空间不足 1Mb，则将自动删除最早存储的备份，在这种情况下，实际保持的备份数会比“备份的最多数量”少；若控制装置内 F-ROM 的可用空间非常少，并且可以保持的备份数为 0，则在执行自动备份操作时将会发生错误，此时，应将“备份的最多数量”改为较小的值。

8.2 更换电池

程序和系统变量存储在主板的 SRAM 中，由一节位于主板上的锂电池供电，以保存数据。机器人各轴的位置数据，由机器人的本体电池供电。本节主要介绍如何给机器人更换主板电池，以及更换机器人本体电池。

8.2.1 更换主板电池

当主板上的锂电池电压不足时，将在示教器中出现报警信息（SYST-035 Low OR No Battery Power in PSU）；当电压变得更低时，SRAM 中的内容将不能备份。这时需要更换旧电池，并将原先备份的数据重新加载。因此，平时应注意利用外部存储设备定期备份数据。主板上的电池大约每两年更换一次。

更换主板电池的具体步骤如下：

❶ 准备一节新的锂电池（推荐使用 FANUC 原装电池），如图 8-46 所示。

图 8-46

❷ 在机器人通电并正常开机后，等待 30s。

❸ 将机器人的电源关闭，打开控制柜，拔下接头，取下主板上的旧电池。

❹ 安装新电池，并插好接头。

8.2.2 更换机器人本体电池

机器人的本体电池用于保存各轴编码器的数据，需要每年更换一次。在电池电压下降并发出报警信息“SRVO-065 BLAL Alarm”时，用户应更换电池。若不及时更换，则会发出报警信息“SRVO-062 BZAL Alarm”。此时，机器人将不能执行动作。

> **注意**：在更换机器人本体电池时，一定要将电源置为 ON，否则将会导致当前的位置信息丢失，需要进行零点标定操作。

更换机器人本体电池的步骤如下。

❶ 在更换电池时，为预防危险，请按下紧急停止按钮。

❷ 拆除电池盒盖，如图 8-47 所示。若电池盒盖无法拆除，则用塑料锤子轻轻地横着敲一下。

❸ 拉动电池盒中央的棒条，取出电池。

❹ 按照相反的步骤进行复原。注意不要弄错新电池的正负极性。此时，最好换上一个新的密封垫。

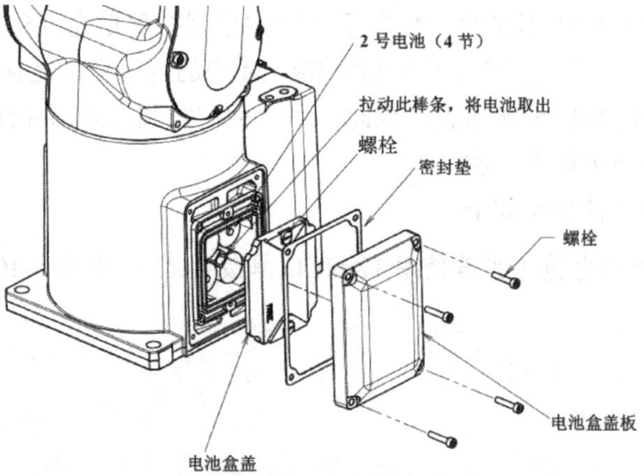

图 8-47

8.3 更换机器人润滑油

本节将要介绍如何更换机器人润滑油，以及一些注意事项。

8.3.1 更换机器人润滑油的注意事项

1. 确定润滑油型号

在更换机器人润滑油时，速度不能太快。为了防止因注油速度过快而导致减速机的内部压力过大，最好保持在每秒执行一次下压动作。为了确保减速机内部的旧油能够顺利排出，可以在注油一段时间后，暂停注油，等到出油口没有油脂排出后再继续注油。

FANUC 工业机器人减速机所用的油脂有三种（有些机器人使用两种油脂：Shell Allvania No.2、A97L-0001-0179#2KG）。在注油之前，一定要对润滑油的型号进行确认，如表 8-7 所示。

表 8-7

机器人型号	使用位置	润滑油型号
R-2000iA、S-900iB、M-710iB、M-410iB、M-420iA、M-900iA、M-S 系列（R-J2 控制器）、M-S 系列（R-J3 控制器）	RV 减速机、GEAR-BOX（齿轮箱）	VIGO GREASE REO、A98L-0040-0174#16KG
ARC Mate100iB/120iB、M-6iB/M-16iB、ARC Mate 系列（R-J2 控制器）、ARC Mate 系列（R-J3 控制器）	RV 减速机、GEAR-BOX（齿轮箱）	VIGO GREASE REO、A98L-0040-0174#16KG
	HARMONIC DRIVE M-6iB/M-16iB 的 J6	SK-3、A98L-0040-0110#2.5KG
LR Mate 系列	HARMONIC DRIVE	A98L-0040-0110#2.5KG

注意：一定要使用机器人指定型号的润滑油，如果使用其他型号的润滑油，则减速机在经过一定时间后可能会发生故障。

2. 确定注油量

每个机器人需要不一样的注油量，如表 8-8 所示。在实际应用中，需要在表 8-8 中给出的参考值基础上增加 10%。其原因是从开始注油直至新的油脂从出油口流出，可能会有些许浪费。

表 8-8

机器人型号	注油量（单位：cc）
R-2000iA	18000（J1～J6）
S-900iB	15000（J1～J6）
M-900iA	29000（J1～J6）
M-710iB	10500（J1～J6）
M-710iC	7600（J1～J6）
M-410iB	17000（J1～J6）
M-6iB/ARC Mate 100iB	3100（J1～J6）
M-16iB/ARC Mate 120iB	3600（J1～J6）

关于更多机器人型号的注油量，请查阅机器人型号的说明书。

3. 测试运转

在注油完成后，减速机内部的压力可能会变大。如果直接将排油口关闭并开始生产，则可能会发生漏油或油脂进入电机的危险。所以，在注油后，请进行测试运转。

测试运转的操作步骤如下。

❶ 编写测试运转的程序：

```
1:LBL[1]
2:J P[1]100% CNT20
3:J P[2]100% CNT20
4:JMP LBL[1]
[END]
```

注意：P[1]与 P[2]的角度应超过 60°，OVERRIDE（速度指令）为 100%（如果达不到 100%，速度稍慢一些也可以）。

❷ 利用上述程序进行测试运转，并且运转时间在 10 分钟以上。在测试过程中，要打开排油口。

❸ 在周边装置没有干涉时，J2～J6 可以同时执行测试动作，并且 J4、J6 的油脂可能会散布（飞行），所以请将布贴在排油口。

❹ 由于 M-6iB、M-16iB 的 J4 与 J5 的机构是齿轮箱，所以在注油完成后，应放置大约 3 分钟，再打开排油口执行测试动作，测试方法与上述操作相同。在机器人停止运行后，打开排油口，放置大约 3 分钟后关闭排油口即可。

8.3.2 更换机器人润滑油的操作

若减速机的机型为 LR Mate 200iD_4S 或 4SH（简称 4S、4SH），则必须每 4 年更换一次润滑油，或者累计运转时间达到 15360 小时，就需要补充润滑油；若减速机的机型为 LR Mate 200iD_4SC（简称 4SC），则必须每 2 年更换一次润滑油，或者累计运转时间达到 7680 小时，就需要补充润滑油。

供应的润滑油及注油量，如表 8-9 所示。

表 8-9

补充部位	注油量	机型	指定润滑油
J1 减速机	2.7g（3ml）	4S、4SH	Harmonic Grease 4B No.2 规格：A98L-0040-0230
J2 减速机	2.7g（3ml）		
J3 减速机	1.8g（2ml）		
J4 减速机	1.8g（2ml）		
J5 减速机	1.8g（2ml）		
J6 减速机	1.8g（2ml）		
J1 减速机	0.9g（1ml）	4SC	MOBIL SHC Polyrex 005 规格：A98L-0040-0259
J2 减速机	0.9g（1ml）		
J3 减速机	0.9g（1ml）		
J4 减速机	0.9g（1ml）		
J5 减速机	0.9g（1ml）		
J6 减速机	0.9g（1ml）		

注意：对供脂用组件的润滑油说明如下。

- 供脂用组件（4S、4SH）：使用 A05B-1142-K021（注射器和 80g 管装润滑油）。
- 供脂用组件（4SC）：使用 A05B-1142-K023（注射器和 80g 管装润滑油）。

在更换润滑油时，请遵守以下注意事项：

❶ 使用指定的润滑油。若使用非指定的润滑油，则可能会导致减速机损坏。

❷ 应彻底擦净沾在地板和机器人上的润滑油，以免令机器人滑倒或引起火灾。

❸ 当使用供脂用组件时，为了让管中的润滑油变软，可在注射器里填充一些润滑油，并把管嘴装到注射器的顶端。在不使用管嘴时，就把管嘴取下，并把瓶盖盖上。

各轴的加油口位置如图 8-48 所示。

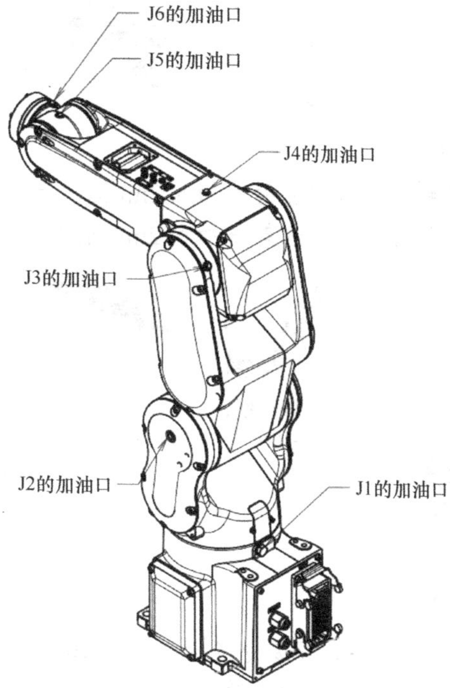

图 8-48

更换润滑油的步骤如下：

❶ 切断控制装置的电源。

❷ 拆除 J1 加油口的螺栓，利用注射器加入 3ml 润滑油，如图 8-49 所示。

❸ 拆除 J2 加油口的螺栓，利用注射器加入 3ml 润滑油，如图 8-50 所示。

图 8-49

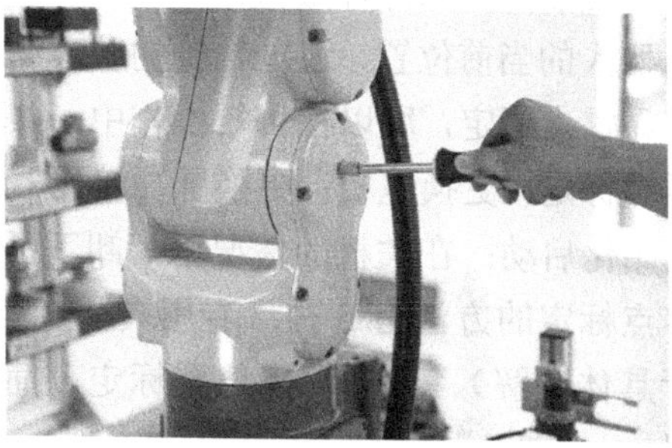

图 8-50

❹ 拆除 J3 加油口的螺栓，利用注射器加入 2ml 润滑油，如图 8-51 所示。

❺ 拆除 J4 加油口的螺栓，利用注射器加入 2ml 润滑油，如图 8-52 所示。

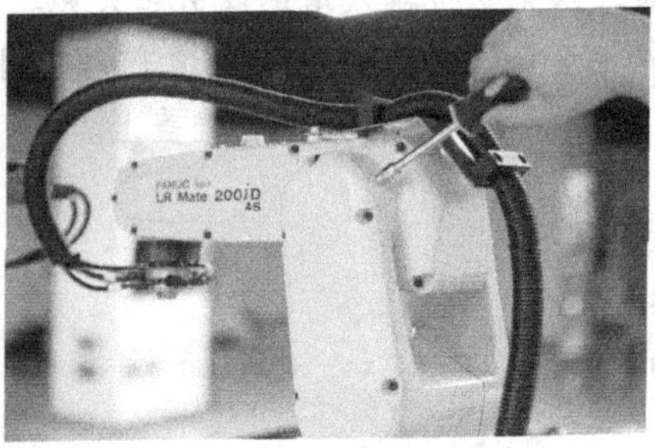

图 8-51

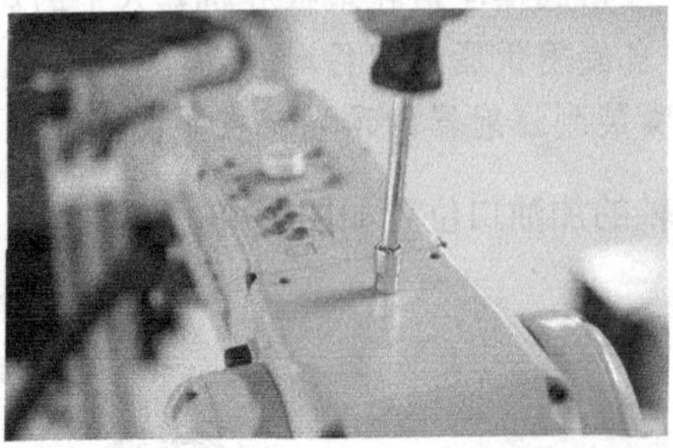

图 8-52

❻ 拆除 J5 加油口的螺栓，利用注射器加入 2ml 润滑油，如图 8-53 所示。

❼ 拆除 J6 加油口的螺栓，利用注射器加入 2ml 润滑油，如图 8-54 所示。

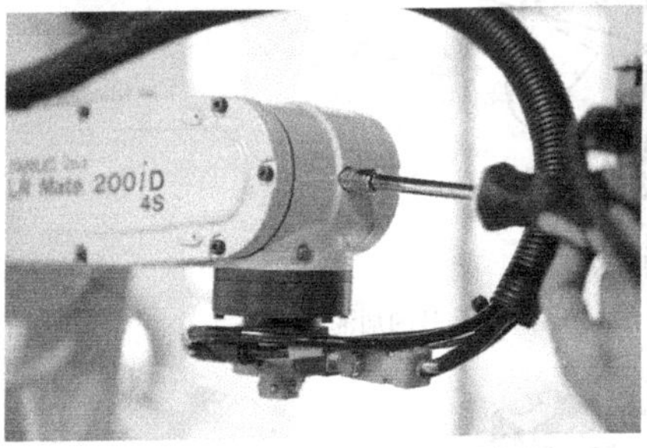

图 8-53

图 8-54

❽ 在 6 个轴都加完润滑油后，需要令各轴运动 5~10 分钟，以便排除内压。在把螺栓安装回去后，应使用软抹布将机器人擦拭干净。

8.4 零点标定

零点标定用于将机器人各轴的轴角度与连接在各轴脉冲编码器的脉冲计数值对应起来，即求取零度姿势的脉冲计数值。

机器人的当前位置，通过各轴的脉冲编码器的脉冲计数值确定。在机器人出厂时，已进行过简易零点标定，所以在日常操作中，并不需要进行零点标定。若出现下列情况，则需要进行零点标定：更换电机；更换脉冲编码器；更换减速机；更换电缆；电池没电；机器人执行了初始化启动；在关机的情况下，卸下了电池。

零点标定的方法有 5 种：专用夹具零点位置标定（一般在机器人出厂之前使用，这里不进行具体讲解）、全轴零点位置标定、简易零点标定、单轴零点标定、直接输入零点标定数据。

> **注意：** 只有在系统参数$MASTER_ENB 为 1 或 2 时，才会显示零点标定/校准界面。当出现 SRVO-062 报警时，将暂停机器人运行，需要消除该报警，机器人才能继续运行。

机器人各轴所在的零点位置，如图 8-55 所示（若减速机的机型为 LR Mate 200iD_4SH，则不存在 J4 的零点位置）。

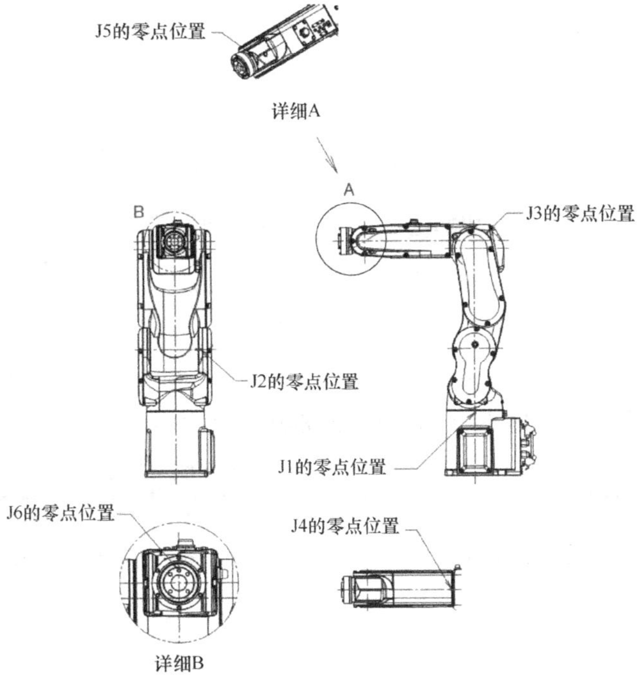

图 8-55

1．全轴零点位置标定

全轴零点位置标定是在所有轴都处在零点位置时进行的标定。机器人的各轴，都赋予零点位置标记（刻度线）。全轴零点位置标定通过目测进行调节，所以该标定的精度不会很高，该方法仅作为应急操作。

全轴零点位置标定的步骤如下：

❶ 在 FANUC 示教器的操作面板中，单击 MENU（菜单）键，在弹出的菜单中选择“系统”→“类型”→“系统零点标定/校准”→“全轴零点位置标定”，显示如图 8-56 所示的界面。

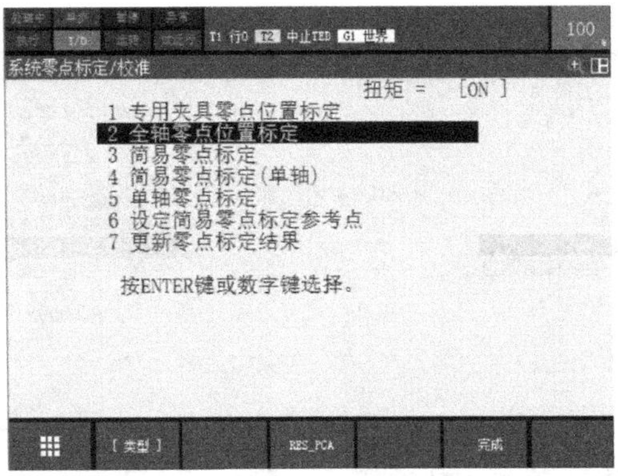

图 8-56

❷ 示教机器人移动各轴的刻度线，如图 8-57 所示。

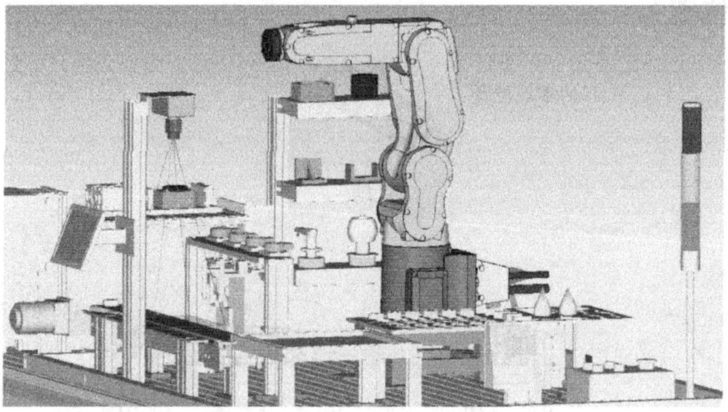

图 8-57

❸ 单击回车键，出现“执行零点位置标定？[否]”的询问语，如图 8-58 所示。

❹ 单击“是”按钮（F4 键），出现如图 8-59 所示的界面。

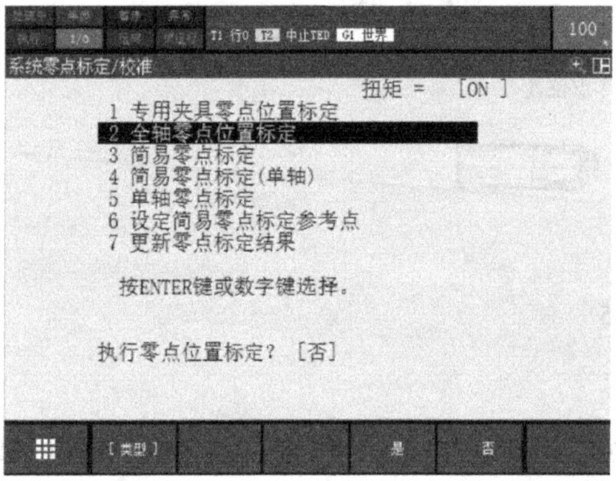

图 8-58

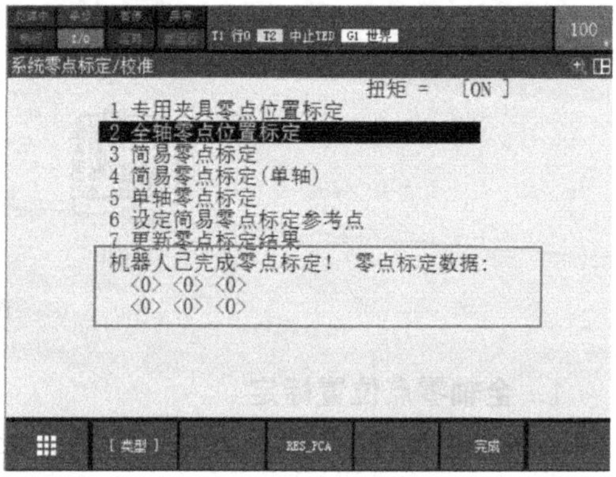

图 8-59

❺ 将光标移至“更新零点标定结果”选项，单击回车键，出现“更新零点标定结果？[否]”的询问语，如图 8-60 所示。

❻ 单击“是”按钮（F4 键），出现“机器人标定结果已更新！当前关节角度（度）……”的提示语，如图 8-61 所示。

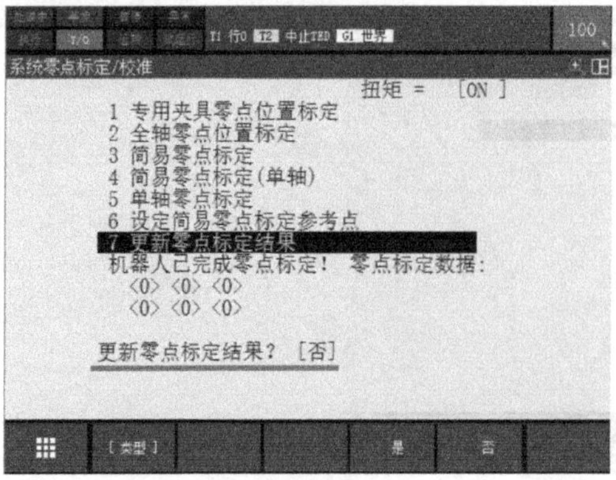

图 8-60

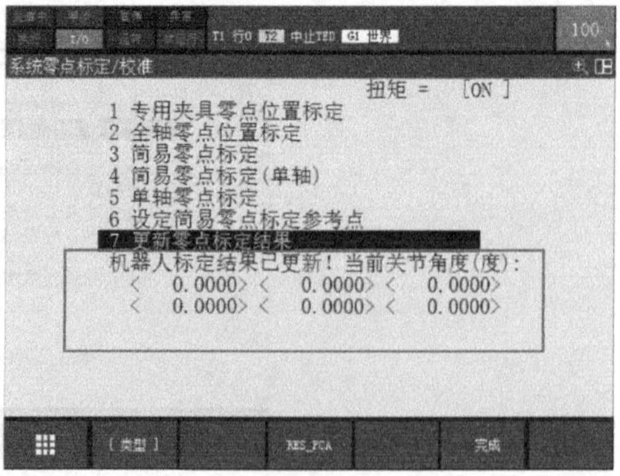

图 8-61

❼ 单击“完成”按钮（F5 键），即可完成全轴零点位置标定。

2. 简易零点标定

简易零点标定是在用户设置的任意位置进行的零点标定。脉冲计数值由连接在电机上的脉冲编码器的转速和每转的转角计算。若没有出现问题，请勿改变此设置。若因机器人电池的电压下降等原因，导致脉冲计数值丢失，则可进行简易零点标定。在更换脉冲编码器，以及机器人控制装置的零点标定数据丢失时，不能使用简易零点标定。

进行简易零点标定的步骤如下：

❶ 在 FANUC 示教器的操作面板中，单击 MENU（菜单）键，在弹出的菜单中选择“系统”→“类型”→“系统零点标定/校准”→“设定简易零点标定参考点”，显示如图 8-62 所示的界面。

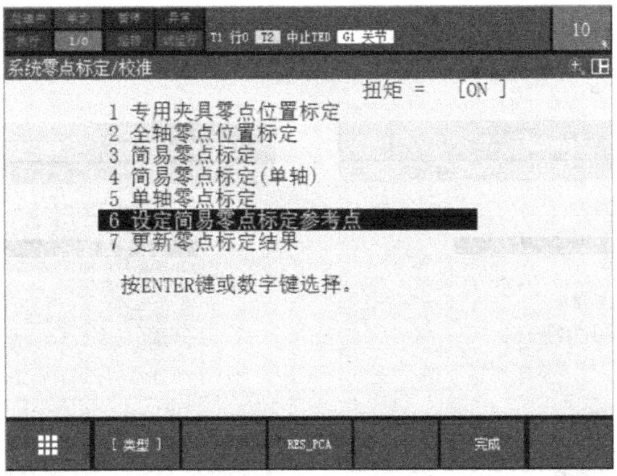

图 8-62

❷ 示教机器人移动各轴的刻度线，如图 8-63 所示。

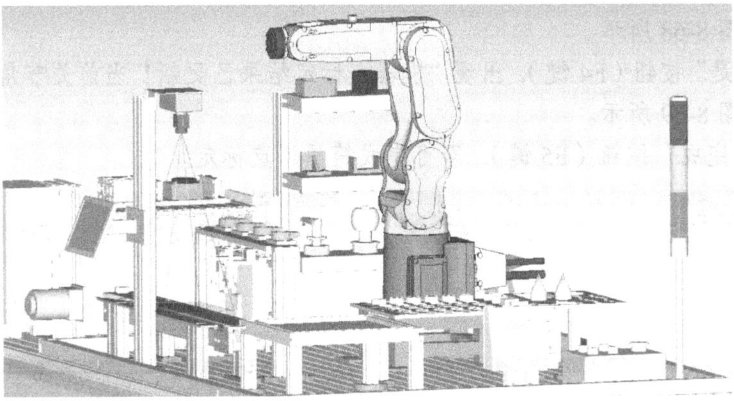

图 8-63

❸ 单击回车键，出现“设定简易零点标定参考点？[否]”的询问语，如图 8-64 所示。

❹ 单击“是”按钮（F4 键），出现“简易零点标定参考点已设定！”的提示语，如图 8-65 所示。

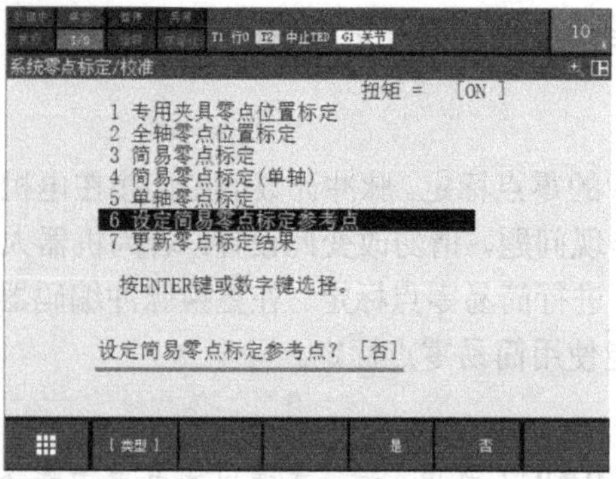

图 8-64

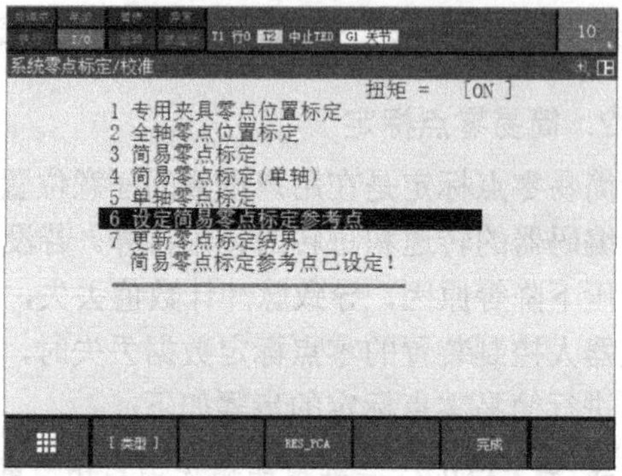

图 8-65

❺ 将光标移至“简易零点标定”选项，单击回车键，出现“执行简易零点标定？[否]”的询问语，如图 8-66 所示。

❻ 单击“是”按钮（F4 键），出现“机器人已完成零点标定！零点标定数据……”的提示语，如图 8-67 所示。

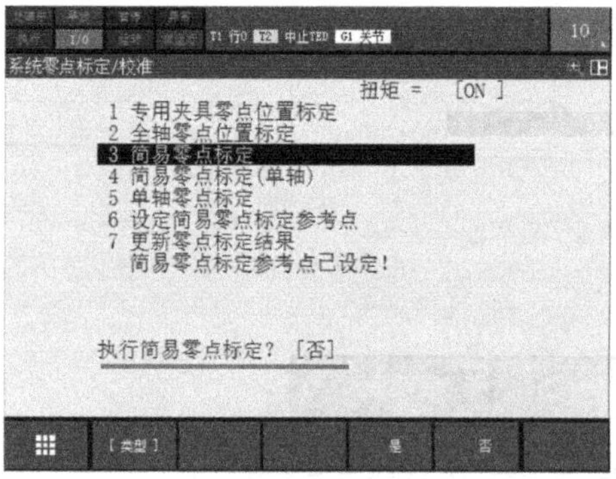

图 8-66

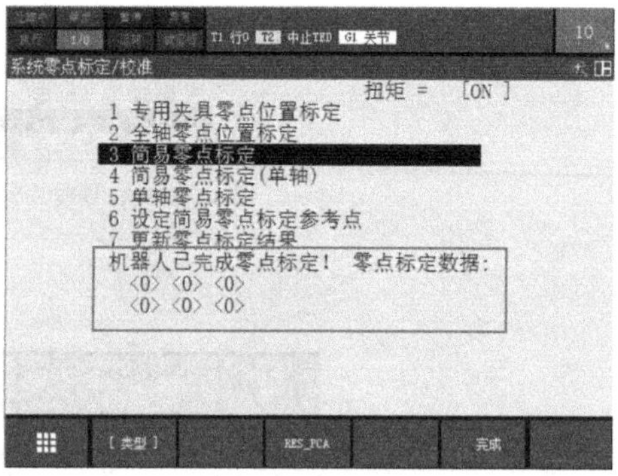

图 8-67

❼ 将光标移至“更新零点标定结果”选项，单击回车键，出现“更新零点标定结果？[否]”的询问语，如图 8-68 所示。

❽ 单击“是”按钮（F4 键），出现“机器人标定结果已更新！当前关节角度（度）……”的提示语，如图 8-69 所示。

❾ 单击“完成”按钮（F5 键），即可完成简易零点标定。

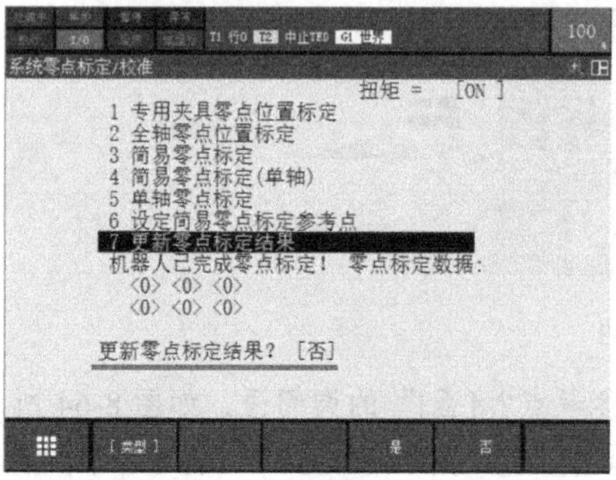

图 8-68

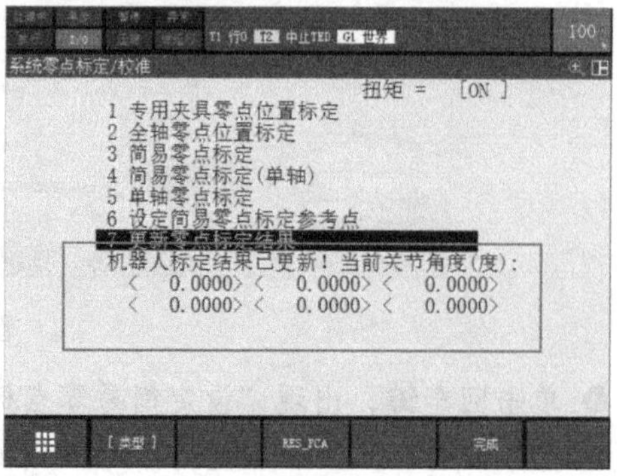

图 8-69

3．单轴零点标定

单轴零点标定是对每个轴进行的零点标定。各轴的零点标定位置，可以在用户设置的任意位置进行。在因机器人本体电池的电压下降，或更换脉冲编码器而导致某一特定轴的零点标定数据丢失时，可进行单轴零点标定。

进行单轴零点标定的步骤如下：

❶ 在 FANUC 示教器的操作面板中，单击 MENU（菜单）键，在弹出的菜单中选择“系统”→“类型”→“系统零点标定/校准”，将光标移至“单轴零点标定”选项，显示如图 8-70 所示的界面。

❷ 单击回车键，出现单轴零点标定界面，如图 8-71 所示。对图 8-71 中的选项说明如表 8-10 所示。

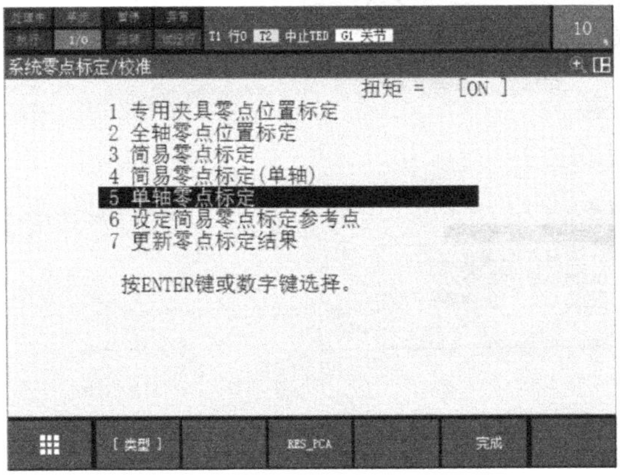

图 8-70

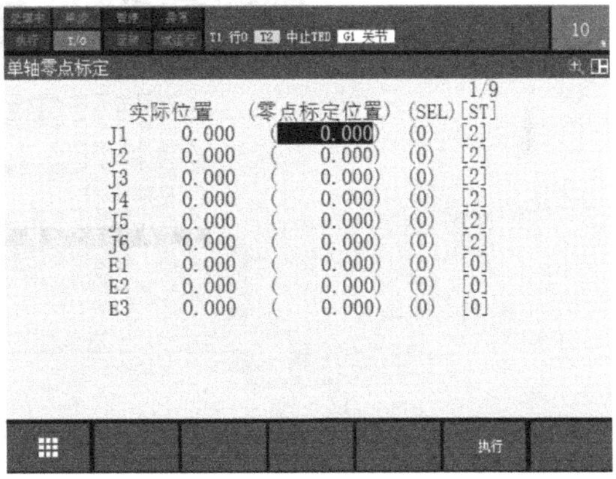

图 8-71

表 8-10

选　项	说　明
实际位置	各轴以“°”为单位显示机器人的当前位置
零点标定位置	对于进行单轴零点标定的轴，指定零点标定位置
SEL	对于进行零点标定的轴，此选项为 1（其他轴的值为 0）
ST	表示各轴的零点标定结束状态：0 表示零点标定数据已经丢失，需要进行单轴零点标定；1 表示零点标定数据已经丢失，需要对其他轴进行单轴零点标定；2 表示零点标定已经结束

❸ 对于进行单轴零点标定的轴，将其 SEL 值设为 1。可以为每个轴单独指定 SEL 值，也可以为多个轴同时指定 SEL 值，如图 8-72 所示。

❹ 以点动（JOG）方式移动机器人，使其移动到零点标定位置。

❺ 输入零点标定位置的轴数据，单击“执行”按钮（F5 键），此时 SEL 值变为 0，ST 值变为 2（或者 1）。

❻ 单击示教器操作面板中的 PREV 键，返回到单轴零点标定界面。将光标移至“更新零点标定结果”选项，出现“更新零点标定结果？[否]”的询问语，如图 8-73 所示。

❼ 单击“是”按钮（F4 键），出现“机器人标定结果已更新！当前关节角度（度）……”的提示语，如图 8-74 所示。

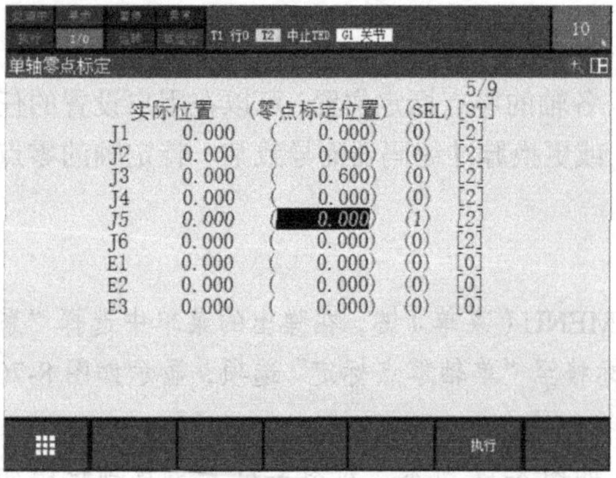

图 8-72

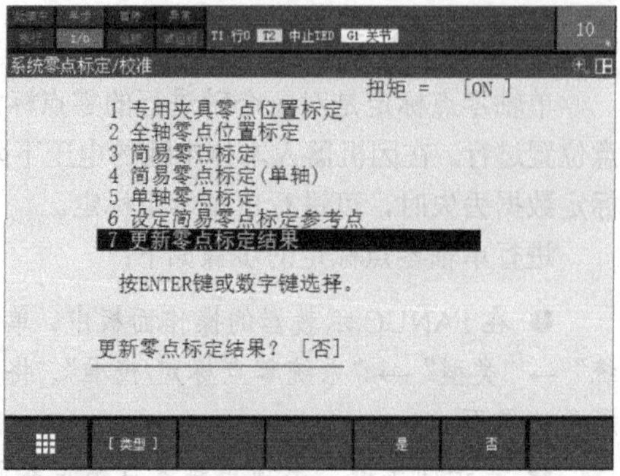

图 8-73

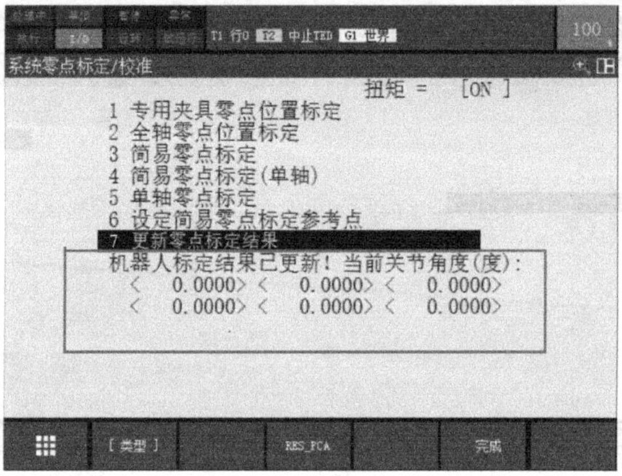

图 8-74

❽ 单击“完成”按钮（F5 键），即可完成单轴零点标定。

4. 直接输入零点标定数据

通过直接输入零点标定数据，可将零点标定数据直接输入到系统变量中。这一操作适用于零点标定数据丢失，并且脉冲数据仍然保存完好的情况。

直接输入零点标定数据的步骤如下：

❶ 在 FANUC 示教器的操作面板中，单击 MENU（菜单）键，在弹出的菜单中选择“系统”→“系统变量”，显示如图 8-75 所示的界面。

❷ 将光标移至系统变量$DMR_GRP，单击回车键，显示如图 8-76 所示的界面。

❸ 将光标移至 DMR_GRP_T，单击回车键，显示如图 8-77 所示的界面。

❹ 将光标移至$MASTER_COUN，输入事先准备好的零点标定数据（此处的数据仅为随意设置，请勿参考该数据），如图 8-78 所示。

❺ 单击示教器操作面板中的 PREV 键，返回上一界面。将$REF_DONE 设置为 TRUE，如图 8-79 所示。

❻ 打开系统零点标定/校准界面，将光标移至“更新零点标定结果”选项，出现“更新零点标定结果？[否]”的询问语，如图 8-80 所示。

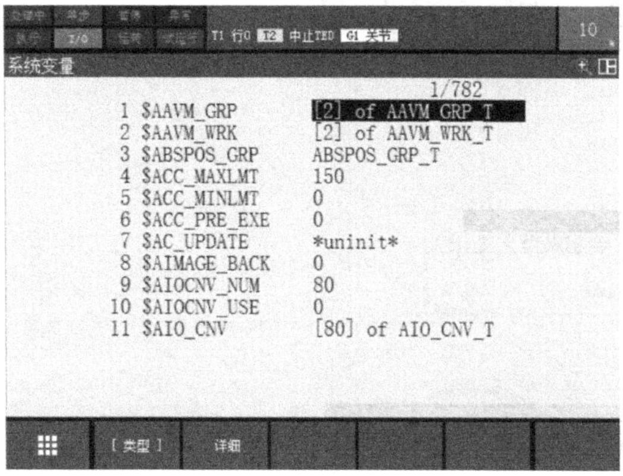

图 8-75

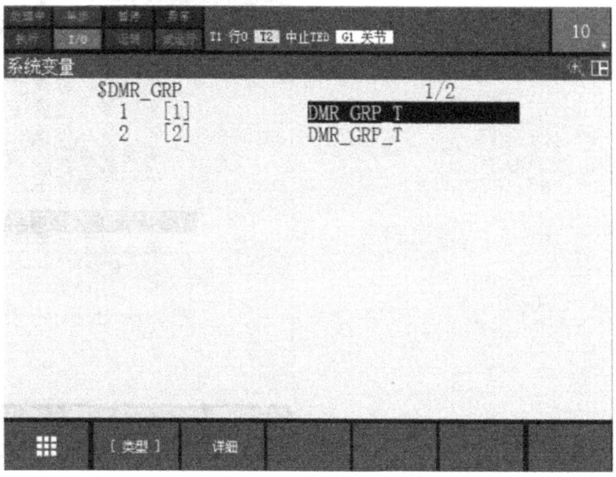

图 8-76

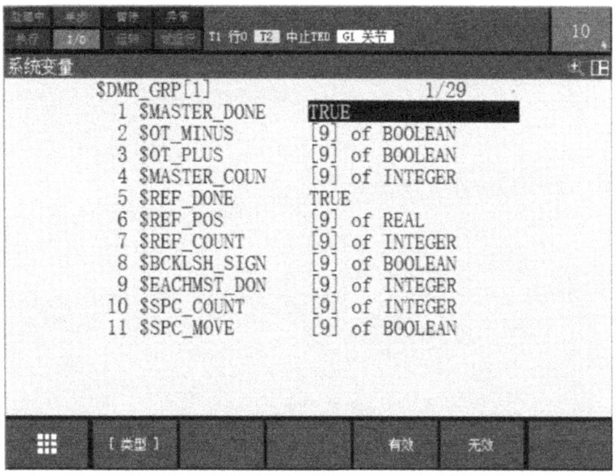

图 8-77

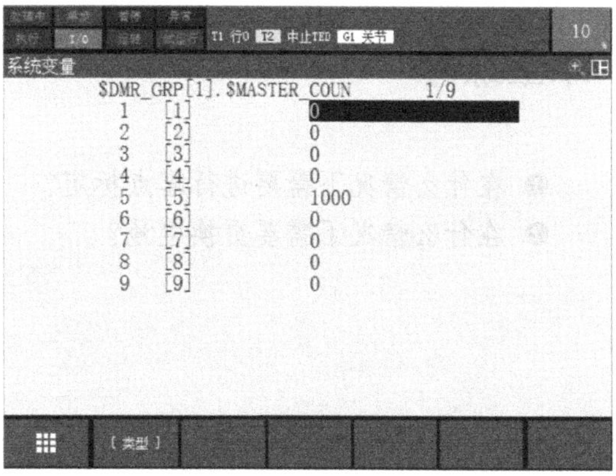

图 8-78

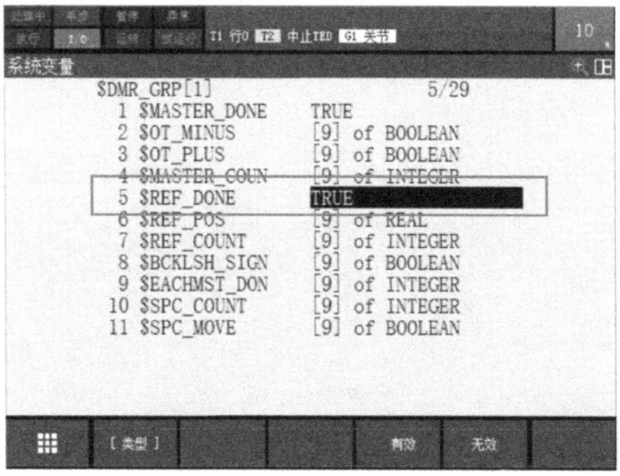

图 8-79

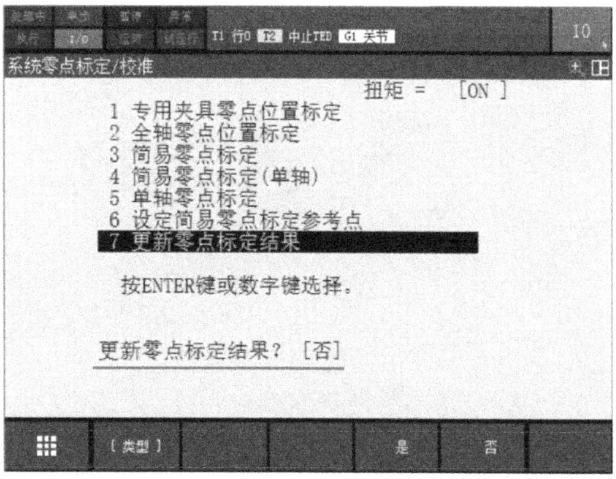

图 8-80

❼ 单击“是”按钮（F4 键），出现“机器人标定结果已更新！当前关节角度（度）……”的提示语，如图 8-81 所示。

❽ 单击“完成”按钮（F5 键），即可完成直接输入零点标定数据的操作。

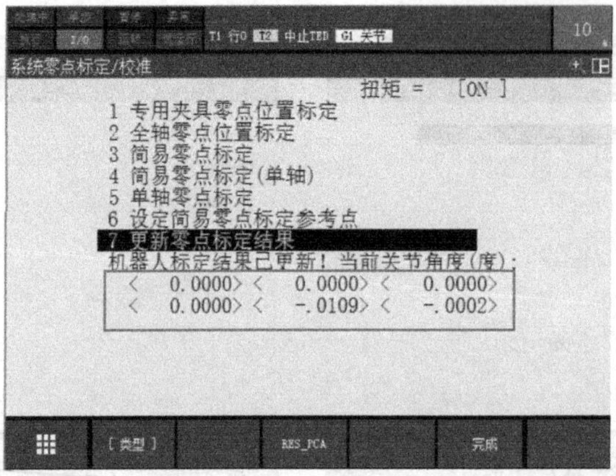

图 8-81

本章练习

❶ 在什么情况下需要进行零点标定?

❷ 在什么情况下需要更换电池?

第 9 章

部分报警代码

9.1 SRVO 错误代码

SRVO-001 SERVO Operator Panel E-Stop

可能原因：操作面板上的紧急停止按钮被单击。

解决方法：松开紧急停止按钮，并单击 RESET（复位）键。

SRVO-004 SERVO FENCE Open

可能原因：在操作面板的接线板上，没有建立 FENCE1 和 FENCE2 信号之间的连接。当安全门连接后，保护门被打开。

解决方法：建立 FENCE1 和 FENCE2 信号之间的连接，单击 RESET 键。当安全门连接后，关闭保护门。

SRVO-005 SERVO Robot Overtravel

可能原因：通常情况下，机器人的移动不会超过最大行程。然而，在机器人移动的过程中，可能将其设置为超行程状态。

解决方法：

（1）检查电力供应设备上的保险丝，如果被烧断，则更换保险丝。若控制柜为 B 柜，则检查紧急制动控制电路板上的保险丝，如果被烧断，则更换保险丝。

（2）打开超行程松开界面（SYSTEM OT Release），松开超行程轴。

（3）在单击 SHIFT 键的同时，单击“警告松开”按钮，以解除警告。

（4）单击 SHIFT 键，通过慢速进给的方法，把超行程的轴移动到允许移动的范围内。

（5）更换紧急制动控制电路板。

SRVO-006 SERVO HAND Broken

可能原因：安全把手断开。如果没有找到断开的把手，那么很有可能是机器人的连线信号 HBK 为 0V。

解决方法：

（1）检查电力供应设备上的保险丝，如果被烧断，则更换保险丝。

（2）在单击 SHIFT 键的同时，单击“警告松开”按钮，以解除警告。

（3）单击 SHIFT 键，通过慢速进给的方法把工具定位到工作区域内。

（4）更换安全把手。

（5）检查电线。

SRVO-007 SERVO External Emergency Stops

可能原因：单击了外部紧急停止按钮，或者在操作面板的电路板上，没有建立 EMGIN1 和 EMGIN2 信号之间的联系。

解决方法：如果单击了外部紧急停止按钮，则清除错误源并单击 RESET 键，否则检查 EMGIN1 和

EMGIN2 信号间的连线。

SRVO-008 SERVO Brake Fuse Blown

可能原因： EMG 印刷电路板上的刹闸保险丝被烧断。

解决方法： 更换保险丝。

SRVO-010 SERVO Belt Broken

可能原因： 机器人信号输入带断裂。

解决方法：

（1）如果发现输入带断裂，则修理，并单击 RESET 键。

（2）如果发现输入带正常，则可能是机器人连接线上的信号 RDI[7]异常。

（3）检查系统变量$PARAM_GROUP、$BELT_ENABLE。

SRVO-013 SYSTEM SERVO Module Config Changed

可能原因： 重启电源（热启动）时，修改了轴控制印刷电路板上或多功能印刷电路板中 DSP 模块的配置文件。

解决方法： 利用冷启动的方式重启电源。

SRVO-014 WARN Fan Not OR Abnormal

可能原因： 控制设备中的风扇电机异常。

解决方法： 检查风扇电机的连接线，若有问题，则及时更换。

SRVO-015 SERVO System Over Heat

可能原因： 控制设备的温度超过标定温度。

解决方法：

（1）如果环境温度比标定温度（45℃）高，则改善通风条件，以降低环境温度至标定温度内。

（2）检查风扇电机的连接线，若有问题，则及时更换。

（3）检查印刷电路板底板上的自动调温器，若有问题，则更换底板元件。

SRVO-018 SERVO Brake Abnormal

可能原因： 刹闸电流超过标定值。

解决方法：

（1）对于 S-800 型和 S-900 型机器人，应查看紧急制动控制印刷电路板上的保险丝是否损坏。

（2）检查刹闸电线。

（3）更换放大器。

（4）检查输入电压是否为 100V，若输入电压为 90V 或更低，则查看供应电压。

SRVO-021 SERVO SRDY OFF

可能原因： HRDY 表示“ON/开”，用于判断从主机传送到伺服系统的信号是否打开伺服放大器的安全门；SRDY 表示“OFF/关”，用于判断从伺服系统传送到主机的信号是否打开伺服放大器的安全门。一般来说，如果伺服放大器的安全门没有打开，即使发出了让安全门打开的信号，也会发出警告。如果伺服放大器发出警告，则主机不会处理这个警告（SRDY 为关）。因此，如果没有发生其他错误，则这个警告表示安全门没有打开。

解决方法：

（1）查看安全门是否打开。

（2）查看伺服放大器上的交流电压是否为 200V。如果发现电压等于或低于 170V，则查看供应电压。

（3）更换紧急制动控制电路板。

（4）更换主控 CPU 上的电路板。

（5）检查连线，如有必要，可将其更换。

（6）更换伺服放大器。

SRVO-022 SERVO SRDY ON

可能原因：当信号 HRDY 试图打开安全门时，SRDY 已为打开状态。

解决方法：

（1）更换紧急制动控制电路板。

（2）更换主控 CPU 上的电路板。

（3）检查连接伺服放大器和主控 CPU 电路板的线路，如有必要，可将其更换。

（4）更换伺服放大器。

SRVO-023 SERVO Stop ERROR Excess

可能原因：当电机停止运转时，产生了一个过度伺服位置错误。

解决方法：

（1）检查所加负载是否超标。如果超标，则降低负载。

（2）检查伺服放大器使用的三相电压，如果发现其值等于或小于 170V，则查看输入电压。

（3）如果发现输入电压等于或高于 170V，则更换伺服放大器。

（4）更换电机。

SRVO-025 SERVO MOTN DT Overflow

可能原因：命令的输入值过大。

解决方法：关闭机器人，在示教器的操作面板中同时单击 SHIFT 和 RESET 键，之后重启机器人。此时，如果错误还未清除，则利用文档将引发错误的事件记录下来。

SRVO-026 WARN Not OR Speed Limit

可能原因：试图超过电机的最大额定转速，或者电机转速已达最大额定转速。

解决方法：不要重复可能会导致发生此类错误的事件。

SRVO-033 WARN Robot Not Calibrated

可能原因：试图为简单控制设置一个参考点，但校准尚未完成。

解决方法：在校准界面中执行 CALIBARTION。

SRVO-034 WARN Ref POS Not Set

可能原因：试图进行简单控制，但所需的参考点尚未设立。

解决方法：为进行简单控制，可在校准界面设立一个参考点。

SRVO-043 SERVO DCAL Alarm

可能原因：当操作一个机器人时，伺服放大器需要为机器人提供能量。一般来说，伺服放大器通过散热的方式将能量发散出去，若有过多的能量存储在伺服放大器中，则会触发此警告。

解决方法：

（1）降低机器人的使用强度。

（2）更换再生电阻。

（3）检查伺服放大器与再生电阻的线路，如有必要，可将其更换。

（4）更换伺服放大器。

SRVO-044 SERVO HVAL Alarm

可能原因：直流电压异常，伺服放大器 PSM 的发光二极管显示为 7。

解决方法：

（1）检查伺服放大器使用的三相输入电压。若电压等于或超过 253V，则检查供应电压。

（2）检查载荷是否在额定值内。如果超过额定负载，则降低外加负载。

（3）检查放大器的连线（CN3 和 CN4），如有必要，可将其更换。

（4）检查主控 CPU 上的电路板和紧急制动控制电路板间的连线。

（5）更换伺服放大器。

SRVO-045 SERVO HCAL Alarm

可能原因：伺服放大器 PSM 的发光二极管显示为“-”。7 段发光二极管上的红色发光二极管中的一个发亮。可能原因是一个过大的电流流入了伺服放大器的主电路中。

解决方法：

（1）切断伺服放大器接线器上的电机电源线，并开启电源。如果依旧出现此警告，则更换伺服放大器。

（2）移开伺服放大器接线器上的电机电源线，并检查电机电源线 U、V、W 和地线是否绝缘。如果发生短路现象，则检查电机与机器人之间的连线，或机器人的内部连线。若发现异常，则更换损坏的硬件。

（3）移开伺服放大器接线器上的电机电源线，并用可以检测微小电阻的仪器来检查电机电源线 U 和 V、V 和 W、U 和 W 之间的电阻。如果检测到的电阻大小不一致，则检查电机与机器人之间的连线，或机器人的内部连线。若发现异常，则更换损坏的硬件。

（4）更换主控 CPU 上的电路板。

SRVO-046 SERVO 2OVC Alarm

可能原因：当由内部伺服系统计算出的电流平均值超过允许的最大值时，将对系统产生热损坏。这时，为了保护电机，会发出此警告。

解决方法：

（1）检查机器人的操作环境。如果机器人的工作指标，如额定负载和占空因数（工作循环）超标，则将其调整至额定范围内。

（2）检查伺服放大器使用的三相电压，如果电压等于或低于 170V，则检查供应电压。

（3）更换主控 CPU 上的电路板。

（4）更换伺服放大器。

（5）更换电机。

SRVO-047 SERVO LVAL Alarm

可能原因：主电路电源的供应电压或控制电源的供应电压（+5V）过低。

解决方法：当伺服放大器的发光二极管显示为 6 或 4 时，应检查伺服放大器使用的三相电压，如果电压值等于或低于 170V，则检查供应电压，或者更换伺服放大器。

SRVO-049 SERVO OHAL1 Alarm

可能原因：伺服放大器 PSM 的发光二极管显示为 3，可能原因是触发了伺服放大器的自动调温器。

解决方法：

（1）检查机器人的操作环境。如果机器人的工作指标，如额定负载和占空因数（工作循环）超标，则将其调整至额定范围内。

（2）检查伺服放大器上的保险丝是否烧断。

（3）检查伺服放大器和变压器间的连线，如有必要，可将其更换。

（4）检查伺服放大器内部的连线，如有必要，可将其更换。

（5）更换伺服放大器。

SRVO-050 SERVO CLALM Alarm

可能原因：伺服软件检测到碰撞冲突。

解决方法：

（1）检查机器人是否与物体发生碰撞。如果发生碰撞，则重置系统，并通过慢速进给的方法把机器人移离碰撞位置。

（2）检查外部负载是否超过最大值，如果超过，则降低外部负载。

（3）检查伺服放大器使用的三相电压，如果电压值等于或低于 170V，则检查供应电压。

（4）更换伺服放大器。

SRVO-051 SERVO 2CUER Alarm

可能原因：电流值的偏移量过大。

解决方法：更换主控 CPU 上的电路板或更换伺服放大器。

SRVO-053 WARN Disturbance Excess

可能原因：通过软件估计得到的挠度超过阈值，或者机器人手腕的负载超标。

解决方法：在包含挠度值的状态界面中，设置一个符合挠度范围的值。

SRVO-061 SERVO 2CKAL Alarm

可能原因：脉冲编码器中翻转计数器的时钟异常。

解决方法：如果此警告和 SRVO-068、SRVO-069 或 SRVO-070 一同出现，则忽略此警告，并参考其他三个警告的解决方法。

SRVO-062 SERVO 2BZAL Alarm

可能原因：未连接用于备份脉冲编码器的绝对位置数据的电池，即机器人的内部连线断开。

解决方法：消除警告，将系统变量（$MCR、$SPC_RESET）设为 TRUE，并打开电源进行连接。

SRVO-063 SERVO 2RCAL Alarm

可能原因：脉冲编码器中的翻转计数器发生异常。

解决方法：更换脉冲编码器。提示：如果此警告与 SRVO-068、SRVO-069 或 SRVO-070 一同出现，则可忽略此警告。

SRVO-064 SERVO 2PHAL Alarm

可能原因：由脉冲编码器产生的脉冲信号的相位发生异常。

解决方法：更换脉冲编码器。提示：如果此警告与 SRVO-068、SRVO-069 或 SRVO-070 一同出现，则可忽略此警告。

SRVO-065 WARN BLAL Alarm

可能原因：脉冲编码器的电池电压降到了最低值以下。

解决方法：更换电池。若电池更换不及时，则位置数据将会丢失。

SRVO-067 SERVO 2OHAL2 Alarm

可能原因：因脉冲编码器的内部温度过高，触发了自动调温器。

解决方法：

（1）检查机器人的操作环境。如果机器人的工作指标，如额定负载和占空因数（工作循环）超标，则将其调整至额定范围内。

（2）如果发生了此警告，即使电机未过热，也需要更换电机。

SRVO-068 SERVO 2DTERR Alarm

可能原因：请求信号被发送到了串行脉冲编码器内，但没有返回值。

解决方法：

（1）检查主控 CPU 中的电路板和紧急制动控制电路板间的连线，如有必要，可将其更换。

（2）检查机器人连接线的模块，如有必要，可将其更换。

（3）检查机械元件中连接面板上的连接器。

（4）更换串行脉冲编码器。

SRVO-070 SERVO 2STBERR Alarm

可能原因：串行数据的起始位或终止位发生错误。

解决方法：

（1）检查机器人的屏蔽线和外围设备连线是否安全接地。

（2）检查各个元件是否安全接地。

（3）更换紧急制动控制电路板和主控 CPU 间的连线。

（4）更换主控 CPU 上的电路板。

（5）更换脉冲编码器。

（6）更换机器人连接线。

SRVO-071 SERVO 2SPHAL Alarm

可能原因：速度过快。

解决方法：

（1）如果此警告与 SRVO-064 警告一同发生，则此警告反馈的问题并不是根本问题。

（2）检查机器人的操作环境。如果机器人的工作指标，如额定负载和占空因数（工作循环）超标，则将其调整至额定范围内。

（3）更换电机的脉冲编码器。

SRVO-073 SERVO 2CMAL Alarm

可能原因：脉冲编码器失效，或者因噪声太大，致使脉冲编码器不能正常工作。

解决方法：执行简单控制并屏蔽噪声。

SRVO-074 SERVO 2LDAL Alarm

可能原因：未连接脉冲编码器上的发光二极管。

解决方法：更换脉冲编码器。

SRVO-075 WARN Pulse Not Established

可能原因：尚未建立脉冲编码器的绝对位置。

解决方法：将机器人沿各个轴线移动，直至警告消除。

SRVO-076 Tip Stick Detection

可能原因：在操作的开始阶段，检测到一个过量的扭矩。

解决方法：

（1）如果发生碰撞，则单击示教器上的重启键，慢慢地将机器人和障碍物分开。

（2）如果没有发生碰撞，则机器人的负载可能超过额定载荷。

（3）检查伺服放大器的三相电压（相与相之间的电压必须超过 170V）。

（4）检查 U 和 V、V 和 W、U 和 W 之间的电压（它们之间的电压值必须相同）。

SRVO-082 WARN DAL Alarm

可能原因：线路跟踪脉冲编码器断开。

解决方法：

（1）检查脉冲编码器连线。

（2）更换轴线控制电路板上的 SIF 和 DSM 模块。

（3）更换脉冲编码器。

SRVO-105 SERVO Door Open OR E-Stop

可能原因：控制门被打开、检测到紧急制动信号、硬件连接线路错误。

解决方法：关闭控制门，单击 RESET 键。如果重启无效，则校正硬件连接线路。

SRVO-106 SERVO Door Open/E-Stop

可能原因：控制门被打开、检测到紧急制动信号、硬件连接断开。

解决方法：关闭控制门，单击 RESET 键。如果重启无效，则校正硬件连接线路。

SRVO-134 SERVO DCLVAL（PSM）Alarm

可能原因：放大器的备用充电电路出现故障。

解决方法：

（1）检查放大器、安全门之间的连线和连接器。

（2）检查变压器上的保险丝。

（3）更换紧急制动控制电路板。

（4）更换放大器。

SRVO-138 SERVO SDAL Alarm

可能原因：发出一个错误的脉冲编码器信号。

解决方法：

（1）关闭控制电源，并重新打开。若此方法无效，则更换脉冲编码器。

（2）加强对脉冲编码器连线的屏蔽。

SRVO-148 HCAL（CNV）Alarm

可能原因：伺服放大器上的主电源电路的电压超出额定范围。

解决方法：

（1）将电机电源线从伺服放大器上移开，并关闭电源。如果依旧出现 HCAL 警告，则更换伺服放大器和电阻模块。

（2）测量地线，以及每条 U、V、W 线的终端电阻。如果存在短路，则查看连线或电机是否存在故障。

（3）测量 U 和 V、V 和 W、U 和 W 之间的电阻。如果测量到不同的电阻，则查看连线或电机是否存在故障。

（4）如果故障还未排除，则更换轴线控制 SIF 模块。

SRVO-157 SERVO CHGAL Alarm

可能原因：在标定的时间内，主电路的充电未完成。

解决方法：

（1）检查 DC 线是否存在短路。

（2）检查限制充电电流的静态电阻是否出现故障，如有必要，可将其更换。

（3）更换布线板。

SRVO-160 SERVO Panel/External E-stop

可能原因：紧急停止按钮被单击，或外部紧急制动功能被启动。

解决方法：松开紧急停止按钮。如果外部紧急制动功能被启动，则移去发起源。若找不到发起源，则检查 EMGIN1 和 EMGINC、EMGIN2 和 EMGINC 间的连线（在终端由连线连接的情况下）。

SRVO-184 Other Task is Processing

可能原因：这条指令想要使用的数据区域被另一个任务锁定了。

解决方法：在另一个任务结束后，再执行这条指令。

SRVO-185 Data is for Other Group

可能原因：这条指令想要使用的数据被另一组占用。

解决方法：在执行这条指令前收集所需的数据。

SRVO-186 Needed Data Has Not been Got

可能原因：没有收集到数据，或没有属于所需模式的数据。

解决方法：在执行这条指令前收集必要的数据。

SRVO-187 Need Specifying Mass

可能原因：未按照此种类型的载荷信息标明载荷数量。

解决方法：在估计载荷信息前，标明载荷数量。

SRVO-201 SERVO Panel E-Stop OR SVEMG Abnormal

可能原因：操作面板上的紧急停止按钮被单击，或 SVEMG 信号线连接错误。

解决方法：

（1）松开操作面板上的紧急停止按钮，并单击重启键。

（2）如果不能松开操作面板上的紧急停止按钮，则可能是 SVEMG 信号线连接错误，请检查线路。

SRVO-202 SERVO TP E-Stop ORSVEMG Abnormal

可能原因：示教器上的紧急停止按钮被单击，或 SVEMG 信号线连接错误。

解决方法：

（1）松开示教器上的紧急停止按钮，并单击重启键。

（2）如果不能松开示教器上的紧急停止按钮，则可能是 SVEMG 信号线连接错误，请检查线路。

SRVO-204 SYSTEM External（SVEMG Abnormal）E-Stop

可能原因：在 SVEMG 线路异常时，输入一个外部紧急制动信号。

解决方法：在关闭电源后，校正 SVEMG 线路，并移去外部紧急制动的发起源、打开电源。

SRVO-205 SYSTEM Fence Open（SVEMG Abnormal）

可能原因：在 SVEMG 线路异常时，保护栏被打开。

解决方法：在关闭电源后，校正 SVEMG 线路、关闭保护栏，并打开电源。

SRVO-206 SYSTEM DEADMAN Switch（SVEMG Abnormal）

可能原因：SVEMG 线路异常。

解决方法：在关闭电源后，校正 SVEMG 线路、按住使能键，并打开电源。

SRVO-207 SERVO TP Switch Abnormal or Door Open

可能原因：在打开保护栏时，控制门被打开，或 SVEMG 线路发生故障。

解决方法：关闭控制门，并单击重启键。如果控制门没被打开，则 SVEMG 线路发生故障，请将其校正。

SRVO-209 SERVO Robot-2 SVEMG Abnormal

可能原因：检测到机器人 2 的 SVEMG 信号断开。

解决方法：

（1）关闭电源。

（2）重新为机器人 2 的 SVEMG 线路布线。

（3）关闭保护栏电路，并单击重启键。

SRVO-210 SERVO EX_Robot SVEMG Abnormal

可能原因：检测到附加机器人（第 3 个机器人，例如，定位器或附加轴线）的 SVEMG 信号断开。

解决方法：

（1）关闭电源。

（2）重新为附加机器人的 SVEMG 线路布线。

（3）关闭保护栏电路，并单击重启键。

SRVO-211 SERVO TP OFF in T1, T2

可能原因：当模式开关处于 T1 或 T2 位置，并且机器人 1 和机器人 2 断开时，示教器被关闭。

解决方法：

（1）将示教器的开关设置为“开”，并单击重启键。

（2）若重启不起作用，则修复硬件线路。

SRVO-213 SERVO Fuse Blown（Panel PCB /Amp/Aux Axis）

可能原因： PBC 面板/六轴放大器/六轴放大器中附加轴上的保险丝被烧断。

解决方法： 更换 PBC 面板/六轴放大器/六轴放大器中附加轴上的保险丝。

SRVO-221 SERVO Lack of DSP

可能原因： 未找到对应轴线的 DSP（伺服控制 CPU）。

解决方法： 检查 DSP 板上的 DSP 相对$SCR_GRP[]、$AxisORDER[]中标定的数量是否充足。如果有必要，则可使用一个带有足够多 DSP 的 DSP 板，或者改变系统变量$SCR_GRP[]、$AxisORDER[]的设置。

SRVO-222 SERVO Lack of Amp

可能原因： 没有放大器模块。

解决方法：

（1）检查与放大器相连的线缆是否连接正确。

（2）更换连接放大器的线缆。

（3）检查放大器电源是否正常。

（4）检查变量$AxisORDER 和$AMP_NUM 是否设置正确。

SRVO-230 SERVO Chain1（+24V）/Chain2（0V）Abnormal

可能原因： 发生一个 Chain1（+24V）故障。

解决方法：

（1）检查特殊手持式开关是否被松开，若松开，则将其夹紧。

（2）修复硬件中的 Chain1（+24V）/Chain2（0V）电路。

（3）在系统设置界面中，将“是否重置 Chain 失败”设置为 YES（是）。

（4）单击示教器上的重启键。

SRVO-232 SERVO NTED Input

可能原因： NTED（非校正启用设备）被松开。

解决方法： 单击 NTED（非校正启用设备），并单击重启键。

SRVO-233 SERVO TP OFF in T1, T2/Door Open

可能原因： 在模式开关置于 T1 或 T2 时，示教器被关闭；控制门被打开；硬件发生断开故障。

解决方法：

（1）将示教器的开关设置为“开”，关闭控制门，并单击重启键。

（2）如果重启键不起作用，则修复硬件线路。

SRVO-235 SERVO Short Term Chain Abnormal

可能原因： 检测到一个暂时的 Chain 故障。

解决方法：

（1）如果此故障和 DEADMAN Switch Released 警告同时出现，则松开使能键。

（2）如果此故障与按钮相关的警告同时出现，则单击重启键。

SRVO-237 WARN Cannot RESET Chain Failure

可能原因： 试图重启 Chain 故障失败。

解决方法：

（1）修复硬件中的 Chain1（+24V）电路。

（2）单击示教器上的紧急停止按钮，并顺时针松开按钮，单击重启键。

SRVO-240 SERVO Chain1（FENCE）/ Chain2（FENCE）/ Chain1（EXEMG）/ Chain2（EXEMG）Abnormal

可能原因：当保护栏电路被打开时，出现一个 Chain1（+24V）/ Chain2（0V）/ Chain1（+24V）/ Chain2（0V）故障。

解决方法：

（1）修复硬件中的 Chain1（+24V）/ Chain2（0V）/ Chain1（+24V）/ Chain2（0V）电路。

（2）在系统设置界面，将"是否重置 Chain 故障"设为 YES（是）。

（3）单击示教器上的重置按钮。

SRVO-246 SERVO Chain1 / Chain2（0V）Abnormal（EX_Robot）

可能原因：在一个附加机器人（第 3 个机器人，例如，定位器或附加轴线）上发生一个 Chain1（+24V）/ Chain2（0V）故障。

解决方法：

（1）修复硬件中的 Chain1（+24V）/ Chain2（0V）电路。

（2）在系统设置界面，将"是否重置 Chain 故障"设为 YES（是）。

（3）单击示教器上的重置按钮。

SRVO-250 SERVO SVEMG/MAINON1 Abnormal

可能原因：这是一个紧急制动电路故障，即当 SVEMG 变为 ON（开）时，MAINON1 信号为 OFF（关）。

解决方法：修复紧急制动电路硬件，关闭电源后重新打开。

SRVO-260 SERVO Chain1（NTED）/ Chain2（NTED）Abnormal

可能原因：当 NTED（非校正启用设备）被松开时，发生一个 Chain1（+24V）/ Chain2（0V）故障。

解决方法：

（1）修复 NTED（非校正启用设备）硬件中的 Chain1（+24V）/ Chain2（0V）电路。

（2）在系统设置界面，将"是否重置 Chain 故障"设为 YES（是）。

（3）单击示教器上的重置按钮。

SRVO-262 SERVO Chain1（SVDISC）/ Chain2（SVDISC）Abnormal

可能原因：在输入 SVDISC 信号后，发生一个 Chain1（+24V）/ Chain2（0V）故障。

解决方法：

（1）修复 SVDISC 硬件中的 Chain1（+24V）/ Chain2（0V）电路。

（2）在系统设置界面，将"是否重置 Chain 故障"设为 YES（是）。

（3）单击示教器上的重置按钮。

SRVO-264 SYSTEM E-Stop Circuit Abnormal

可能原因：在紧急制动元件中发生了沉积。

解决方法：修复紧急制动元件中的 MON3 电路。

SRVO-266 SERVO FENCE1 Status Abnormal

可能原因：当输入保护栏信号时，FENCE1 为 ON（开）。

解决方法：修复 FENCE1 电路。

SRVO-277 SYSTEM Panel E-Stop（SVEMG Abnormal）

可能原因：在单击操作面板上的紧急停止按钮时，不能输入 SVEMG 信号。

解决方法：SVEMG 的线路有问题，在将其校正后打开电源。

SRVO-278 SYSTEM TP E-Stop（SVEMG Abnormal）

可能原因：在单击示教器上的紧急停止按钮时，不能输入 SVEMG 信号。

解决方法： SVEMG 的线路有问题，将其校正后打开电源。

SRVO-281 SYSTEM SVOFF Input（SVEMG Abnormal）

可能原因： 检测到了 SVOFF 输入电路，以及断开了 SVEMG。

解决方法： 关闭电源，修复 SVEMG 电路；关闭 SVOFF 输入电路，单击重启键。

SRVO-282 SERVO Chain1（SVOFF）/ Chain2（SVOFF）Abnormal

可能原因： 当输入 SVOFF 信号后，发生一个 Chain1（+24V）/ Chain2（0V）故障。

解决方法：

（1）修复 SVOFF 硬件中的 Chain1（+24V）/ Chain2（0V）电路。

（2）在系统设置界面，将“是否重置 Chain 故障”设为 YES（是）。

（3）单击示教器上的重置按钮。

SRVO-290 SERVO DClink HC Alarm/ DClink（PSM）HCAL

可能原因： 一个异常的电流流经放大器的 DClink 电路。

解决方法： 处理在电机电源线上发生的短路。

SRVO-291 SERVO IPM Over Heat

可能原因： 放大器上的 IPM 组件过热。

解决方法： 降低操作的占空因数（工作循环）。若此警告频繁出现，则更换放大器。

SRVO-292 SERVO EXT.FAN/EXT.FAN（PSM）Alarm

可能原因： 用于帮助放大器散热的风扇发生故障。

解决方法： 更换风扇。

SRVO-300 SERVO HAND Broken/HBK Disabled/HBK dsbl

可能原因： 当 HBK 设置为关闭时，检测到一个把手断开信号。

解决方法：

（1）移除警告环境条件，单击重启键。

（2）查看把手断开信号电路是否和机器人相连。若相连，则进行把手断开设置。

SRVO-302 SERVO Set HAND Broken/HBK to ENABLE

可能原因： 当 HBK 设置为“关闭”时，输入了一个把手断开信号，或者把手断开信号设置不正确。

解决方法： 进行把手断开设置，移除警告环境条件，单击重启键。

9.2 SYST 错误代码

SYST-001 PAUSE.G HOLD Button is Being Pressed

可能原因： 试图在单击 HOLD 按钮时进行操作。

解决方法： 松开 HOLD 按钮。

SYST-002 PAUSE.G HOLD is Locked by Program

可能原因： 如果一个 HOLD 语句是在一个 KAREL 程序中执行，则其锁定状态可以利用 UNHOLD 语句解除或取消；如果试图在这种状态下执行动作，则会显示错误信息。

解决方法： 在 KAREL 程序中执行 UNHOLD 语句，或取消该 KAREL 程序。

SYST-005 WARN UOP is the Master Device

可能原因： 由于用户操作面板被开启，所以不能执行操作。

解决方法：把遥控开关上的 SOP 拨到 Local 挡（如果试图利用 SOP 进行操作），或者正确设置系统变量$RMT_Master。

SYST-006 WARN CRT/NETWORK is the Master Device
可能原因：由于 CRT/NETWORK 是主设备，所以不能执行操作。
解决方法：
（1）从操作面板执行操作：把遥控开关上的 SOP 拨到 Local 挡。
（2）从遥控设备执行操作：正确设置系统变量$RMT_Master。

SYST-008 WARN Nothing is the Master Device
可能原因：由于系统变量$RMT_Master 将遥控设备设为"关闭"，因此，遥控设备都不能执行操作。
解决方法：
（1）从操作面板执行操作：把遥控开关上的 SOP 拨到 Local 挡。
（2）从遥控设备执行操作：正确设置系统变量$RMT_Master。

SYST-013 WARN Invalid Program Number
可能原因：标定的 PNS 编号不在允许范围内。
解决方法：令在 1~9999 内（有效范围）的数字为程序编号。

SYST-014 WARN Program Select Failed
可能原因：PNS 操作失败。
解决方法：在警告发起源界面找出警告的发起源，并将其删除。

SYST-015 WARN Robot Service Request Failed
可能原因：RSR 操作失败。
解决方法：在警告发起源界面找出警告的发起源，并将其删除。

SYST-016 WARN ENBL Signal is OFF
可能原因：用户操作面板上的 ENBL 信号为 OFF（关）。
解决方法：将 ENBL 信号设置为 ON（开）。

SYST-018 WARN Continuing From Different Line
可能原因：试图从一条不同于之前的暂停命令行的地方继续执行程序。
解决方法：在示教器的提示栏中输入 YES（是）或 NO（否）。

SYST-020 WARN Program Not Verified by PNS
可能原因：由 PNS 标定的程序和当前选中的程序不一致。
解决方法：从示教器的程序选择界面选择一个正确的程序。

SYST-022 WARN PNS Not Zero, Cannot Continue
可能原因：如果 PNS 的输入端口不为零，则暂停的程序不能继续执行。
解决方法：输入一个错误清除信号，用于将所有 PNS 输入置为 0，并输入开始信号。

SYST-024 WARN PNSTROBE is OFF, Cannot Start Exec
可能原因：因为 PNSTROBE 为 OFF（关），所以不能处理 Prod-Start。
解决方法：将 PNSTROBE 设为 ON（开）。

SYST-025 WARN Teach Pendant is Different Type
可能原因：待连接的示教器类型与之前断开的示教器类型不一致。
解决方法：要连接相同类型的示教器。

SYST-027 PAUSE.G HOT Start Failed

可能原因： 在系统启动时，电源出现故障；闪存模块被改变；出现一个实时错误；系统内部出错。
解决方法： 执行冷启动。

SYST-028 WARN（%s）Program Timeout
可能原因： 因为超时（40 秒），所以程序被系统取消执行。
解决方法： 减小程序大小，使其能在规定时间内执行完毕。

SYST-032 WARN ENBL/SFSPD Signal From UOP is Lost
可能原因： 用户操作面板的 ENBL 信号丢失。
解决方法： 重新恢复输入信号。

SYST-034 WARN HOLD Signal From SOP/UOP is Lost
可能原因： 系统操作面板/用户操作面板的 HOLD 输入信号丢失。
解决方法： 重新恢复输入信号。

SYST-037 ABORT.G CE Sign Key Switch Broken
可能原因： 检测到一个不正确的 CE 信号键开关输入。
解决方法： 修理 CE 信号键开关。

SYST-042 DEADMAN Defeated
可能原因： 模式开关从 T1 或 T2 挡拨到了 AUTO（自动）挡，并且按住了使能键。
解决方法： 松开使能键，单击 RESET（重启）键。

SYST-043 TP Disabled in T1/T2 Mode
可能原因： 模式选择器处于 T1 或 T2 挡，并且示教器的 ON/OFF 开关处于 OFF（关）挡。
解决方法： 把示教器的 ON/OFF 开关拨到 ON（开）挡，单击 RESET（重启）键。

SYST-045 TP Enabled in AUTO Mode
可能原因： 模式选择器处于 AUTO（自动）挡，并且示教器的 ON/OFF 开关处于 ON（开）挡。
解决方法： 把示教器的 ON/OFF 开关拨到 OFF（关）挡，单击 RESET（重启）键。

SYST-047 Continuing From Distant Position
可能原因： 试图从一个不同于之前的程序停止位置继续运行程序。
解决方法： 在示教器上的提示栏中选择 ABORT（取消）或 CONTINUE（继续）选项。

SYST-048 NECALC/SFCALC Couldn't Get Work Memory
可能原因： 因内存不足，造成操作系统不能为 NECALC/SFCALC 软件分配工作内存。
解决方法： 增大控制器内存。

SYST-096 Designated Task is Not Valid
可能原因： 在遥控诊断软件中标定的任务无效。
解决方法： 检查计算机里的遥控诊断软件。

SYST-097 Fail to Initialize Modem
可能原因： 初始化调制解调器失败。
解决方法： 检查是否安装调制解调器，以及检查调制解调器的类型设置是否正确。

SYST-098 Card Modem is Removed
可能原因： 在传输过程中，调制解调器卡被移走。
解决方法： 重新插入调制解调器卡，并重启遥控诊断功能，或查看调制解调器卡是否正确插入 PCMIA 接口槽。

SYST-100 DSR in Modem OFF

可能原因：在传输过程中，DSR 被关闭。

解决方法：查看 R-J3 和调制解调器之间的连接。如果使用了调制解调器卡，则要查看调制解调器卡是否损坏，或调制解调器卡是否正确插入 PCMIA 接口槽。

SYST-144 Bad SDO Specified by %s

可能原因：系统变量分配了一个无效的或未被赋值的 SDO。

解决方法：将系统变量的值设为 0（不使用）或其他有效值；查看是否分配了一个标定的 SDO。

SYST-150 Cursor is Not on Line1

可能原因：程序不是从命令行的第一行开始运行。

解决方法：在界面显示的询问栏里选择 YES（是）或 NO（否），并重新运行程序。

SYST-158 Robot Cannot move in T2 Mode

可能原因：三模式开关被设置为 T2 挡。在 T2 模式中，机器人不能移动。

解决方法：把三模式开关设为 T1 或 AUTO（自动）挡。

9.3 INTP 错误代码

INTP-004 PAUSE.G Cannot ATTACH with TP Enabled

可能原因：此时示教器未关闭，但 ATTACH 语句要求示教器关闭。

解决方法：关闭示教器。

INTP-005 PAUSE.G Cannot Release Motion Control

可能原因：不能释放动作控制。

解决方法：取消正在运行或暂停的程序。

INTP-127 WARN Power Fail Detected

可能原因：检测到电源故障。

解决方法：待热启动完成后恢复程序。

INTP-129 ABORT.L Cannot Use Motion Group

可能原因：程序没有使用动作组，但却试图锁定动作组。

解决方法：在程序细节界面中清除动作组屏蔽。

INTP-131 ABORT.L Number of Stop Exceeds Limit

可能原因：在同一时间产生了太多停止数据。

解决方法：减少停止数据的数量。

INTP-132 Unlocked Groups Specified

可能原因：标定的动作组已经解锁。

解决方法：更改动作组的标定。

INTP-133 Motion is Already Released

可能原因：一些标定的动作组已经解锁。

解决方法：更改动作组的标定，或者锁定动作组。

INTP-135 Recovery DO OFF in AUTO Start Mode

可能原因：在自动启动特征中，将错误恢复 DO 状态设为 OFF（关），因此，恢复程序不能自动执行。

解决方法：请查看错误恢复 DO 状态的环境条件，重新进行设置。

INTP-137 Program Specified by $PAUSE_PROG/$RESM_DRYPROG doesn't Exist.
可能原因：$PAUSE_PROG/$RESM_DRYPROG 不包含一个标定的程序。
解决方法：检查$PAUSE_PROG/$RESM_DRYPROG 的设置。

INTP-203 PAUSE.L（%s, %d）Variable Type Mismatch
可能原因：变量类型不正确。
解决方法：检查变量类型并进行设置。

INTP-204 PAUSE.L（%s, %d）Invalid Value for Index
可能原因：索引值无效。
解决方法：检查索引值并进行设置。

INTP-208 PAUSE.L（%s, %d）Divide by 0
可能原因：执行了一个分配值为 0 的分配操作。
解决方法：查看分配值并进行设置。

INTP-209 PAUSE.L（%s, %d）Select is Needed
可能原因：在 Select 指令前，执行了一条 CASE 指令。
解决方法：在执行 CASE 指令前添加一条 Select 指令。

INTP-212 PAUSE.L（%s^4, %d^5）Invalid Value for OVERRIDE
可能原因：指定的值不能被 OVERRIDE 指令所使用。
解决方法：查看指定值，并进行设置。

INTP-214 PAUSE.L（%s^4, %d^5）Specified Group Not Locked
可能原因：在一个没有动作组的程序里执行位置寄存器的设置指令。
解决方法：在程序细节界面中设置动作组。

INTP-216 PAUSE.L（%s, %d）Invalid Value for Group Number
可能原因：指定的动作组编号无效。
解决方法：查看指定值，并进行设置。

INTP-217 PAUSE.L（%s, %d）SKIP CONDITION Needed
可能原因：SKIP（跳过）指令在 SKIP CONDITION 指令前被执行。
解决方法：添加一条 SKIP CONDITION 指令。

INTP-237 WARN（%s, %d）No More Motion for BWD
可能原因：因为当前程序行已经到顶，所以不能反向执行。
解决方法：停止在此点，使用反向执行。

INTP-239 WARN（%s, %d）Cannot Execute Backwards
可能原因：指令不能反向执行。
解决方法：设置执行下一行指令。

INTP-240 PAUSE.L（%s, %d）Incompatible Data Type
可能原因：在 Parameter 指令中标定数据的参数类型无效。
解决方法：检查标定数据的参数类型，并进行设置。

INTP-241 PAUSE.L（%s, %d）Unsupported Parameter
可能原因：不能使用此种参数。
解决方法：检查参数类型，并进行设置。

INTP-242 PAUSE.L（%s, %d）OFFSET Value is Needed

可能原因：在 OFFSET CONDITION 指令前，执行了 OFFSE 指令，或在 OFFSET PR[]指令中，位置寄存器未被校正。

解决方法：在 OFFSE 指令前添加一条 OFFSET CONDITION 指令，或校正位置寄存器。

INTP-243 ABORT.G（%s, %d）Def GRP is Not Specified

可能原因：不能执行 Motion 指令，或在程序中包含没有定义过的动作组。

解决方法：删除 Motion 指令，或在程序细节界面中设置动作组。

INTP-252 PAUSE.L User FRAME Number Mismatch

可能原因：位置数据中的用户框编号和当前选择的用户框编号不一致。

解决方法：检查用户框编号，并进行设置。

INTP-253 PAUSE.L Tool FRAME Number Mismatch

可能原因：位置数据中的工具框编号和当前选择的工具框编号不一致。

解决方法：检查工具框编号，并进行设置。

INTP-254 PAUSE.L（%s, %d）Parameter Not Found

可能原因：未找到标定的参数名。

解决方法：检查参数名，并进行设置。

INTP-256 PAUSE.L（%s, %d）No Data for CAL_MATRIX

可能原因：未校正三个源点或三个目标点。

解决方法：校正三个源点或三个目标点。

INTP-257 PAUSE.L（%s,%d）Invalid Delay Time

可能原因：等待时间值为负，或超过了最大等待时间（2 147 483.647s）。

解决方法：输入正确的等待时间值。

INTP-259 PAUSE.L（%s, %d）Invalid Position Type

可能原因：位置寄存器的数据类型为联合坐标类型。

解决方法：把位置寄存器的数据类型转换成笛卡儿坐标类型。

INTP-260 PAUSE.L（%s, %d）Invalid Torque Limit Value

可能原因：标定的扭矩限度不在 0.0~100.0 的范围内。

解决方法：将扭矩限度标定在 0.0~100.0 的范围内。

INTP-261 PAUSE.L（%s, %d）Array Subscript Missing

可能原因：没有标定数组元素编号。

解决方法：标定数组元素编号。

INTP-262 PAUSE.L（%s, %d）Field Name Missing

可能原因：没有标定元素名称。

解决方法：标定元素名称。

INTP-263 PAUSE.L（%s, %d）Invalid Register Type

可能原因：寄存器类型无效。

解决方法：检查寄存器类型，并进行设置。

INTP-265 PAUSE.L（%s, %d）Invalid Value for Speed Value

可能原因：指定的值不能被 AF 指令使用。

解决方法：标定一个在 0~100 范围的值。

INTP-266 ABORT.L（%s, %d） Mnemonic in Interrupt is Failed
可能原因：中断程序中的助记忆指令执行失败。
解决方法：在调用一个中断程序之前，插入 CANCEL（取消）或 STOP（停止）指令。

INTP-269 PAUSE.L（%s, %d）Skip Statement Only One in Each Line
可能原因：一行中包含多个 SKIP（跳过）指令（每行只能出现一个 SKIP 指令）。
解决方法：删除额外的 SKIP（跳过）指令。

INTP-270 PAUSE.L（%s, %d）Different Group Cannot BWD
可能原因：在反向执行中，出现和之前的动作语句不一致的组编号。
解决方法：使用 FWD 执行。

INTP-271 WARN（%s, %d）Excessive Torque Limit Value
可能原因：扭矩的限度值设置超过了最大值。
解决方法：将扭矩的限度值设置为小于或等于最大值。

INTP-276（%s, %d）Invalid Combination of Motion Option
可能原因：动作选项指令（SKIP、TIME BEFORE、AFTER）不能被一起校正。
解决方法：删除动作选项指令。

INTP-277（%s, %d）Internal MACRO EPT Data Mismatch
可能原因：宏中的 EPT 索引不能指向定义的程序名，也就是说，宏中的 EPT 索引不正确。
解决方法：为宏中定义的程序名设置正确的 EPT 索引。

INTP-279（%s, %d）Application Instruction Mismatch
可能原因：执行了应用指令，但是此应用指令和程序中的应用处理数据不匹配。
解决方法：将程序中的应用处理数据转换为与应用指令匹配的类型。

INTP-281 No Application Data
可能原因：此程序没有应用数据。
解决方法：请在程序细节界面定义应用数据。

INTP-283（%s, %d）Stack Overflow for Fast Fault Recovery
可能原因：程序的嵌套数超出了嵌套数据栈。
解决方法：降低程序的嵌套数。

INTP-286 MAINT Program isn't Defined in Fast Fault Recovery
可能原因：在快速错误恢复程序中，未定义 MAINT 程序。
解决方法：重新定义 MAINT 程序。

INTP-287 Fail to Execute MAINT Program
可能原因：不能执行 MAINT 程序。
解决方法：确认 MAINT 程序名称是否正确或 MAINT 程序是否实际存在。

INTP-288（%s, %d）Parameter doesn't Exist
可能原因：由 AR 寄存器指派的参数不存在。
解决方法：请检查 AR 寄存器的索引，以及在主程序中 CALL/MACRO 命令的参数是否正确。

INTP-289 Cann't Save Fast Point at Program Change
可能原因：开启了快速错误恢复函数，程序将在程序变动处暂停。
解决方法：检查在程序的结尾处是否出现 CONT 中断。若出现中断，则将其设为 FINE（这是开启快速错误恢复函数的弊端）。

INTP-291（%s, %d）Index for AR is Not Correct
可能原因：AR 寄存器的索引不正确。
解决方法：检查 AR 寄存器的索引，以及在主程序中由 CALL/MACRO 指令标定的变量是否正确。

INTP-292 More Than 6 Motion With DB Executed
可能原因：6 个或更多的高级执行（距离）动作彼此重叠。
解决方法：调整动作，使得 6 个或更多的高级执行（距离）动作不会彼此重叠。

INTP-296（%s,%d）$SCR_GRP[%d], $M_POS_ENB is FALSE
可能原因：$SCR_GRP[]、$M_POS_ENB 为 FALSE，此时高级执行（距离）不能工作。
解决方法：将$SCR_GRP[]、$M_POS_ENB 设为 TRUE。

INTP-297（%s,%d）DB Too Small（done）（%dmm）
可能原因：一个动作语句在高级执行（距离）环境条件未被满足前结束。
解决方法：增加标定的距离值。

INTP-300 ABORT.L（%s, %d）Unimplemented P-Code
可能原因：不能执行 KAREL 语句。
解决方法：检查 KAREL 转换软件的版本。

INTP-301 ABORT.L（%s, %d） Stack Underflow
可能原因：执行命令被 GOTO 语句代入一个 FOR 循环（不能使用 GOTO 语句进入或退出 FOR 循环）。
解决方法：检查 GOTO 语句的标号。

INTP-302 ABORT.L（%s, %d）Stack Overflow
可能原因：一条递归程序指令被无限次执行，或者在同一时间内调用了太多程序。
解决方法：
（1）在执行递归指令前，将执行程序设置为可在任何执行点清除操作指令。
（2）降低在同一时间内可调用的程序数量（对于 KAREL 程序而言，应增加堆栈的大小）。

INTP-310 ABORT.L（%s, %d）Invalid Subscript for Array
可能原因：数组索引无效。
解决方法：检查数组的长度和索引值，并进行设置。

INTP-311 PAUSE.L（%s, %d）Uninitialized Data is Used
可能原因：使用了未被校正或未被初始化的数据。
解决方法：在使用数据前校正或初始化数据。

INTP-312 ABORT.L（%s, %d）Invalid Joint Number
可能原因：使用了错误的轴线编号。
解决方法：检查轴线编号和数据值，并进行设置。

INTP-317 ABORT.L（%s, %d）Invalid Condition Specified
可能原因：指定的环境条件无效。
解决方法：查看环境条件，并进行设置。

INTP-318 ABORT.L（%s, %d）Invalid Action Specified
可能原因：指定动作无效。
解决方法：查看动作，并进行设置。

INTP-319 ABORT.L（%s, %d）Invalid Type Code
可能原因：指定数据类型无效。
解决方法：查看数据类型，并进行设置。

INTP-320 ABORT.L（%s, %d）Undefined Built-in
可能原因：未定义自建程序。
解决方法：查看是否载入正确选项。

INTP-321 ABORT.L（%s, %d）END stmt of a Func Return
可能原因：执行的是 END 语句，而不是 Return 语句。
解决方法：在程序中添加一条 Return 语句。

INTP-322 ABORT.L（%s, %d）Invalid Arguments Val for Built-in
可能原因：自建程序的幅值错误。
解决方法：查看幅值，并进行设置。

INTP-323 ABORT.L（%s, %d）Value Overflow
可能原因：变量数据值过大。
解决方法：查看变量类型和数据值，并进行设置。

INTP-324 ABORT.L（%s, %d）Invalid Open Mode String
可能原因：Open File 语句中的字符串无效。
解决方法：查看使用的字符串，并进行设置。

INTP-325 ABORT.L（%s, %d）Invalid File String
可能原因：Open File 语句中的文件字符串无效。
解决方法：查看文件字符串，并进行设置。

INTP-326 ABORT.L（%s, %d）File Var is Already Used
可能原因：File 变量已被使用。
解决方法：在使用 File 变量或增加一个新的 File 变量前，先关闭文件。

INTP-332 ABORT.L（%s, %d）Read Data is too Short
可能原因：从文件中读取的数据过短。
解决方法：确认文件中的数据可用。

INTP-333 ABORT.L（%s, %d）Invalid ASCII String for Read
可能原因：从文件中读取的字符串错误。
解决方法：检查文件数据是否正确。

INTP-336 ABORT.L（%s, %d）Cannot Close Pre-Defined File
可能原因：尝试关闭系统预定义的文件。
解决方法：不要尝试关闭系统预定义的文件。

INTP-339 ABORT.L（%s, %d）Invalid Program Name
可能原因：程序名称无效。
解决方法：确认是否使用了正确的程序名称。

INTP-340 ABORT.L（%s, %d）Invalid Variable Name
可能原因：变量名称无效。
解决方法：确认是否使用了正确的变量名称。

INTP-341 ABORT.L（%s, %d）Variable Not Found

可能原因：找不到变量。
解决方法：确认是否使用了正确的程序名称和变量名称。

INTP-342 ABORT.L（%s, %d）Incompatible Variable
可能原因：在 BYNAME 函数中定义的数据类型和变量类型不匹配。
解决方法：确认是否使用了正确的数据类型和变量类型。

INTP-343 ABORT.L（%s, %d）Reference Stack Overflow
可能原因：在 BYNAME 函数中定义了太多的变量。
解决方法：减少 BYNAME 函数中的变量数量。

INTP-344 ABORT.L（%s, %d）Read Ahead Buffer Overflow
可能原因：从设备读取的缓冲中溢出。
解决方法：增加缓冲大小。

INTP-355 ABORT.L（%s, %d）AMR is Not Found
可能原因：未找到由 Return-AMR 自建程序操作的 AMR。
解决方法：查看程序操作，并进行设置。

INTP-358 ABORT.L（%s, %d）Timeout at Read Request
可能原因：READ 语句超时。
解决方法：查看被读取的设备。

INTP-359 ABORT.L（%s, %d）Read Request is Nested
可能原因：当一条 READ 语句正在等待输入时，执行了另一条 READ 语句。
解决方法：删除被嵌套的语句。

INTP-360 ABORT.L（%s, %d）Vector is 0
可能原因：矢量值无效。
解决方法：查看矢量值，并进行设置。

INTP-361 PAUSE.L（%s, %d）FRAME:P2 is Same as P1
可能原因：因为 P1 和 P2 是同一个点，所以在 FRAME 自建程序中不能计算 X 轴的方向。
解决方法：将 P1 和 P2 校正为不同的点。

INTP-362 PAUSE.L（%s, %d）FRAME:P3 is Same as P1
可能原因：因为 P1 和 P3 是同一个点，所以在 FRAME 自建程序中不能计算 X-Y 平面。
解决方法：把 P1 和 P3 校正为不同的点。

INTP-363 PAUSE.L（%s, %d）FRAME:P3 Exist on Line P2-P1
可能原因：因为 P3 落在 X 轴上，所以在 FRAME 自建程序中不能计算 X-Y 平面。
解决方法：将 P3 校正为落在 X 轴以外。

INTP-364 ABORT.L（%s, %d）String Too Short for Data
可能原因：目标字符串过短。
解决方法：增加目标字符串的大小。

INTP-369 ABORT.L（%s, %d）Timeout at WAIT_AMR
可能原因：WAIT_AMR 自建程序超时。
解决方法：如果将 WAIT_AMR 设置为在有效时间内完成，则检查可能会令 WAIT_AMR 延迟的逻辑。

INTP-371 ABORT.L（%s, %d）Vision Built-in Overflow
可能原因：图像自建程序操作溢出。

解决方法：调整程序，使得在同一时间内执行较少的图像自建程序。

INTP-372 ABORT.L（%s, %d）Undefined Vision Built-in

可能原因：未定义图像自建程序。

解决方法：检查是否载入了正确的选项。

INTP-373 ABORT.L（%s, %d）Undefined Vision Parameter Type

可能原因：图像自建程序的参数无效。

解决方法：检查图像自建程序的参数，并进行设置。

INTP-374 ABORT.L（%s, %d）Undefined Vision Return Type

可能原因：图像自建程序的返回值无效。

解决方法：检查图像自建程序的返回值，并进行设置。

INTP-376 ABORT.L（%s, %d）Motion in Interrupt is Failed

可能原因：缺少 CANCEL 或 STOP 指令。

解决方法：在调用中断语句之前，插入 CANCEL 或 STOP 指令。

INTP-378 WARN（%s, %d）Local Variable is Used

可能原因：使用了局部环境条件下的局部变量或参数。

解决方法：使用全局变量来恢复局部环境条件。

INTP-379 ABORT.L Bad Condition Handler Number

可能原因：在一个环境条件操作的定义中使用了无效的环境条件操作编号。

解决方法：修改环境条件操作编号（环境条件操作编号必须在 1~1000 范围内取值）。

INTP-380 ABORT.L Bad Program Number

可能原因：指定了一个无效的程序编号。

解决方法：修改程序编号（程序编号必须在 1~$SCR 或 1~$MAXNUMTask+2 范围内取值）。

INTP-381（%s, %d）Invalid Delay Time

可能原因：在 Delay 语句中指定了一个无效的延迟时间。

解决方法：使用一个有效的延迟时间（延迟时间必须在 0~86 400 000 范围内取值）。

INTP-383（%s, %d）Path Node Out of Range

可能原因：指定的路径节点超过范围。

解决方法：查看路径节点，并进行设置。

INTP-400 ABORT.L（%s, %d）Number of Motions Exceeded

可能原因：在同一时间内执行了过多的动作。

解决方法：减少在同一时间内执行动作的数量，或在上一个动作完成后再执行下一个动作。

INTP-422（%s, %d）Stitch Enable Signal OFF

可能原因：针脚开启信号被设置为 OFF（关）。

解决方法：将针脚开启信号设置为 ON（开）。

INTP-423（%s, %d）Eq.Condition Signal ERROR

可能原因：设备环境条件信号的设置不正确。

解决方法：检查设备环境条件信号，并进行设置。

INTP-424（%s, %d）Stitch Speed ERROR

可能原因：针脚的速度值不正确。

解决方法：检查针脚的速度值，并进行设置。

INTP-425（%s, %d）Illegal Motion Type（J）

可能原因：试图将针脚函数和联合动作一起使用（不能一起使用针脚函数和联合动作）。

解决方法：将联合动作改为串行动作。

INTP-426（%s, %d）Another Program is in Stitching

可能原因：其他程序正在使用针脚函数。

解决方法：终止正在使用针脚函数的程序。

INTP-450（%s, %d）Cannot Call KAREL Program

可能原因：在机器人连接的Master（主）/Slave（从）/Single（单）从程序中调用了KAREL程序。

解决方法：不要在Master（主）/Slave（从）/Single（单）从程序中调用KAREL程序。

INTP-451（%s, %d）Cannot Call Motion Program

可能原因：在机器人连接的Master（主）/Slave（从）/Single（单）从程序中调用了带有动作组的常规程序。

解决方法：不要在Master（主）/Slave（从）/Single（单）从程序中调用带有动作组的常规程序。

INTP-452（%s, %d）Robot Link Type Mismatch

可能原因：在机器人连接的Master（主）/Slave（从）/Single（单）从程序中调用了带有不同类型的程序。

解决方法：不要在Master（主）/Slave（从）/Single（单）从程序中调用带有不同类型的常规程序。

INTP-454（%s, %d）Illegal Return Occurred

可能原因：在机器人连接中，调用程序类型和被调用程序类型不一致。

解决方法：使调用程序的类型和被调用程序的类型一致。

INTP-455（%s, %d）Group Mismatch（Link Pattern）

可能原因：机器人连接的主程序动作组和标定的不一致。

解决方法：使机器人连接的主程序动作组和标定的一致。

INTP-456（%s, %d）Group Mismatch（Slave Group）

可能原因：机器人连接的从程序动作组和标定的机器人连接的从程序动作组不一致。

解决方法：使机器人连接的从程序动作组和标定的机器人连接的从程序动作组一致。

INTP-457（%s, %d）Master Tool Number Mismatch

可能原因：主机器人选择的当前工具坐标系编号和从程序中机器人连接数据控制的工具坐标系编号不一致。

解决方法：使主机器人选择的当前工具坐标系编号和从程序中机器人连接数据控制的工具坐标系编号一致。

INTP-459（%s, %d）Slave Cannot Joint Motion

可能原因：在与机器人连接的从程序中，动作语句标定为联合动作。

解决方法：将从程序中的动作语句改为正交动作。

INTP-460（%s, %d）Cannot Use Joint POS for Slave

可能原因：在与机器人连接的从程序中，位置数据的格式为联合格式。

解决方法：将从程序中的位置数据格式改为正交格式。

INTP-466（%s, %d）Robot Link Not Calibrated

可能原因：机器人连接未被校准。

解决方法：校准机器人连接。

INTP-467（%s, %d）Cannot Use INC/OFFSET for Slave
可能原因：在机器人连接从程序的动作语句中，校正了一个增益指令/补偿指令。
解决方法：增益指令/补偿指令不能在机器人连接从程序的动作语句中使用。

INTP-469（%s, %d）BWD is Failed for Master
可能原因：从程序试图和主程序发生 BWD 同步。
解决方法：把从程序设置为同步等待状态。

INTP-470（%s, %d）Not Support BWD for Slave
可能原因：与机器人连接的从程序不支持 BWD 同步。
解决方法：使从程序支持 BWD 同步。

INTP-471（%s, %d）Robot is Master（Manual）
可能原因：在机器人连接中，机器人被设置为主状态（手动）。
解决方法：在主状态（手动）下，关闭外界激活功能。

INTP-472（%s, %d）Robot is Slave（Manual）
可能原因：在机器人连接中，机器人被设置为从状态（手动）。
解决方法：在从状态（手动）下，其他的从程序不能被执行。锁定程序，并取消从状态（手动）。

INTP-474（%s, %d）Synchro ID Mismatch
可能原因：同时执行了与当前执行程序的同步动作 ID 不一致的程序。
解决方法：不能同时执行带有不同同步动作 ID 的程序。

INTP-477（%s, %d）Cannot Run Slave Directly
可能原因：与机器人连接的从程序不能被直接激活。
解决方法：通过调用常规程序执行从程序。

INTP-478 This Group Cannot be Master
可能原因：试图把一个不是主程序的程序标定为主程序。
解决方法：正确设置主程序。

INTP-479 Bad HOSTNAME OR Address（Master/Slave）
可能原因：在主机名称未被注册、未被标定，或者 IP 地址不正确的情况下，试图执行机器人连接。
解决方法：修正主程序/从程序在机器人连接和主机传输中的设置。

INTP-481 Bad Synchronization ID
可能原因：在机器人连接中，指定程序的同步动作 ID 不正确。
解决方法：在列表界面纠正同步动作 ID。

INTP-482 Bad Link Pattern Number
可能原因：在机器人连接中，指定程序的连接器编号不正确。
解决方法：在列表界面纠正连接器编号。

INTP-483 Bad Master Number
可能原因：在机器人连接中，指定程序的 Master 编号不正确。
解决方法：在列表界面修正 Master 编号。

INTP-484 Bad Group Number（Master/Slave）
可能原因：与机器人连接的 Master/Slave 组编号不正确。
解决方法：在列表界面修正 Master/Slave 组编号。

INTP-486 Slave is Not Calibrated
可能原因：在机器人连接中，有 Slave（从）机器人没被校准。

解决方法： 校准 Slave（从）机器人。

INTP-488 Rlink Communication Timeout

可能原因： 在机器人连接中，传输初始化超时。

解决方法： 将$RK_SYSCFG、$RMGR_PHTOUT 的值增加 100。

INTP-489 Bad HOSTNAME OR Address, Group

可能原因： 试图在主机名称、IP 地址或动作组不正确的情况下执行机器人连接。

解决方法： 修正机器人的连接设置和主机传输设置。

INTP-490 Timeout for Link Start

可能原因： 试图在主机名称、IP 地址、动作组不正确的情况下，或者机器人的连接程序未在传输目的地执行时，执行机器人连接（出现同步启动超时）。

解决方法： 检查机器人的连接设置和主机传输设置，并查看机器人在传输目的地的状态。

INTP-493 Slave Program Stopped

可能原因： 在从程序的执行过程中，停止了传输目的地的主程序。

解决方法： 查看机器人在传输目的地的状态，并进行设置。

9.4 JOG 错误代码

JOG-001 WARN Overtravel Violation

可能原因： 发生了机器人超行程的情况。

解决方法： 单击 SHIFT 键，并单击警告清除按钮以清除警告。在单击 SHIFT 键的同时，通过慢速进给的方法，把超行程的轴线移入可动范围内。

JOG-002 WARN Robot Not Calibrated

可能原因： 机器人未被校准。

解决方法： 在定位界面上进行定位设置，关闭电源后重新打开电源。

JOG-004 WARN Illegal Linear Jogging

可能原因： 一次执行多个旋转微动操作。

解决方法： 一次只按一次旋转微动键，进行旋转微动操作。

JOG-005 WARN Cannot Clear HOLD Flag

可能原因： 单击了 HOLD 键，或者关闭了 HOLD 输入。

解决方法： 松开 HOLD 键，或者打开 HOLD 输入。

JOG-008 WARN Turn on TP to JOG

可能原因： 示教器关闭。

解决方法： 在微动机器人之前，按住使能键，开启示教器。

JOG-009 WARN HOLD DEADMAN to JOG

可能原因： 未按住使能键。

解决方法： 按住使能键，并单击 RESET 键以清除错误。

JOG-010 WARN JOG Pressed Before SHIFT

可能原因： 在 SHIFT 键被单击之前，单击了 JOG 键。

解决方法： 松开 JOG 键，先单击 SHIFT 键，再单击 JOG 键。

JOG-011 WARN Utool Changed While Jogging
可能原因：所选的工具框在微动时发生改变。
解决方法：松开 SHIFT 键和 JOG 键，新的 TOOL（工具）框会自动生效。

JOG-012 WARN Manual Brake Enabled
可能原因：开启了手动刹闸。
解决方法：通过单击紧急停止按钮启动所有的刹闸，并单击 RESET 键。

JOG-013 WARN Stroke Limit（Group:%d Axis:%x Hex）
可能原因：机器人的轴线达到了标定的行程极限。
解决方法：加大轴线的行程极限。

JOG-020 Cannot Path JOG Now
可能原因：虽然选择了 Path JOG（路径微动），但是当前机器人并不处在校正路径上。
解决方法：同时单击 SHIFT 和 FWD 键，校正路径或指定另一个微动框。

JOG-022 Disabled in Joint Path
可能原因：关闭了在 Joint Path（联合路径）中的 Path JOG。
解决方法：在 LINIEAR（直线）和 CIRCULAR（圆）路径中打开 Path JOG。

JOG-028 Attitude Fix Mode Limit（TCP）
可能原因：到达了 TCP 模式中的行程极限。
解决方法：改变目标位置或将动作设置为联合动作。

9.5 TPIF 错误代码

TPIF-004 WARN Memory Write ERROR
可能原因：因为没有提供相应的软件选项，所以不能执行指令操作。
解决方法：安装软件选项。

TPIF-006 WARN Select is Not Taught
可能原因：在当前命令行之前没有添加 Select 语句。
解决方法：在当前命令行之前添加 Select 语句。

TPIF-008 WARN Memory Protect Violation
可能原因：此程序的写保护设置为开。
解决方法：在选择界面中释放保护。

TPIF-009 WARN Cancel Delete/Enter by Application
可能原因：在应用设置界面中关闭了程序删除/编辑功能，故而不能删除/编辑程序。
解决方法：在应用设置界面中打开程序删除/编辑功能。

TPIF-013 WARN Other Program is Running
可能原因：试图在其他程序正在运行或暂停时，选择程序。
解决方法：在其他程序运行完毕或取消暂停后，选择程序。

TPIF-015 WARN Bad Position Register Index
可能原因：指定的位置寄存器索引无效。
解决方法：检查位置寄存器的索引，并进行调整。

TPIF-018 WARN Unspecified Index Value
可能原因：指定的索引值无效。
解决方法：检查指定的索引值，并进行调整。

TPIF-023 WARN WJNT AND RTCP are not Compatible
可能原因：*WJNT* 和 *RTCP* 不兼容。
解决方法：在加入 WJNT 和 RTCP 中的任何一个之前，将另一个移走。

TPIF-030 WARN Program Name is NULL
可能原因：没有输入程序名称。
解决方法：输入程序名称。

TPIF-031 WARN Remove Num From Top of Program Name
可能原因：程序名称的首位是数字。
解决方法：把数字从程序名称的首位中删除。

TPIF-032 WARN Remove Space/Comma/Dot/Minus From Program Name
可能原因：在程序名称中包含了空格/逗号/圆点/负号。
解决方法：把空格/逗号/圆点/负号从程序名称中删除。

TPIF-037 WARN Program Must be Selected by TP
可能原因：试图在 CRT 上编辑程序（在 CRT 上只能编辑示教器的默认程序）。
解决方法：先在示教器上选择程序，再在 CRT 上编辑程序。

TPIF-038 WARN Invalid Char in Program Name
可能原因：在程序名称中包含了无效符号。
解决方法：把无效符号从程序名称中删除。

TPIF-040 WARN Label is Already Exist
可能原因：已经存在相同的编号。
解决方法：更换为不同的编号。

TPIF-041 WARN MNUTOOLNUM Number is Invalid
可能原因：指定的 MNUTOOLNUM 编号无效。
解决方法：检查系统变量中的 MNUTOOLNUM 编号，并进行调整。

TPIF-042 WARN MNUFRAMENUM Number is Invalid
可能原因：指定的 MUNFRAMNUM 编号无效。
解决方法：检查系统变量中的 MUNFRAMNUM 编号，并进行调整。

TPIF-043 WARN External Change is Valid
可能原因：不能改变机器人（组），因为通过外部 SDI 选择机器人的功能函数已打开。
解决方法：把系统变量$MULTI_ROBO.CHANGE_SDI 设为 0。

TPIF-044 WARN Program is Unsuitable for Robot
可能原因：程序的组编号和所选的机器人（组）编号不一致。
解决方法：正确选择机器人（组）的编号或者检查程序的组编号属性。

TPIF-051 WARN Program has been Selected by PNS
可能原因：在 PNS 中选择一个程序后，又试图在 Select（选择）界面中选择程序。
解决方法：关闭 PNSTROBE 信号。

TPIF-052 WARN FWD/BWD is Disabled

可能原因：当选择了 Disabled FWD 函数功能时，又试图通过示教器执行程序。

解决方法：在功能菜单内选择 Disabled FWD 后，可以将该程序从 Disabled FWD 函数功能中释放。

TPIF-055 WARN Could not Recovery Original Program

可能原因：由 Background（背景）选定的源程序恢复失败。

解决方法：在执行由 Background（背景）选定的源程序之前，通过 END_EDIT of[EDCMD]停止编辑操作。

TPIF-056 WARN This Program is Used by the CRT/TP

可能原因：试图在 CR 和 TP 中同时选择 Background（背景）程序。

解决方法：通过 CRT/TP 上的 END_EDIT of[EDCMD]停止编辑操作。

TPIF-062 AND Operator was Replaced to OR

可能原因：试图将同一行的 AND（与）运算符替代为 OR（或）运算符。

解决方法：不能在同一行中混用 AND（与）运算符和 OR（或）运算符。在执行前，应确认该行的所有逻辑运算符一致。

TPIF-065 Arithmetic Operator was Unified to +- OR */

可能原因：在该行中，混用了算术运算符“+”“-”“*”“/”。

解决方法：不能在同一行混用“+”“-”“*”“/”。在执行前，应确认该行的所有算术运算符一致。

TPIF-066 Too Many Arithmetic Operator（Max.5）

可能原因：在同一行中的算术运算符过多（每行最多 5 个）。

解决方法：校正算术运算符。

TPIF-067 Too Many Arguments（Max.10）

可能原因：变量过多（在每个程序或每个宏单元中最多有 10 个变量）。

解决方法：检查程序/宏单元中的变量个数，并进行调整。

TPIF-090 WARN This Program has Motion Group

可能原因：标定$PWR_HOT、$PWR_SEMI 和$PWR_NORMAL 的程序不能包含动作组。

解决方法：在示教器中的程序细节界面中，为所有的动作组加上“*”。

TPIF-103 WARN DEADMAN is Released

可能原因：当使用示教器启动程序时，松开了使能键。

解决方法：按住使能键，并启动程序。

TPIF-128 Verify Logic of Pasted Line（s）

可能原因：反向操作复制函数不支持下列动作指令：应用指令、跳转指令、增加指令、持续转动指令、向前执行指令。

解决方法：查看上述动作指令，正确调整复制后的语句。

TPIF-132 Cann’t Recover This Operation

可能原因：UNDO 数据不能被保存。

解决方法：如果内存被占满，则请删除程序或关闭 UNDO 功能。

附录 A

功能演示

A.1 机器人装配实训单元

装配实训单元通过机器人抓取工件，放入变位机中，并进行简单装配。需要装配的工件有三个：工件底座、工件、工件盖。实训设备：夹抓工装、触摸屏、可编程控制器、通信电缆、万用表等。

装配实训单元的操作步骤如下（仅供参考）：

❶ 在启动前，请确保机器人处于作业原点（安全）位置，在触摸屏上单击“我要演示”按钮，如图 A-1 所示。

❷ 进入“功能演示总览”界面，单击“装配功能”选项，如图 A-2 所示。

图 A-1

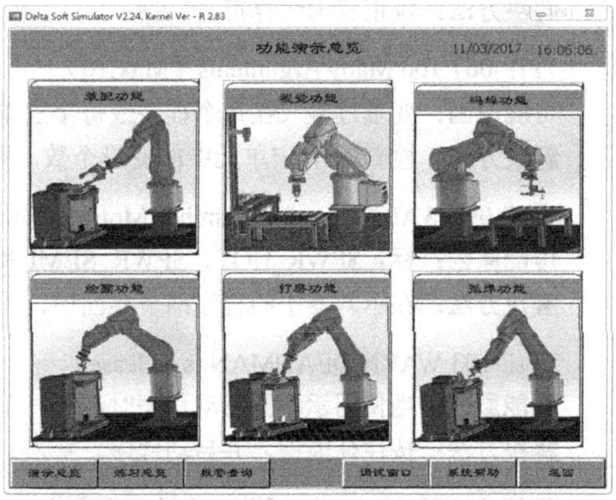

图 A-2

❸ 在“装配功能”界面中，将机器人控制柜设置为“自动”，如图 A-3 所示。令示教器上的旋钮开关处于 OFF，把机器人的“异常”消除。

❹ 请确保机器人旁边没有障碍物。一切准备完毕后，单击图 A-3 中的“启动”按钮，开始演示（如果变位机不位于水平位置，则在单击“启动”按钮后，变位机回到水平位置，在此期间机器人保持不动）。

❺ 机器人抓取夹抓工装，并抓取工件底座，将工件底座放入变位机的气缸夹紧处。

❻ 将工件底座放好后，气缸夹紧，机器人的气爪松开。

❼ 机器人抓取工件，放入工件底座中。

❽ 机器人抓取工件盖，放入工件底座上，此时组装完成。

❾ 机器人拆装：将工件盖取走，放到料架的指定位置；抓取工件底座中的工件，放到料架的指定位置；将工件底座取回，放到料架的指定位置。至此，拆装完成。

❿ 机器人将夹抓工装放至初始位置，机器人也回到作业原点。

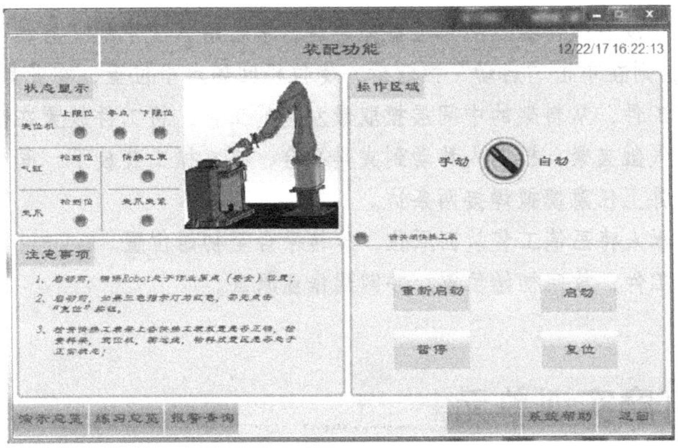

图 A-3

A.2 机器人码垛实训单元

码垛实训单元主要包含码垛盘、码垛工件。工件上印有数字 1~7，可以分别摆放在码垛盘的凹槽内，用于初始位置的设定。实训设备：吸盘工装、触摸屏、可编程控制器、通信电缆、万用表等。

实训单元的执行步骤如下（仅供参考）：

❶ 在启动前，请确保机器人处于作业原点（安全）位置，在触摸屏上单击“我要演示”按钮，如图 A-1 所示。

❷ 进入“功能演示总览”界面，如图 A-2 所示，单击“码垛功能”选项。

❸ 在“码垛功能”界面中，将机器人控制柜设置为“自动”。令示教器上的旋钮开关处于 OFF，把机器人的“异常”消除。

❹ 请确保机器人旁边没有障碍物。一切准备完毕后，单击图 A-3 中的“启动”按钮，开始演示（如果变位机不位于水平位置，则在单击“启动”按钮后，变位机回到水平位置，在此期间机器人保持不动）。

❺ 机器人抓取吸盘工装，将码垛工作站上的预放工件，按顺序码成金字塔型。工件可以任选其中几个或全部。

❻ 码垛完成后，将吸盘工装放入初始位置，机器人也回到作业原点。

A.3 机器人弧焊实训单元

在弧焊实训单元中，利用画笔工装代替焊枪，即将三种不同的工件放在变位机上，从而模拟弧焊的轨迹。实训设备：画笔工装、触摸屏、可编程控制器、通信电缆、万用表等。

弧焊实训单元的操作步骤如下：

❶ 在启动前，请确保机器人处于作业原点（安全）位置，在触摸屏上单击“我要演示”按钮，如图 A-1 所示。

❷ 进入“功能演示总览”界面，如图 A-2 所示，单击“弧焊功能”选项。

❸ 在“弧焊功能”界面中，将机器人控制柜设置为“自动”。令示教器上的旋钮开关处于 OFF，把机器人的“异常”消除。

❹ 请确保机器人旁边没有障碍物。一切准备完毕后，单击图 A-3 中的“启动”按钮，开始演示（如果变位机不位于水平位置，则在单击“启动”按钮后，变位机回到水平位置，在此期间机器人保持不动）。

❺ 机器人抓取焊接工件，从料架的中间层抓取最左边的工件，将工件放置在变位机的夹紧处。

❻ 工件放置完成后气缸夹紧，机器人移动到夹具平台，将夹抓工装放下，同时抓取画笔工装。

❼ 机器人在焊接工件上任意模拟焊接两条边。

❽ 焊接完成后，机器人将画笔工装放回原位，旋转平台至初始位置。

❾ 机器人夹取焊接工件，放回初始位置，并回到作业原点。

A.4 机器人打磨实训单元

打磨实训单元主要利用变位机将打磨工件夹紧，机器人夹取打磨工装进行打磨。实训设备：变位机、夹抓工装、打磨工装、触摸屏、万用表等。

打磨实训单元的操作步骤如下：

❶ 在启动前，请确保机器人处于作业原点（安全）位置，在触摸屏上单击“我要演示”按钮，如图 A-1 所示。

❷ 进入“功能演示总览”界面，如图 A-2 所示，单击“打磨功能”选项。

❸ 在“打磨功能”界面中，将机器人控制柜设置为“自动”。令示教器上的旋钮开关处于 OFF，把机器人的“异常”消除。

❹ 请确保机器人旁边没有障碍物。一切准备完毕后，单击图 A-3 中的“启动”按钮，开始演示（如果变位机不位于水平位置，则在单击“启动”按钮后，变位机回到水平位置，在此期间机器人保持不动）。

❺ 机器人抓取夹抓工装，从料架的最底层抓取最右边的工件，将工件放置在变位机的夹紧处。

❻ 工件放置后气缸夹紧，变位机旋转到位置 2，同时机器人移动到夹具平台，将夹抓工装放下，抓取打磨工装，等待变位机到达位置 2 的信号（只有变位机到达位置 2 后，机器人才会执行下一步动作）。

❼ 变位机到达位置 2 后，机器人移动到接近打磨工件的位置，开始打磨。

❽ 打磨完成之后，机器人将打磨工件放入初始位置。

❾ 机器人将打磨工装放回原位，旋转平台也回到初始位置。

❿ 机器人回到作业原点。

A.5 机器人绘画实训单元

绘画实训单元主要利用变位机旋转 180°，机器人夹取画笔工装，在平台上进行机器人轨迹的模拟。实训设备：变位机、画笔工装、触摸屏、万用表等。

绘画实训单元的操作步骤如下：

❶ 在启动前，请确保机器人处于作业原点（安全）位置，在触摸屏上单击“我要演示”按钮，如图 A-1 所示。

❷ 进入“功能演示总览”界面，如图 A-2 所示，单击“绘画功能”选项。

❸ 在“绘画功能”界面中，将机器人控制柜设置为“自动”。令示教器上的旋钮开关处于 OFF，把机器人的“异常”消除。

❹ 请确保机器人旁边没有障碍物。一切准备完毕后，单击图 A-3 中的“启动”按钮，开始演示（如果变位机不位于水平位置，则在单击“启动”按钮后，变位机回到水平位置，在此期间机器人保持不动）。

❺ 机器人抓取画笔工装，在变位机上绘制一个“十”字。

❻ 绘制完成后变位机回到初始位置，机器人将画笔工装放回初始位置。

❼ 机器人回到作业原点。

A.6 机器人视觉实训单元

视觉实训单元主要利用相机与输送线实现对各形状的识别，并放到相应的位置。实训设备：输送线、触摸屏、万用表等。

视觉实训单元的操作步骤如下：

❶ 在启动前，请确保机器人处于作业原点（安全）位置，在触摸屏上单击“我要演示”按钮，如图 A-1 所示。

❷ 进入“功能演示总览”界面，如图 A-2 所示，单击“视觉功能”选项。

❸ 在“视觉功能”界面中，将机器人控制柜设置为“自动”。令示教器上的旋钮开关处于 OFF，把机器人的“异常”消除。

❹ 请确保机器人旁边没有障碍物。一切准备完毕后，单击图 A-3 中的“启动”按钮，开始演示（如果变位机不位于水平位置，则在单击“启动”按钮后，变位机回到水平位置，在此期间机器人保持不动）。

❺ 机器人抓取吸盘工装，从棋盘的三角形开始抓取棋子到输送线。

❻ 将棋子运送到相机下方后停止，通过传感器触发相机进行拍照，同时相机将拍照结果传送到 PLC，PLC 将工件的坐标值传送给机器人。

❼ 机器人根据收到的坐标值，抓取工件并将棋子放到相应的位置。

❽ 抓取完毕后，机器人将吸盘工装放置到初始位置。

❾ 机器人回到作业原点。